全国气象服务典型案例集

（2011—2012）

主　编　毛恒青

副主编　姚秀萍　吕明辉

编　委　王丽娟　叶　晨

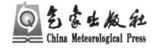

气象出版社
China Meteorological Press

内容简介

本书内容是全国气象部门针对 2011—2012 年重大灾害性天气气象服务过程形成的分析报告,共收录了 7 篇国家级案例、24 篇省级案例。其中文章为中国气象局公共气象服务中心和全国 31 个省(区、市)气象部门积极探索气象服务典型案例收集与分析评价业务所推出的第二本评价分析报告,希望通过此种方式更好地评估气象服务能力、工作机制和运行效力,从而更好地分析气象服务需求、总结气象服务经验和问题,为提高服务水平提供参考依据。本书可供有关气象部门开展气象服务参考。

图书在版编目(CIP)数据

全国气象服务典型案例集. 2011～2012/毛恒青主编.
—北京:气象出版社,2014.8
ISBN 978-7-5029-5985-2

Ⅰ.①全…　Ⅱ.①毛…　Ⅲ.①气象服务-案例-汇编-中国-2011～2012　Ⅳ.①P49

中国版本图书馆 CIP 数据核字(2014)第 191593 号

Quanguo Qixiang Fuwu Dianxing Anliji (2011—2012)

全国气象服务典型案例集(2011—2012)
毛恒青　主编

出版发行:气象出版社
地　　址:北京市海淀区中关村南大街 46 号　　　邮政编码:100081
总 编 室:010-68407112　　　　　　　　　　发 行 部:010-68409198
网　　址:http://www.qxcbs.com　　　　　　　E-mail:　qxcbs@cma.gov.cn
责任编辑:李太宇　　　　　　　　　　　　　终　　审:章澄昌
封面设计:博雅思企划　　　　　　　　　　　责任技编:吴庭芳
责任校对:赵　瑗
印　　刷:北京京华虎彩印刷有限公司
开　　本:787 mm×1092 mm　1/16　　　　　印　　张:13.75
字　　数:360 千字
版　　次:2015 年 2 月第 1 版　　　　　　　印　　次:2015 年 2 月第 1 次印刷
定　　价:50.00 元

本书如存在文字不清、漏印以及缺页、倒页、脱页等,请与本社发行部联系调换。

前　　言

　　我国是世界上受气象灾害影响最严重的国家之一，气象灾害占我国自然灾害的 70% 左右。随着全球气候变化，暴雨、台风、高温、干旱、雾、霾等气象灾害的影响日益加剧，灾害造成的人员伤亡和财产损失也日趋严重，气象灾害已经成为影响我国经济发展和社会安全的重要因素。因此，提高我国科学防御气象灾害、减轻气象灾害损失的综合能力已成为当务之急。

　　气象部门"牢牢把握气象服务是政府公共服务的战略地位，牢牢把握气象防灾减灾是公共气象服务的首要任务"，立足于气象基本业务，不断提高公共气象服务能力，在气象防灾减灾、保障重大社会活动和突发公共事件等方面发挥了重要作用。然而，在极端天气气候事件和自然灾害频发的背景下，气象服务事业也面临着前所未有的机遇与挑战。

　　为更好地分析气象服务需求、总结气象服务经验和问题，尽快建立需求牵引、服务引领的公共气象服务业务、促进气象服务方式改进和服务能力提高，中国气象局公共气象服务中心经过积极探索和不断尝试，于 2010 年促成了国家级与省级共建的气象服务典型案例收集与分析评价业务，积极推动省级气象部门全面参与气象服务典型案例收集上报工作。

　　气象服务典型案例分析评价重点针对重大灾害性天气、高影响天气和重大专项气象服务过程开展案例收集与分析，采用定性和定量相结合的方法，评价各级气象部门在气象服务工作中的能力和效益，既总结气象服务取得的成功经验，同时也对气象服务中存在的问题进行反思，提炼气象服务的需求，以促进气象部门改进现有气象服务方式，提高气象服务水平。可以说，气象服务典型案例分析评价是梳理气象服务工作的一个重要切入点。

　　2011 年，中国气象局公共气象服务中心首次组织选编了《全国气象服务典型案例分析（2009—2010）》，取得了不错的效果和反响。

　　2011—2012 年，中国气象局公共气象服务中心在此基础上再接再厉，组织收集整理了 7 篇国家级案例，31 个省（区、市）气象局共收集上报了 126 篇省级气象服务典型案例。经过初选、专家复选、专家终审等程序，最终确定 7 篇国家级案例、24 篇省级案例入选《全国气象服务典型案例集（2011—2012）》。

在全国气象服务典型案例收集与分析评价工作开展过程中，我们得到了中国气象局应急减灾与公共服务司和全国 31 个省（区、市）气象局的大力支持，在此一并表示感谢。由于编者水平有限，本文集难免存在纰漏与不足，敬请作者和读者指正。

编　者

2014 年 5 月

目　　录

·2012 年·

2011 年 6 月 5—6 日贵州省望谟特大山洪、泥石流灾害过程气象服务分析评价

王丽娟[1]　　吕明辉[1]　　姚秀萍[1]　　谭　健[2]

(1 中国气象局公共气象服务中心,北京 100081;2 贵州省气象台,贵阳 550002)

摘　要　2011 年 6 月 5 日 22 时至 6 月 6 日凌晨,贵州省望谟县因特大暴雨诱发山洪、泥石流等地质灾害。灾害发生历时五个小时,呈现出时间短、降雨量大、泥石流量大、落差大、破坏力强等特点,是典型的小流域特大暴雨诱发山洪、泥石流等地质灾害过程。在此次特大暴雨过程中,贵州省气象部门预报预警准确、信息发布及时、应急服务到位,避免了群死群伤事故发生,受到了各级领导的高度赞扬,得到了联动部门和公众的充分肯定。本文在实地调研和召开座谈会的基础上,采集客观数据,深入分析了致灾原因、贵州省气象部门预报预警、气象服务、应急管理等主要环节的工作及其效果,认为"三个叫应"(叫应上级党政领导、叫应当地乡镇领导、叫应乡村气象信息员)服务模式、小流域联防工作机制、避灾应急演练、群众联防以及气象部门对地形地貌的了解是减少此次小流域山洪灾害损失的有效方法。但是,通过分析也发现在小流域山洪、泥石流地质灾害精细化预报和临界值确定、应急预案启动标准以及信息员作用的发挥等方面存在着一些问题,并提出具体对策建议。

1　概述

　　2011 年 6 月 5 日 22 时至 6 月 6 日凌晨,贵州省望谟县因特大暴雨诱发山洪、泥石流等地质灾害。此次灾害呈现时间短、降雨量大、泥石流量大、破坏力强等特点。

　　6 月 5 日 22 时开始,望谟县北部山区开始出现降雨。6 月 6 日 01 时,望谟县最高点打易镇在三个小时内,降雨量超过 300 mm,加上望谟县地势落差大(全县最高海拔处距县城的距离不足 20 km,海拔落差高达 1200 m),县境内的望谟河、打尖河、乐旺河三条河流洪水暴涨,导致山洪、泥石流等灾害爆发。6 月 6 日 01:40,望谟县城进水;02:06,望谟县城内的望谟河两岸房屋已被淹没一至二层;02:38,望谟县城宁波桥、王母桥河水翻过桥面,县城天河花园小区、望江新城小区被水淹,水深达 2 m。整个过程中,望谟县城洪水超警戒水位 3.44 m,超危急水位 2.84 m。需要说明的是,正当上游洪水、泥石流向望谟县城袭来时,县城的降雨量较小,这在一定程度使下游居民思想上有些放松麻痹,很难意识到山洪正在向县城逼近。

　　灾害发生后,国家减灾委、民政部紧急启动国家Ⅳ级救灾应急响应;贵州省减灾委、民政厅紧急启动自然灾害应急救助Ⅱ级响应;贵州省人民政府防汛抗旱指挥部启动洪涝灾害Ⅲ级应急响应;贵州省气象局及时启动气象灾害Ⅳ级应急响应;黔西南州于 6 月 6 日 10 时启动气象灾害暴雨Ⅱ级应急响应。灾情发生后,望谟县气象局立即启动气象灾害Ⅰ级应急响应命令。

图1　贵州省望谟县行政区划图

2　灾情及影响

　　2011年6月6日的此次望谟山洪、泥石流地质灾害发生时恰逢端午节假期,发生时段为夜间到凌晨,灾害发生历时短短5 h。泥石流灾害主要发生在望谟河上游的打易河、打尖河和乐旺河三条支流沿线,望谟河下游则主要是以山洪灾害为主。主要受灾区域位于望谟县城复兴镇、新屯、打易、郊纳、乐旺、打尖6个乡镇。

　　据初步统计,打易河、打尖河、乐旺河3条河流泥石流长约40余千米,平均宽度100 m,平均厚度2 m,总体积约1000万 m^3。截至6月21日18时,望谟县受灾人口13.9万人,紧急转移45380人,因灾死亡37人,失踪15人,造成直接经济损失20.65亿元。在望谟县自2006年以来所遭受的三次山洪灾害中,此次灾害造成的经济损失最为严重(见表1),人员伤亡情况则基本分散在各个乡镇,并未发生一起群死群伤事故。

　　这次灾害造成的经济损失和行业影响巨大。大部分受灾乡镇交通、电力、通讯、供水等中断,农田、房屋、水利、农作物造成严重毁损,受灾涉及农、林、牧业,交通、电力、水利、通讯、建筑、市政设施、学校、工矿企业等十多个行业。其中,受灾害影响最重的是农业,损失达5.98亿元;其次是交通,经济损失达 4.6 亿元(图 2);市政设施和社会发展行业位列第三,经济损失达 3.2 亿元(图 3、图 4)。各行业受灾及经济损失情况见表 2。

表 1 贵州望谟历次山洪灾害的洪峰流量及经济损失情况

年份	洪峰流量 (m³/s)	死亡人数 (单位:人)	失踪人数 (单位:人)	经济损失 (单位:亿元)
2006	1150	30	20	10.98
2008	994	12	8	8.067
2011	1700	37	17	20.86

图 2 209 国道望谟县段被毁坏,图中是临时修建的便道和被毁坏的房屋

图 3 望谟县城被淹

图 4　望谟县河道两旁被冲毁的房屋

表 2　2011 年 6 月 6 日望谟山洪泥石流灾害中,各行业受灾情况(截至 2011 年 6 月 21 日)

行业	经济损失 (单位:亿元)	主要影响
房屋	1.2	倒塌 801 幢 2403 间,损坏 4813 幢 9626 间
交通	4.6	水毁 209 省道 20 km,县乡公路 188 km,通村公路 1020 km
农业	5.98	耕地、农田 3.4 亿元;农作物受灾经济损失 2.52 亿元;农机经济损失 0.6 亿元
林业	0.739	包括人工造林、封山育林、苗木毁损和林区公路毁损
畜牧业	0.895	包括大牲畜、猪、羊和家禽死亡;草地、圈舍、场站损毁
水利	1.2	包括冲毁引水渠、农村饮水管道、水池(窖)、防洪堤、拦河坝、山塘、小水电站、水文监测站、县城供水设施、水库设备以及造成河道严重拥堵
通讯	0.521	包括移动、电信、联通三家的经济损失
电力	0.3	包括损毁电力设施 35 kV 线路 21 km,10 kV 线路 61 km
市政设施	1.35	包括毁损县城桥梁、引水管网、供水管网、污水管网、排水沟;天河花园、望江新城、解放路、余姚大道、望谟一中、望谟一小、望谟二小等区域严重被淤泥掩埋,道路及路灯严重受损,垃圾场边坡倒塌
社会发展	1.86	包括学校教学楼、附属设施损毁;卫生系统业务用房、药房、医疗器械损毁,打易、打尖、乐旺等七乡镇办公楼、计生站等设施损毁
工矿企业	0.48	包括砖、沙石、木材、柚桐等加工厂
其他	1.53	包括毁坏汽车、摩托车等以及其他损失
合计	20.65	

3　致灾因子分析

　　望谟河上游支流是典型的山区河流,河流下切深度大,河道狭窄,河流水文特征呈现暴涨暴落的特点,极易形成山洪灾害,这种山洪具有突发性强、能量集中、冲击力强、破坏性大的特点。这也是望谟连年多发山洪地质灾害的一个重要原因。2011 年 6 月 6 日望谟山洪、泥石流等地质灾害(以下简称"6·6"特大暴雨过程)就是这种典型的小流域山洪,诱发泥石流、塌方等地质灾害。经过实地调查和资料分析,成灾原因主要集中在以下三个方面。

3.1 短时强降水是"6·6"灾害致灾的直接诱因

2011 年 6 月 5 日夜间到 6 日凌晨,受低空急流和南支槽的共同影响,望谟县 3 h 内有 8 个乡镇出现暴雨,部分乡镇出现大暴雨、特大暴雨。望谟县北部和南部降雨量差异巨大:中部以北地区降雨集中、强度大,出现大暴雨、特大暴雨,是短时强降雨的集中区,如打易镇降水量达 192.9 mm、新屯镇 127.4 mm;中部以南地区降雨量仅为中雨或大雨,例如望谟县城降水量仅为 38.9 mm。

从望谟县境内最高点打易镇逐小时降雨量来看(见图 5),打易镇 16 h 降雨量达 316.2 mm (5 日 20 时—6 日 08 时),3 h 降雨量超过 200 mm,1 h 降水量达 105.9 mm(5 日 23—24 时),是贵州省有气象记录以来最大的单小时降水量。此次暴雨过程的降水总量、降水强度均超过了 2006 年和 2008 年两次望谟县暴雨山洪灾害的降水总量和降水强度。

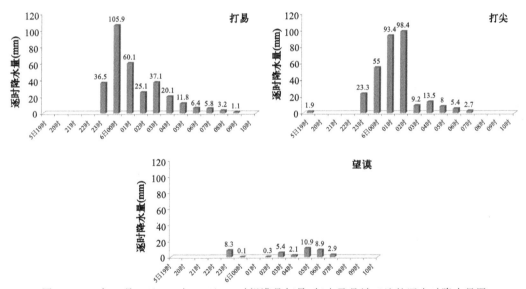

图 5 2011 年 6 月 5 日 19 时—6 日 10 时望谟县打易、打尖及县城三地的逐小时降水量图

从强降雨发生最强时段的雷达回波分析,黔西南州存在一条东西向的强回波带,最强的中心在望谟北部,而且黔西南州北部的强回波不断向东南移动、补充,导致望谟强降雨发展并持续。

以上分析看出,望谟河上游高海拔山区在 6 月 5 日 22 时—6 日 1 时的短时强降水是此次山洪灾害的直接诱因。

3.2 望谟县特殊的地形特点是导致灾害发生的重要因素

贵州省望谟县地处云贵高原向广西丘陵过度的斜坡地带,境内河流纵横交错、地势北高南低,落差大(图 6)。望谟县中部以北为山地,海拔高度普遍在 1500 m 以上,最高点为打易北部的跑马坪,海拔 1718 m;县南部为南盘江河谷地带,海拔高度多在 500 m 左右,最低点红水河昂武乡河口为 275 m,海拔高程差达 500~1000 m。一旦流域上游地区出现强降水,下游地区河流水位必定上涨,引发山洪等自然灾害,使河流沿岸受灾。

3.3 城镇发展中挤占河道是致灾的又一原因

贵州省望谟县以山地为主,全县 3005.5 km² 的面积中,山地面积占 76.8%,丘陵占 20.4%,河谷盆地仅占 2.8%,可利用土地极少。近些年来,由于城镇化建设和区域人口增长,县人口总数达 28.3 万人,常住人口增长了三倍多,侵占河道开垦种地、修建房屋的现象较为普遍,影响了河道的行洪能力。此次灾害中,沿河道而建的天河花园和望江新城两个住宅小区受灾严重。

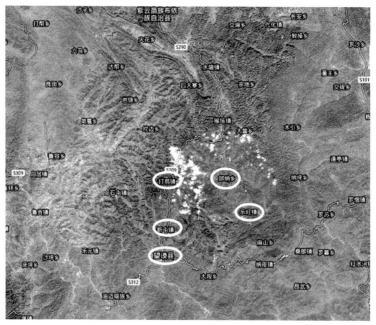

图 6　贵州省望谟县卫星影像图

(来源:谷歌地图,白色圆圈表示受灾区域,其中打尖未能显示)

另外,降雨主要集中在望谟县北部山区,县城区雨量小,造成望谟河下游群众麻痹大意,也是造成灾害的原因之一。总体来讲,县城发生超警戒洪水是造成财产损失主要原因,而望谟县的自然地理特征,造成此次山洪灾害的重要原因,也是人力很难抗拒的。

4　预报预警

"6·6"望谟特大暴雨过程中,贵州省、市、县三级气象部门沟通交流有效、预报预警准确、信息发布传播及时,对政府决策、群众避险起到重要的作用。

4.1 预报情况

针对"6·6"特大暴雨过程,贵州省气象台提前 4 天于 6 月 1 日首次发布暴雨落区和强度预报,之后连续 6 次滚动发布持续强降水预报,并就暴雨预报预警与黔西南州气象台、望谟县气象局进行及时沟通。

6 月 5 日 8 时,贵州省气象台继续发布强降水天气预报,明确指出"5 日夜间到 6 日白天,安顺市中南部、六盘水市东部、黔西南州的北部及东部、黔南和黔东南两州中南部雨量一般为中到大雨,局地有暴雨,部分乡镇有大暴雨",并对外继续发布持续强降水预报。5 日 15:33,黔西南州气象台发布暴雨天气预报,重点指出"5 日夜间到 6 日白天,兴仁、贞丰、望谟、册亨部分乡镇有暴雨",同时预报提醒相关部门注意防范雷电和强降水诱发的山洪、塌方、滑坡等灾害。

从过程落区预报看,针对望谟的预报与实况是相符的(图 7);从强度预报看,望谟县城降雨预报是准确的(见图 8)。这次预报中最大误差出现在望谟县境内北部山区乡镇的降雨强度预报上,预报为"望谟部分乡镇有暴雨",实况为打易、打尖出现了大暴雨,甚至特大暴雨。

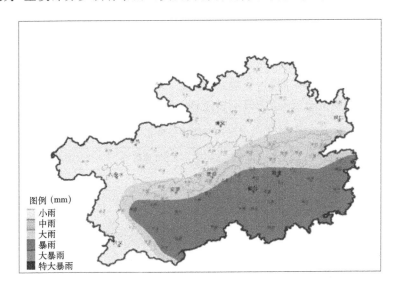

图 7　2011 年 6 月 5 日 20 时—6 日 20 时,贵州省气象台发布的降水落区预报图

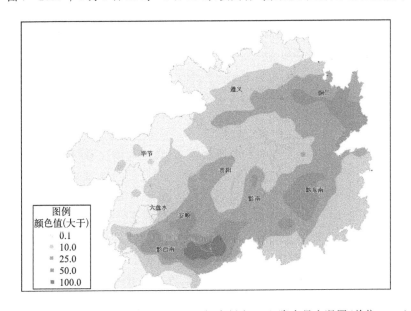

图 8　2011 年 6 月 5 日 08 时—6 日 08 时,贵州省 24 h 降水量实况图(单位:mm)

决策服务方面,贵州省气象局于 6 月 1 日下午采用专人送达的方式向贵州省委、省政府、省应急办领导报送决策气象服务材料《重大天气预报:"持续强降水天气将影响我省"》,6 月

4—6 日通过传真的方式向贵州省委、省政府、省应急办及相关部门滚动发送《气象服务信息》和《雨情公报》。黔西南州气象局、望谟县气象局也及时发布传送了预报服务材料。

4.2　预警情况

在"6·6"特大暴雨过程中,暴雨预警信号发布及时,贵州省气象台、黔西南州气象台、望谟县气象局三级充分沟通会商,上下联动成效显著。见表 3。

贵州省气象台:与实况相比,提前近 5 h(6 月 5 日 18 时)发布首个暴雨蓝色预警信号,提前 20 min(5 日 23 时)发布暴雨橙色预警信号。在灾害发生 1 h 前(6 日 00:17),提醒望谟县气象局可能发生山洪。

望谟县气象局:与实况相比,提前 35 min(5 日 22:35)暴雨蓝色预警;提前 20 min(5 日 23 时)升级为暴雨黄色预警;由于自动站雨量上升过快,提前 10 min(23:50)升级为暴雨红色预警,同时开展三个"叫应"和区域联防,为群众避灾转移赢得了宝贵时间。特别是暴雨红色预警的提前发布,对于政府决策、组织避灾具有关键性作用。

表 3　贵州省、市、县气象部门预警信号发布时间和发布等级列表

单位	预警发布时间	预警信号等级	其他措施	预警提前量	实况出现时间
贵州省气象台	6 月 5 日 18:00	暴雨蓝色		5 h	
贵州省气象台	6 月 5 日 23:00	暴雨橙色		20 min	5 日 23 时:打易降雨量达 36.5 mm;
贵州省气象台	6 月 6 日 00:20		提醒望谟县气象局可能发生山洪		5 日 23:50:打易降雨量达 80 多毫米;
黔西南州气象台	6 月 5 日 18:40	雷电黄色		4 h	5 日 24 时:打易降雨量达 142.4 mm;
黔西南州气象台	6 月 5 日 23:20	暴雨橙色			6 日 01:30:灾害发生;
黔西南州气象台	6 月 6 日 03:00	暴雨红色			6 月 2 时:县城发生灾害
望谟县气象局	6 月 5 日 22:35	暴雨蓝色		35 min	
望谟县气象局	6 月 5 日 23:00	暴雨黄色		20 min	
望谟县气象局	6 月 5 日 23:50	暴雨红色	与省台会商,启动区域联防	10 min	

4.3　预警发布传播

针对"6·6"特大暴雨过程,贵州省气象服务中心、黔西南州气象局、望谟县气象局,通过电视、广播、手机、网络、气象信息员的方式向公众发布不同级别的暴雨预警信号。

建立气象信息发布绿色通道,提高预警短信发送速率,实现暴雨黄色以上预警信号手机短信全网发布。6 月 5 日 18 时,针对暴雨蓝色预警信息向公众发布预警短信 291 万条。针对暴雨黄色、橙色、红色预警,实现了面向所有手机用户的全网发布。值得注意的是,此次灾害中气象预警短信平均发送速率达 400 条/s,在过去的基础上提高了 1 倍,全网发布时间缩短了一半。这主要得益于 2011 年 5 月 10 日以来贵州省气象局与贵州省通信管理局所建立的气象信息发布绿色通道。贵州省气象局工作组深入灾区随机调查气象预警信息发布分区全覆盖问题,拥有手机的村民纷纷回答在暴雨灾害发生前均收到气象部门发布的重大天气预报及气象灾害预警信息短信。

积极主动、想方设法告知当地决策部门、相关责任人以及气象信息员最新雨情和防御措施,是解决预警信息发布"最后一公里"问题的关键。望谟县气象局向望谟县委、县政府、人大、政协领导、乡镇及部门负责人、学校、企业、农村气象信息员共计 736 人(其中气象信息员 550 人)发布暴雨预警信息。在发布暴雨红色预警后,立即启动三个"叫应",以电话方式通知相关人员最新雨情和防御措施。收到预报预警后,望谟县防汛办向各级乡镇下达了防汛指示;信息员及时采取措施,叫醒群众转移。值得注意的是,信息员在组织群众避灾转移中作用发挥程度不同。总体来讲,由国家行政人员兼任或有固定收入的信息员作用明显。例如,气象局的人工影响天气作业手得知雨情后挨家挨户叫醒公众,采取措施。

另外,贵州省气象部门还充分利用省、市电视台、贵州人民广播电台、贵州日报等电视、广播、报刊及网站发布重大天气预报及各类气象灾害预警信息。但是,暴雨天气过程期间,贵州省气象局政务网、中国天气网贵州省级站的浏览量都没有明显变化。可见,公众通过网络媒体主动接收针对农村、山区的突发性、局地强降水天气预报预警信息很不够。

5 气象服务特点分析

在"6·6"特大暴雨过程中,贵州省、市、县气象部门预报、预警、服务到位,防汛抢险部门应急响应及时,为群众转移和抗洪抢险赢得宝贵时间,避免了群死群伤事故的发生。"三个叫应"的服务模式、小流域联防的工作机制、气象工作者对地形熟悉的基本素质以及日常应急演练和群众联防等方面的做法卓有成效,可以为小流域山洪防御提供参考和借鉴。

5.1 落实"三个叫应",做好防灾减灾中"政府主导"的消息树和发令枪

2009 年,贵州省气象局首创"三个叫应"的气象应急服务模式。该模式主要是指在每次强降水出现前后,气象预警信息服务要在第一时间"叫应"省及市(州、县)党政领导、"叫应"乡镇党政领导、"叫应"乡村气象信息员。该机制在实际业务操作中需要灵活应用,特别要注意与各级党政领导的沟通方式和技巧。

针对"6·6"特大暴雨过程,贵州省气象局局长于 6 月 5 日 22 时,要求各级气象部门务必做好监测预报预警服务,及时开展"三个叫应"工作。贵州省、黔西南州、望谟县三级气象部门分别采取电话方式"叫应"各级党委、政府及有关部门和乡村信息员。具体做法如下:

表 4　贵州省望谟县气象局的气象服务工作时间表

时　间	地　市	具体措施
5 日 15:28	黔西南州雷达站	通知望谟县局县南部有雷雨云发展
5 日 19:30	黔西南州雷达站	通知望谟县境内雷达回波强约 55 dB
5 日 22:35	望谟县气象局	发布暴雨蓝色预警
5 日 22:42	黔西南州气象台、望谟县气象局	打易降水量达暴雨,州气象台指导望谟县发布暴雨黄色预警。值班员利用手机平台向县主要领导及相关部门领导、乡镇领导发布暴雨黄色预警信息号
5 日 23:30	望谟县气象局	赴望谟河沿线调查雨情、水情;派出驾驶员驱车赶往望谟河沿线与当地政府一起提醒沿河群众立即紧急转移
5 日 23:40	望谟县气象局	县局向打易站询问雨情,并让值班员转告领导和村组,注意防范山洪地质灾害
5 日 23:46	望谟县气象局	向县领导、乡领导及相关部门发布暴雨红色预警

续表

时　间	地　市	具体措施
5 日 23:50	望谟县气象局	打易雨量达 80 多毫米,向防汛办报告雨情,建议通知乡镇加强防范
6 日 00:10	望谟县气象局	询问打易雨情,打易值班员已通知村民转移
6 日 00:17	望谟县气象局	县局长向分管副县长汇报打易雨情,并建议启动应急预案;同时电话通知防汛办转告打易下游两岸居民撤离
6 日 01:00	望谟县气象局	再次向县领导汇报洪水情况,并向防汛办报告雨情
6 日 01:02	望谟县气象局	叫应打易镇书记,汇报雨情,要求沿河居民撤离
6 日 01:20	望谟县政府	启动应急预案,拉响警报
6 日 02:20	望谟县气象局	再次向县长汇报雨情并说明降雨持续
6 日 02:28	望谟县政府	河水已淹没两个居民住宅小区,抢险工作紧张进行

　　贵州省气象局局长采用电话方式,连夜"叫应"贵州省委和省政府领导,直接"叫应"黔西南州委书记、黔西南州分管副州长、望谟县政府领导等,通报雨情,并建议采取防范山洪地质灾害的措施。

　　望谟县气象局局长于 6 月 5 日 23 时,启动县级层面的"三个叫应"工作。局长向县领导汇报雨情;副局长向乡镇领导通报雨情;值班人员叫醒乡村气象信息员,并建议通知下游沿河两岸居民转移。6 日 00:17 和 01:20,望谟县气象局先后两次建议县政府启动应急预案,建议下游沿河居民撤离。县政府在洪水进入望谟县城的 10 min 前启动应急预案(01:30),全县拉响警报。在三个"叫应"工作下,政府发挥主导作用,组织群众撤离。此次望谟特大山洪、泥石流等地质灾害中,贵州省气象局三个"叫应"的气象服务模式取得了巨大的服务效益,为政府组织群众撤离赢得了 1 个多小时的时间。面对短时强降水等突发灾害性天气,第一时间通知政府部门,发挥政府在组织防灾避灾中的主导作用,对避免造成重大人员伤亡、特别是群死群伤事件起到了关键作用。

　　灾害发生后,时任黔西南州州委书记陈鸣明在向国务院救灾工作组汇报工作时专门表扬气象部门,并对气象部门在 6 月 6 日凌晨的"叫应"服务极为称道和感谢,时任副州长付贵林、陈文发说"如果不是气象部门提早通知,如果不是望谟县政府拉响警报紧急转移 45000 人,那后果更是不堪设想的"。

5.2　小流域区域联防工作机制发挥作用

　　在"6·6"特大暴雨过程中,贵州省安顺市、黔西南州、黔东南州三地的小流域区域联防工作机制也发挥了重要作用。6 月 5 日夜间到 6 日凌晨,贵州省中南部的黔西南州东部、安顺市南部、黔东南州中北部及铜仁地区中南部均出现强降水天气。暴雨天气期间,地处望谟县上游的安顺市气象局先后 7 次向望谟县气象局通报雨情,为下游气象灾害监测、预报、服务提供及时的信息。

　　面对灾害,安顺市主动开展了部门内联动,贵州省气象局也建立了跨区域小流域天气联防机制。2009 年 4 月起,在贵州省气象局牵头下,安顺、黔西南州、黔南州气象局针对三个地区地形特点和水文特征,建立了跨区域的小流域天气联防机制,共同编制跨区域小流域天气联防网络,并通过定期开展联席会议,形成一系列长效机制,有效地加强了区域合作,为预防和应对灾害发生提供指导。

5.3 应急演练是提高防灾能力、发挥"社会参与"的有效手段

调研发现,灾害中并未发生一起群死群伤事故,成功转移 45000 名群众,占县总人口的 20%。短时间内,实现大量人员的转移和安全避险,除了政府组织外,另一个重要的原因是 2009 年贵州省防汛抗旱指挥部在望谟县举办的山洪灾害防御演练。这一次的演练增强了群众防灾避灾意识和抗灾救灾实战经验。

2009 年 4 月,贵州省防汛抗旱指挥部在望谟县举办山洪灾害防御演练,演练的科目包括山洪灾害预警、信息会商决策、群众转移避灾、救助安置受灾群众及山洪灾害应急响应解除等。这次演练增强了群众的防灾避灾意识和抗灾救灾的实战经验,同时也是宣传防御山洪灾害知识的有效途径。调研发现,两名由外地刚到望谟工作的教师在灾害中遇难,其原因是两人未参加应急演练,避险时跑错了方向。可见,2009 年望谟县的应急演练使得大量人员可以快速转移和及时撤离。

调研中发现一次成功的应急演练包含科目多、涉及部门广、需要成本高(2009 年望谟县的应急演练费用为 200 万元),必须由应急办或防汛办来牵头,并不是气象局一家之力可为。但是,与灾害造成的经济损失相比,应急演练的费用就少很多,气象部门可以积极推动此类灾害的应急演练。

5.4 群众联防是"社会参与"小流域山洪防御的低成本方法

调研发现,由于多年来,望谟县水患不断,邻居们自发建立了联防机制应对洪灾。汛期只要下雨,有经验的人家会打伞在河边轮流看水,守到天亮,一旦洪水发生,则挨个敲门通知撤离。此次望谟山洪灾害中,就有三家人是这样轮流监测望谟河水位情况,最终逃过一劫。可见,对于突发性、局地性的强降雨,群众也要积极行动。

5.5 气象服务人员需要对当地的地形、地貌特征了然于胸

针对望谟特大暴雨山洪灾害,及时获取实况是快速、准确发布预警的前提。当望谟县打易、郊纳等乡镇的自动雨量站被冲毁、数据传输中断时,县气象局立即派专人到沿望谟河上游和望谟桥头实地观测水情,克服了基础设施故障,为快速准确发布暴雨预警提供了第一手实况资料。可以说,当地气象局的这一决策是非常正确的,做出这一决策的基础正是望谟县气象职工对于当地"一旦小流域上游出现强降水、下游地区河流必定上涨,引发山洪"的地形、地貌特征非常了解。因此,熟悉当地的自然地理特征,是气象人做好服务的一个基础和前提。

6 思考与启示

望谟"6·6"特大暴雨过程的应对过程给小流域山洪灾害的防灾救灾工作提供了很多有益启示,同时也发现了需要弥补的问题。

6.1 望谟县《防洪应急预案》中应急响应标准需要重新修订

调研发现,2010 年贵州望谟县出台了《防洪应急预案》,预案明确规定了应急机构体系(应

急处置指挥机构,各专业组设置及其主要职责)、预警和应急响应(地质灾害报告、地质灾害的评估、临灾应急反应、灾害发生后应急反应)等。

此次灾害应急是对该预案的全面检验。根据 6 月 5 日夜间到 6 日凌晨望谟的雨情和水情,望谟县气象局于 6 月 6 日 00:17 就建议县政府启动应急预案,但是由于望谟县城的降雨量未达到启动应急预案的标准,防洪应急并未启动。直到 6 日 01:20,望谟县气象局再次向副县长报告雨情,两次建议启动防洪应急预案。01:30 左右,县政府正式启动应急预案,全县拉响警报,最终成功地转移疏散 45000 人。

由于望谟县小流域山洪灾害特征明显,预案中应急响应的标准需要综合考虑上游的降水量和水情特征进行修订。

6.2 改善望谟县的观测系统,增加对雷达盲区关键站点的监测手段

此次灾害中雨强最大的打易镇原本就是天然的暴雨区。但是,和整个黔西南州相比,打易镇又位于低地势,是州气象台雷达盲区。尴尬的地位,使得打易镇未能得到与其风险相匹配的观测系统。面对来势猛烈的短时强降水,由于电力中断以及自动站系统的损坏,在预警发布关键点,打易、坎边、郊纳、纳包四个乡镇自动气象站相继中断了雨量数据上传,如果没有及时的补救措施,监测数据的缺失将严重影响气象预报人员对强降雨预报及致灾严重性的评估。

尽管在基础设施出现故障时,气象职工在极其艰苦的条件下还是获取了第一手的水情资料。但是,指望气象职工去克服基础设施方面的不足并不是一个好的解决办法。因此,建议气象部门努力加快改善可用的后备电力和通讯能力,考虑在望谟配备雷达观测站,减少站点盲区。另一方面,州县之间针对处于雷达盲区的关键站点,建立及时的沟通机制。

6.3 山洪地质灾害防治精细化气象预报服务中监测预警指标范围可拓宽

2011 年,望谟县成为贵州省小流域山洪灾害防治试点,制定了《望谟县山洪地质灾害防治精细化气象预报服务试点工作实施方案》,方案中确定了乡镇准备转移、立即转移的本地降雨量预警指标,而并未涉及上游或相邻地区降雨量预警指标,对监测望谟县发生山洪灾害的重要指示作用。在此次灾害中,调研发现,望谟县上游的打易镇的降水量对望谟县发生山洪灾害具有重要的指示作用。因此,在小流域山洪防治的预报服务中,除了以本地降水量作为转移的临界值外,更需要探索上游降水量对下游山洪灾害发生的预警临界雨量值。

6.4 重新核查气象信息员,克服信息预警到不了最后一公里的险境

此次灾害中,望谟县气象局向 550 名气象信息员发送暴雨预警短信,并通过电话叫醒乡村气象信息员,建议提醒下游沿河两岸居民转移。对气象信息员工作调研发现,由国家行政人员兼任或有固定收入的信息员作用明显,特别是气象局的人工影响天气作业手得知雨情后挨家挨户叫醒公众,采取紧急措施。这部分气象信息员是由气象局支付薪资,因而责任心很强。但是,由普通村民、大学生村官等无工资或无编制人员兼任气象信息员时,信息员作用的发挥就有限。究其原因有三:一是由于气象信息员属于志愿者性质,无实际薪资的支付,因此也没有办法进行考核和监督;二是部分气象信息员居住地与责任区不在一起;三是大学生村官工作年限一般为两年,离开责任区之后气象信息员未能及时更新造成空缺。

目前,气象信息员多由村干部、乡镇干部、村官、村民、人工影响天气作业手、教师、校长等

职业人员或村级人员兼任,气象信息员在传递气象预警信息中的作用发挥程度差异很大。因此,要真正发挥气象信息员在气象信息传递"最后一公里"的问题中的作用,还需要进行信息员认证和核查,考虑激励措施,也可以探索由其他部门信息员兼任等多种形式。

此外,鉴于望谟县特殊地理环境和地质灾害多发的特点,建议当地政府应进行科学规划,对山区不适宜人居的乡镇进行整体搬迁;林业、水利、国土等相关部门继续加强流域生态环境综合治理,生态恢复和工程措施双管齐下,从根源上防治此类灾害的发生。

致谢:贵州省气象局减灾处、直属业务单位以及望谟县气象局,在实地调研和基础数据收集方面给予本文大力支持,在此表示衷心感谢。

2011 年 7 月 24—25 日北京市
强降雨天气过程气象服务分析评价

潘进军　　姚秀萍　　王丽娟　　张晓美　　李　闯　　王　昕

(中国气象局公共气象服务中心,北京 100081)

摘　要　2011 年 7 月 24 日午后到夜间,北京市出现了 2011 年入汛以来最强降雨过程(以下简称"7·24"暴雨过程),全市平均降雨量为 62 mm,城区平均降雨量为 55 mm,其中最大降雨量出现在密云北山下(水文站),为 243 mm。在"7·24"暴雨过程中,北京市气象局预报准确,预警信息发布及时,全市应急处置启动早,部门联动响应快,社会媒体全勤投入,市民主动参与,使得暴雨过程并未对北京城市运行造成很大影响,社会各界和广大公众对气象服务和城市应急管理给予了高度评价。本文通过一线调研,深入分析了"7·24"暴雨过程中天气监测、预报预警、信息发布、应急联动等主要环节的工作及其效果,认为针对"7·24"暴雨过程,北京市气象局在决策服务的逐步跟进、气象信息的分层次传播、气象预警的跟踪调整以及与社会媒体的互动等方面的做法卓有成效,可以为大城市气象灾害预警和应急服务提供参考和借鉴。

1　概述

2011 年 7 月 24—25 日,受东移高空槽和暖湿气流影响,北京市出现 2011 年入汛以来北京最强降雨过程(图 1),全市平均降雨量为 62 mm,城区平均降雨量为 55 mm,最大降雨量出现在密云北山下(水文站),为 243 mm(大暴雨)。降雨主要集中出现在 7 月 24 日 14:30—16时和 18:45—22 时。此次暴雨过程是 2011 年入汛以来北京最强降雨过程,也是 2001 年以来夏季出现的最为明显的降水过程,具有降雨持续时间长、过程累积雨量大、降雨落区分布不均的特点。

2　灾情及影响

从"7·24"暴雨气象服务整个过程来看,气象部门的预报、预警、应急服务到位,服务效果显著,尤其表现在决策服务的逐步跟进、气象信息的分层次传播、气象预警的升级调整以及与社会媒体的信息互动等方面。北京"7·24"暴雨过程气象服务具体情况见表 1。

2.1　决策气象服务逐步跟进,有力保障政府应对

北京市气象局提前 5 d(7 月 19 日)对这次暴雨过程做出中期预报,提前 2 d 做出短期预报。但考虑到 48 h 预报的不确定性,7 月 22 日,北京市气象局在决策服务材料《天气情况》中仅给出"大到暴雨"的提示性预报,并未涉及精确的降水量。7 月 23 日,《天气情况》提供了主要降水时段和分区域定量降水预报。到 7 月 24 日当天,《天气情况》进一步明确了降雨量预报,细化了降雨时段预报。48 h 期间具体预报内容调整情况见表 1 所示。

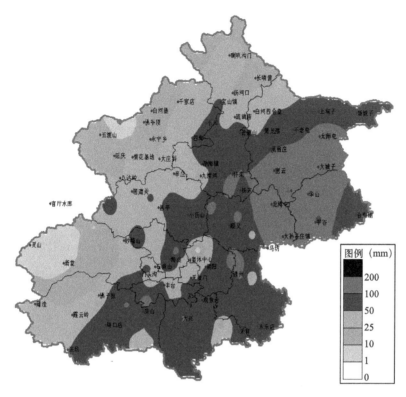

图1　2011 年 7 月 24 日 08 时—25 日 08 时北京地区降雨量分布图

表 1　北京"7·24"暴雨过程气象服务情况一览表

预报发布时间	7 月 22 日 16:00	7 月 23 日 16:00	7 月 24 日 13:50	7 月 24 日 16:00
预报提前量	48 h	24 h	6 h	3 h
预报内容	24 日午后到夜间本市将有一次明显的降雨天气过程，大部分地区的降雨量为大雨，局地暴雨，降雨时伴有雷电	24 日午后到 25 日白天本市将有一次大到暴雨天气过程，主要降雨发生在 24 日午后到夜间，降雨时伴有较为强烈的雷电现象。预计大部分地区的降雨量为 40～70 mm，东部地区的降雨量将超过 70 mm	发布暴雨蓝色预警	24 日傍晚到夜间，本市将有暴雨，伴有雷电；25 日白天仍有小到中雨。预计大部分地区的降水总量有 40～70 mm，东部地区的降雨量将超过 70 mm
政府应对措施	22 日 18:08，市防汛抗旱指挥部发明传电报《关于做好应对强降雨天气的紧急通知》	23 日 17:18，市防汛抗旱指挥部发来明传电报《关于上报"7·24"应对强降雨准备情况的通知》	24 日 14 时，市应急办启动Ⅳ级应急响应	

续表

预报发布时间	7月22日16:00	7月23日16:00	7月24日13:50		7月24日16:00
部门应对措施	暴雨应对准备工作	暴雨应对准备工作	北京市交管部门	启动一级勤务,启动雨天等级上勤疏导方案,3000名交警上岗	各部门坚守工作一线
			北京市地铁部门	启动防汛应急预案,指挥部24 h值班	
			北京市排水集团	出动防汛设备及车辆263台(套),并配备备用发电设备;出动人员1591人,坚守各地铁口,适时排水	
			北京市消防局	91个中队备战防汛,处理42座环路下凹立交桥周边险情	
			北京自来水集团抢险大队	对所辖桥区进行及时抽水排涝,把路面积水降到最少	
社会应对措施	暴雨应对准备工作	全市新闻媒体及电子显示屏、预警塔均及时传播暴雨消息和服务提示	北京市气象台	24日15:20,《雨中进行时》直播	
			市民	减少出行,留在家中	

随着时间的推进,决策服务材料中暴雨预报的落区、落时和强度逐渐明确,北京市防汛抗旱指挥部及相关部门对暴雨应对防范的调动力度、投入力度也相应跟进。根据气象部门提供的暴雨预报,市防汛抗旱指挥部首先发布紧急通知,要求全市相关部门做好强降雨天气的应对工作。在预报进一步明确的基础上,市防汛抗旱指挥部要求各部门上报应对强降雨的准备情况。应急预案启动2 h后,各部门防汛措施陆续到位。具体见表1中政府应对措施。

2.2　区别对待决策与公众用户发布预报信息,分层次服务收效显著

通常,决策服务用户使用预报信息主要是用于提前部署,做好防汛抢险的准备工作,而普通公众使用预报信息主要是为了日常生活参考。考虑到决策服务用户和普通公众使用预报信息的不同用途,而且决策服务用户对预报信息的理解能力、预报准确率的认知程度以及预报误差的接受程度等方面均明显高于普通公众。因此,在"7·24"暴雨过程前期征兆较强的情况下,北京市气象局提前2 d向决策用户报送了"7·24"暴雨的内部决策气象服务材料,而只提前1 d,向社会公众发布暴雨天气预报,做到气象信息发布内外有别,取得了较好的服务效果。

2.3　根据暴雨发展过程及时调整预警级别,提升预警服务的及时性和精细化程度

"7·24"暴雨过程中,北京市气象局根据雷达监测情况和降水实况,及时发布并升级预警信号,使得政府部门能够根据预警信息及时跟进,有效联动。

7月24日,北京市气象局在1个站出现短时强降水后,发布暴雨蓝色预警,比第一轮强降水高潮出现提前了30 min(见图2中Ⅰ处)。在27个观测站出现10 mm/h的降水后,北京市气象局升级发布暴雨黄色预警,比第二轮强降水高潮出现提前了 20 min。之后连续 2 h 内,近半数的自动站出现短时强降水,北京市气象局继续发布了跟进的雷电黄色预警,此后 1 h 内强降水达到顶峰,23 时降雨开始明显减弱,暴雨预警信号和雷电预警信号相继解除(见图 2 中 Ⅱ 处)。

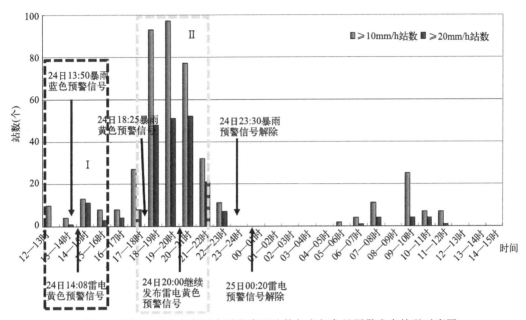

图 2 7 月 24 日北京市逐小时强降雨站数与市气象局预警发布情况时序图

2.4 密切与相关部门、社会媒体的互动,扩大气象预警服务覆盖面

配合北京市启动应急机制,北京市气象局及时滚动加密天气会商,简化内部信息流转环节,增加面向公众和城市运行重点部门的雨量实况和预警信息发布频次,增加电台专家直播节目 4 档、电视气象直播节目 8 档。气象专家走进北京市交通管理中心、电视台演播室,开展现场气象信息咨询服务,架起沟通桥梁,拉近与公众的距离,提高了公众气象服务的效果。

3 气象服务特点分析

入夏以来,全国多个大城市遭遇强对流天气袭击,造成了重大的社会经济影响,气象灾害的预警防御体系建设和运行状况也倍受各界关注。面对"7·24"暴雨过程,北京市政府、相关部门和社会各界在应急管理、应急响应中表现出了较好的响应能力,并将暴雨的不利影响降到最低。"7·24"暴雨过程为我们深入思考大城市暴雨灾害防御体系的运行及灾害气象服务功能的发挥提供了重要的经验。

3.1 政府及时部署,应对措施不断跟进

根据气象部门提供的逐阶段决策气象服务信息,北京市防汛抗旱指挥部于 7 月 22 日下发了暴雨应对紧急通知;23 日北京市市长亲自召开全市视频会议,对薄弱环节进行了重点部署和强调;24 日 14 时,北京市防汛办及时发布汛情蓝色预警,启动Ⅳ级应急响应。

3.2　部门密切联动,及时救灾除险

"7·24"暴雨过程中,各防汛抢险部门能根据气象部门发布的预警信号及时启动预案,专门人员提前到岗,坚守一线,将暴雨对城区交通的影响降到最低,尤其表现在城市生命线部门。

北京市交管部门启动一级勤务,适时启动雨天等级上勤疏导方案,在岗交警达 3000 名。北京市地铁部门启动防汛应急预案,指挥部 24 h 值班。北京市排水集团出动防汛设备及车辆 263 台(套),并配备备用发电设备;出动人员 1591 人,坚守各地铁口,进行适时排水。北京市消防局安排 91 个中队备战防汛,处理全市 42 座环路下凹立交桥周边险情。北京自来水集团抢险大队对所辖桥区进行及时抽水排涝,把路面积水降到最少。

3.3　社会积极参与,市民主动配合

针对"7·24"暴雨过程,北京市宣传部门也适时启动了应急响应机制。全市新闻媒体及电子显示屏、预警塔等预警设施均及时传播暴雨消息和服务提示。北京市电视台启动应急预案,实现两个频道的并机直播,并派出记者、编辑、主持人近百人,分赴北京市气象局、应急办、防汛办、排水集团等主要应急单位,现场报道防汛交通指挥、城市排水、消防救援情况,充分利用路况直播、气象直播、电话连线、3G 传输以及微博互动等手段,及时通报北京市各部门应对暴雨时的防御措施,以及通力配合和辛勤工作。

由于"7·24"暴雨恰逢双休日,市民在获取预警信息后主动采取避险措施,减少出行,既减少了遭遇险情的可能,也降低了雨天道路拥堵的风险。

4　思考与启示

"7·24"北京暴雨过程的气象服务对于气象部门应对大城市暴雨及极端天气过程具有重要的参考价值,其中有许多方面值得深入思考与总结。

4.1　准确的天气预报是做好大城市气象灾害应对服务的基础

2011 年,北京市先后经历"6·23"和"7·24"两次暴雨过程,后者虽然是北京入汛以来最强降水,但对城市运行造成的影响却远远小于前者。究其原因,后者除了在气象服务技巧和社会应急管理上有所改进外,暴雨过程的准确预报是最主要原因。"7·24"暴雨过程是系统性降水,准确预报更易些;"6·23"暴雨过程是低涡暴雨,预报难度较大。可见,气象服务是否成功与天气气候预报预测的准确程度密切联系。因此,气象部门应该进一步加强强降雨预报技术的研究,以提高暴雨落区、落时和强度的预报水平。

4.2　科学合理的预报预警信息发布是做好大城市气象灾害应对服务的关键

预报预警发布的最终目的是要为防灾减灾提供依据,提高社会效益和联动效应,而不是单纯追求预报预警发布时间的提前量。多年的北京暴雨天气过程的气象服务经验表明,预报预警发布过早,难以保证准确,效果不佳,发布过晚,又会影响采取防御措施的及时性;北京市暴雨预警的有效发布时间应在 6 h 以内,最佳在 3 h 以内。因此,各地气象部门在进行防灾减灾气象服务中,要根据当地政府、相关部门的应急响应能力和联动速度,科学地掌握预报预警发布的节奏和时机,使预报预警信息在政府组织防灾避险工作中发挥最大作用。

4.3　跟进天气发生发展过程、及时调整应对措施是做好大城市气象灾害应对服务的重要环节

气象预报服务过程一般分为天气过程前、过程中和过程后三个阶段。在暴雨天气发生过

程中,实况监测、加密会商、预报预警及时升级、信息快速发布、面向媒体的跟踪服务是大城市暴雨应急服务取得成功的重要环节。面对突发暴雨对大城市的威胁,气象部门要从单纯重视"过程前"的预报服务模式向关注"过程中"的跟踪式预报服务模式转变。要根据实际情况,做到过程前、过程中和过程后预报服务的无缝衔接,特别要加强"过程中"气象服务的及时跟进。

4.4   气象部门与媒体间密切互动是做好大城市气象灾害应对服务的有力保障

"7·24"暴雨过程真正实现了"社会参与"的气象服务联动机制。北京市电视台进行了近7 h 的《雨中进行时》全程直播,对气象信息和各部门应对情况进行全面实况报道,把握舆论导向,收到了良好的社会效果。国务院办公厅发布的《关于加强气象灾害监测预警及信息发布工作的意见》为气象部门加强与各级宣传部门以及社会媒体的合作提供了重要保障。因此,气象部门要抓住这一有利契机,进一步加强与宣传部门、社会媒体的沟通联系,健全合作机制,保障气象监测、预报预警、科普信息和宣传报道的及时发布,进一步赢得社会各界和广大公众对气象部门应急服务工作的理解和支持。

4.5   有针对性和指导性的暴雨防御建议是做好大城市气象灾害应对的科学指南

近年来,突发强降雨造成城市内涝灾害的现象频发,面对大城市暴雨的威胁,有针对性和指导性的暴雨防御建议,有助于提升决策用户、城市生命线部门、社会媒体和公众应对暴雨引发灾害的能力。气象部门在发布预报预警的同时,应该细化和深化暴雨防御建议,并及时发布。随着暴雨的临近,建议决策部门提前部署,不断提高暴雨防范的调度和投入力度。建议交通部门启动雨天等级上勤疏导方案,地铁部门密切监视雨水的倒灌,排水部门做好路面、特别环路下凹立交桥周边的排水准备工作,供电部门防范雷击引发供电中断,准备备用发电机。建议社会媒体加大对预警信号含义和防御措施的科普宣传。建议学校和市政合理安排学生上下学和职工上下班时间,市民积极配合,尽量减少出行。

致谢:北京市气象局为文章撰写提供了气象预报、预警、服务方面的一手资料,在此表示衷心感谢。

2011 年 10 月 6—7 日安徽省
大雾天气过程气象服务分析评价

吕明辉　　叶　晨

(中国气象局公共气象服务中心,北京 100081)

摘　要　2011 年 10 月 6 日 22 时—7 日 10 时,安徽省境内出现大范围的大雾天气。10 月 7 日上午 7 时左右,G30 连霍高速安徽省萧县境内团雾导致 24 辆车连环相撞,致 6 人死亡 20 人受伤,百余车辆受阻,交通中断达 4 h。针对此次大雾过程,安徽省气象局公共气象服务中心与安徽省气象台提前就大雾的落区和强度进行了探讨和交流,并及时通过网络、短信、电话等手段发布预报预警服务。同时,建立了与公安路警、交通路政、高速公路运营公司等单位的公路交通气象应急工作联动机制,部门联动密切。分析发现,大雾等道路高影响天气的预报能力仍待提高,掌握服务技巧也是提高气象服务质量的重要途径,加强部门联动是做好交通气象服务的重要保障。

1　概述

　　2011 年 10 月 6 日 22 时—7 日 10 时,安徽省境内出现大范围的大雾天气。10 月 7 日上午 7 时左右,G30 连霍高速安徽省萧县境内团雾导致 24 辆车连环相撞,致 6 人死亡 20 人受伤,百余车辆受阻,交通中断达 4 h。初步估计造成经济损失 80 余万元。

图 1　连霍高速 24 辆车连环相撞事故现场

2　致灾因子分析

2.1　长时间大雾天气造成高速公路能见度极低

　　截至 2011 年 10 月 7 日上午 7 时左右连霍高速发生 24 辆车连环相撞的交通事故时,安徽省境内的浓雾天气(能见度低于 500 m)已经持续 15 h,浓雾的持续时间达 10 多个小时,浓雾

(能见度低于 200 m)的持续时间也超过了 4 h,事故发生时段在能见度低于 200 m 浓雾时段。

此外,10 月 1—4 日淮河以南以阴雨天气为主,10 月 2 日安徽省大部高速路段均出现降水,其中 G30 连霍高速安徽段小雨,对地面增湿起到一定作用,更为大雾天气的发生提供了水汽条件,大气层结的稳定致使雾气不易扩散,再加上周边秸秆焚烧,大气中气溶胶颗粒物增加,导致长时间大雾天气的出现和维持,尤其在淮北地区更为严重。

2.2 驾驶员处理不当导致连续追尾

本次事故发生于 10 月 7 日,处于"十一"黄金周假期最后一天,车流量较大,车速较快。事故中的第一辆大货车在高速行驶时,驾驶员发现前方出现雾区,采取了紧急制动措施,处理不当,后面驶来的轿车随即发生了追尾;第一起追尾发生后,后车由于大雾致使视线不清,且车速较快,在发现前方的车祸现场后,又采取了紧急制动,被后面的车辆追尾,结果导致 24 辆车连环相撞。

3　气象服务特点分析

针对此次大雾过程,安徽省气象局公共气象服务中心与安徽省气象台提前就大雾的落区和强度进行了探讨和交流,并及时通过网络、短信、电话等手段发布预报预警服务。同时,建立了与公安路警、交通路政、高速公路运营公司等单位的公路交通气象应急工作联动机制,部门联动密切。

及时发布预报预警信息。10 月 5—9 日,安徽卫视等频道每天在天气预报节目中播出"明晨部分地区有雾,请注意交通安全"提示信息。

考虑到大雾具有突发性增强的特点,安徽省公共气象服务中心通过专题材料服务、网络预警、电话通知、短信发布等多种手段为交警指挥部门和高速公路管理部门进行多层次递进式跟踪服务(表 1)。

10 月 6 日 20 时—7 日 10 时,在高速公路气象信息服务及预警平台共发布大雾黄色预警信号 13 次,共向高速公路管理部门、交警指挥中心及路政人员发送大雾预警短信 293 人次。

表 1　安徽省气象局 10 月 6—7 日预警发布情况

时间	预警发布	服务情况
10 月 6 日 21:00	大雾黄色预警	电话通知控股、交投及交警指挥中心,提醒 12 h 内淮北部分地区可能出现能见度小于 500 m 的浓雾
10 月 7 日 05:00		电话继续提醒控股、交投及交警指挥中心,淮北大部分地区和淮河以南部分地区可能出现能见度小于 500 m 的浓雾,局部地区能见度低于 200 m
10 月 7 日 06:30	大雾黄色预警	针对 G30 连霍高速所在的萧县境内发布大雾黄色预警

部门联动密切,积极应对大雾天气。针对 7 日的大雾天气,安徽省气象局公共气象服务中心安排工作人员 24 h 值班,负责高速公路恶劣天气的监测预报预警,及时发布预警信息,协助开展对道路交通安全影响评估,并提出对策建议,交通管理部门和运营公司根据监测预报预警采取相应的应急处理措施(表 2)。

表 2　安徽省气象局针对 10 月 7 日大雾服务情况

服务内容	服务方式	数量	服务对象
交通服务专报	预警平台、电话	1	交警、交投、控股
省气象台大雾预警	预警平台、电话	2	交警、交投、控股
市县气象局大雾预警	预警平台	18	
低能见度监测预警	预警平台、短信	293	交警、路政、交投或控股

　　预警平台、预警电话和短信的服务方式快速便捷。通过预警平台、预警电话、短信这种直接服务可以快速便捷地为交通管理部门和运营单位提供预报预警信息。交通管理部门根据各种预警信息,对 G3 京台高速合徐北段、铜汤屯段,G42 沪蓉高速六武安徽段,S04 泗宿高速宿州段,G30 连霍高速安徽段等路段及时采取了限速或封闭措施(表 3)。

表 3　10 月 7 日交通管理部门所采取的处理措施

时间	路段	措施
7 日 2 时	G3 京台高速合徐北段鲍集君王、东坪至符离段	限速 40 km/h
7 日 3 时	S04 泗宿高速	限速 40 km/h
7 日 3 时	G3 京台高速汤屯段全线	限速 60 km/h
7 日 4 时	G42 沪蓉高速六武段古碑、丁埠、斑竹园	限速 60 km/h
7 日 4 时	G30 连霍高速安徽段	限速
7 日 7 时	G30 连霍高速安徽段	封闭
7 日 7 时	合徐高速宿州、宿州南、淮北所入口	封闭

4　思考与启示

4.1　大雾等道路高影响天气的预报能力仍待提高

　　准确的天气预报,对于改进交通气象服务质量,提升交通运输安全性等至关重要。目前大雾这类道路高影响天气的预报能力还难以满足高速公路安全运营的需求。建议气象部门进一步加强大雾天气的理论研究和天气会商,努力提高大雾落区预报的准确性,从而为交通部门提供更为准确及时的高速公路气象预报,让交通部门在面对可能产生的灾害性天气时掌握主动权。

4.2　掌握服务技巧也是提高气象服务质量的重要途径

　　大雾天气产生的时间与地点的难确定性,提高了准确及时发布预警信息的难度。大雾天气的预警发布过早难以保证准确,效果不佳;发布过晚则很难起到防御作用。根据实际情况统计分析,一般在大雾发生前 2 h 左右其预警的准确度和时效性都比较适中。建议气象部门在提高大雾天气预报准确性的同时,根据当地政府、交通部门的应急响应能力,科学合理地掌握预报信息发布时机,从而有效保证预警信息在预防或减少交通事故的过程中发挥应有的作用。

4.3　加强部门联动是做好交通气象服务的重要保障

　　在大雾发生过程中,快速把大雾发生的地点及能见度信息发送到交通部门路段责任人是预防交通气象服务的重要环节,部门联动机制则是保障这一环节运转流畅的重要保障。因此,建议气象部门进一步加强与交通部门的合作,加速建设高速公路气象要素自动监测站和服务平台,实现高速公路监测预警服务产品精细化加工制作和快速分发传递,实现气象、交通、交警、高速公路管理等部门对气象服务产品的充分共享,实时了解最新的气象预报和预警信息,提前做好相关预案准备,提示司乘人员排除安全隐患,避免发生交通事故。

致谢:本文撰写过程中,安徽省气象局提供了基础数据,在此表示衷心感谢!

2010 年 9 月—2011 年 2 月山东省秋冬连旱过程气象服务分析评价

刘彦秀

（山东省气象局，济南 250031）

摘　要　自 2010 年 9 月 21 日开始，山东省遭遇历史罕见的秋冬连旱。2011 年 2 月 25—28 日出现全省性降水天气过程，使山东省大部地区旱情得到极大缓解、部分地区旱情基本解除。在此次抗旱气象服务过程中，山东省气象局预报准确，服务及时，人工增雨（雪）效果明显，为抗旱决策部署提供有力支持，气象服务工作受到各级各部门及公众的认可和赞扬。

1　概述

自 2010 年 9 月 21 日开始，山东省遭遇历史罕见的秋冬连旱。2010 年 9 月 21 日—2011 年 2 月 24 日，山东省平均降水量仅有 18.6 mm，较常年偏少 79.4%，是 1951 年以来同期最少值；全省平均无降水日数为 147.7 d，为 1951 年以来最多值；全省平均最长连续无降水日数为 62.3 d，为 1951 年以来的第 3 位；全省农田受旱面积达到 2420 万亩[①]，其中重旱达 370 万亩。2011 年 2 月 25 日—3 月 1 日，全省出现大范围雨雪天气，平均降水量达到 18.5 mm，且降水量较大区域与前期旱情严重区域基本相对应，使得旱情得到极大缓解、部分地区旱情基本解除。

2　灾情及影响

持续干旱导致大量水库干涸，中小河道断流，全省地下水位普遍大幅下降，土壤失墒严重。全省过冬农作物大面积受灾，部分地区出现人畜饮水困难、农作物死苗现象，给社会经济带来严重的影响。

据山东省民政厅统计，此次旱灾造成全省受灾总人口达到 1503 万人，其中饮水困难人口达 11.43 万人，饮水困难大牲畜 5.78 万头；农作物受灾面积 1223.63 千公顷，其中成灾面积 540.16 千公顷、绝收面积 83.52 千公顷，直接经济损失达到 37 亿元。

3　致灾因子分析

2010 年 9 月—2011 年 2 月，全省降水普遍偏少（较常年偏少 79.4%）和无降水时间较长，是导致干旱发生的主要因素。其中受灾最严重的临沂市 2010 年 9 月 21 日—2011 年 2 月 24 日的区域累计降水量仅有 12.1 mm，较常年偏少 101.2 mm（偏少 89%）。

---

①　1 亩＝1/15 hm²。

4 预报预警

4.1 预报预警准确性

山东省气候中心在 2010 年 11 月和 12 月的短期气候趋势预测中,预测了 2010 年冬季 (2010 年 12 月—2011 年 2 月)全省降水量较常年偏少 1～2 成。在抗旱服务期间,针对 2 月 25 日—3 月 1 日的全省范围降水天气过程,受灾较为严重的地市落区预报的区域以及预报的降水强度与实况相符程度较好(表 1)。

表 1　落区预报与实况相符程度

单　　位	落区预报的区域与实况出现的 区域相符程度(%)	落区预报的降水强度与实况的 降水强度相符程度(%)
山东省气象台	100.00	47.00
聊城市气象台	94.34	94.34
临沂市气象台	90.00	90.00
烟台市气象台	82.60	75.00
滨州市气象台	91.72	45.62

4.2 预报预警及时性

在抗旱服务期间,针对 2 月 25 日—3 月 1 日的全省范围降水天气过程,山东省气象台提前 8 d 正确预报出该次天气过程;聊城市气象台提前 3 d 正确预报出该次天气过程;临沂市气象台提前 10 d 正确预报出该次天气过程,平均提前 24 h 发布预警;烟台市气象台提前 5 d 正确预报出该次天气过程,平均提前 24 h 发布预警;滨州市气象台提前 3 d 正确预报出该次天气过程,平均提前 0.5～1 h 发布预警;其他受影响各市也准确地预报了此次降水过程并及时发布预警。

4.3 预报预警发布传播

为进一步做好此次抗旱气象服务,山东省各级气象部门采用手机、电话、气象信息员、电子显示屏等渠道发布各类预报预警信息。省气象局为 22 个安全生产部门和 33 个省防汛抗旱指挥部成员单位的 3283 位政府及各部门决策人员通过手机短信发布预报预警信息,预警信息发布覆盖率达到决策部门的 100%。

5 气象服务特点分析

在旱情期间,山东省气象局积极为当地党政部门提供决策服务材料,先后将 45 期重要天气预报、7 期抗旱气象服务专报、11 份呈阅件、36 期气候监测简报、35 期雨情信息等共 134 份决策气象信息第一时间传送至省委办公厅、省政府办公厅、省政府应急办、省安监局、省建设厅、省海上搜救中心、省海洋与渔业厅、省农业厅、省林业厅、省交通厅、省水利厅、交通运输部北海救助局、省电视台、省广播电台等部门和单位,同时将决策气象服务短信发送至 22 个安全生产部门和 33 个省防汛抗旱指挥部成员单位。省农业厅、省林业厅、省水利厅等部门根据省气象局提供的预报预警以及天气实况信息,及时采取有效措施,指导抗旱工作。

6　社会反馈

6.1　决策服务效果

此次历史罕见的秋冬连旱和春旱以及 2 月末转折性降水天气过程引起各级政府和相关部门的高度重视,气象服务工作受到各级各部门的充分认可和热情赞扬。省委、省政府领导先后 5 次在省气象局报送的服务材料上批示。2011 年 2 月,时任省委副书记、省政协主席刘伟在山东省气象局报送的 3 份报告上连续批示,充分肯定气象部门抗旱气象服务和人工增雨雪作业工作,要求继续做好人工影响天气作业并切实提高作业效益。全省各市、县党委政府领导也深入基层台站、人影作业点指导工作,并给予大力支持。

6.2　公众评价

山东省气象局积极通过山东电视台、山东省广播电台、《大众日报》、《齐鲁晚报》、《生活日报》、《山东商报》、新华网山东气象网群、中国天气网山东站、山东省气象局外网、山东兴农网、12121 声讯电话及手机短信对公众发布常规预报、重要天气预报和预警信号,并在春运气象服务简报中特别提示注意交通安全。山东省气象局还积极组织农业气象服务人员和气象信息员及时深入田间地头,提供抗旱服务、灌溉指导和降水预报,借助社会力量进一步扩大气象信息覆盖面,增强气象防灾减灾服务效益。

针对此次抗旱气象服务,通过声讯电话、网络、短信等方式开展公众满意度和服务效果的调查,结果显示,非常满意占 31%,比较满意占 46%,一般占 15%。

6.3　媒体评价

通过对门户网站、报纸、电视等媒体的调查结果显示,媒体多次对山东省气象局的抗旱气象服务进行专题报道。山东省气象局共接受来自中央电视台、山东电视台新闻频道、《齐鲁晚报》、《生活日报》、山东省广播电台、新华网等主要媒体采访 76 次。中央电视台新闻频道在主要新闻时段和《新闻联播》中多次播发山东省旱情、气象部门预报服务及人工增雨(雪)作业情况。山东省、市、县三级多家电视台也播发了气象部门抗旱工作的新闻,对气象服务工作给予高度评价。

7　思考与启示

7.1　成功经验

(1)各级领导重视、各部门密切配合,是做好抗旱气象服务工作和人工增雨(雪)作业的关键。

(2)以抗旱服务需求为引领,及时调整气象服务产品结构与内容,加密旱情、墒情和雨情观测是提升气象服务效益的原动力。及时制作呈阅件、抗旱气象服务专报、气候监测简报、雨情信息等决策气象服务材料并报送省委、省政府等相关部门。加强抗旱气象观测,加强农田墒情、地下水位观测,充分利用卫星遥感资料进行旱情、苗情的监测,开展冬季降水加密人工观测。

(3)密切关注天气形势变化,及时启动应急响应,切实发挥"消息树"和"指令枪"的作用是履行气象监测、预报、预警职能的集中体现。

（4）全省各级气象部门全面落实应急响应要求，及时为政府提供决策气象服务，积极开展部门联防联动，努力将政府和社会的关注点变成气象服务工作的着力点，是气象防灾减灾工作的落脚点。

（5）气象部门全体干部职工发扬特别能吃苦、特别能战斗的精神，是做好抗旱和应急服务的重要保障。

7.2　存在问题

进入冬季，受固态降水影响，按照相关业务规定，自动观测站取消降水观测，改由人工每天 6 时观测发报，在一定程度上影响了降水观测数据的及时收集整理，使服务时间受到影响。另外，气象部门与水利等部门的联防联动还有待进一步加强。

7.3　改进措施

通过人工订正和电话核实，加强观测方面的业务管理，同时每天加密 11 时和 17 时的人工观测。加强天气过程预报总结，解决预报服务的重点和难点。继续加强与水利、农业、林业等部门的沟通协商，共同做好抗旱气象服务工作。

2010 年 10 月—2011 年 2 月安徽省
秋冬连旱过程气象服务分析评价

胡五九　　张脉惠　　朱坤坤

(安徽省气象局应急与减灾处,安徽省公共气象服务中心,安徽省气象局,合肥 230061)

摘　要　2010 年 10 月 1 日—2011 年 2 月 6 日,安徽沿淮淮北发生了 1961 年以来最严重的秋冬连旱,沿淮淮北 27 个站均达重旱以上气象干旱等级,其中特旱 20 个站,全省累计受旱 4644 万亩次。在本次干旱天气过程中,安徽省各级气象部门对旱情做到了"早发现、早报告、早预警",强化了决策气象服务的及时性,提升了服务效果。及时通过手机短信、电视、电话、广播等渠道发布干旱预警预报、土壤墒情、苗情等干旱相关信息,实施了三次大规模飞机、地面立体人工增雨作业。这次干旱气象服务得到省、地市领导和各级媒体的一致好评。本文总结了气象服务在抗旱保苗过程中好的做法和成功经验,同时也分析了部分传播手段如网络、声讯电话、电子显示屏等在抗旱气象服务等方面存在的不足。

1　概述

2010 年 10 月 1 日—2011 年 2 月 6 日,安徽省沿淮淮北出现大面积干旱,期间累计降水量仅为 18.9 mm,无降水日数达 118 d,为 1961 年以来同期极值。受降水持续偏少影响,气象干旱持续加重,到 2 月 6 日,沿淮淮北有 27 个县市达到重旱,气象干旱强度和范围均已超过 2008—2009 年秋冬连旱。综合分析,这次沿淮淮北气象干旱为 1961 年以来最严重的秋冬连旱。入秋以来的秋冬连旱具有以下特点:(1)旱情发生早。10 月中旬起淮北地区土壤表层旱象显露,早于 2009 年,处于冬小麦主播期,影响冬小麦出苗。(2)持续时间长。平均无降水日数(118 d)和平均最长连续无降水日数(38 d)均超过 2009 年。干旱持续时间和无降雨日数均创 1961 年以来历史同期之最。(3)干旱程度重。2010 年 10 月底以来土壤墒情不断降低,2010 年 12 月前旱情主要发生在 0~10 cm 土壤表层,12 月份后向 10~20 cm 土层发展,部分台站持续三个月维持 7 cm 以上干土层。(4)旱冻危害叠加。2011 年 1 月份沿淮淮北平均气温异常偏低,日极端最低气温<—5℃的日数达 20 d 左右,比常年显著偏多。旱冻叠加,对作物的危害加重。

2　灾情及影响

2010 年 10 月—2011 年 2 月,安徽沿淮淮北发生了 1961 年以来最严重的秋冬连旱,沿淮淮北 27 个站均达重旱以上气象干旱等级,其中特旱 20 个站,全省累计受旱 4644 万亩次。2011 年 1 月份全省平均气温为 0.3℃,比常年平均偏低 2.8℃,为 1961 年以来第二低值,旱冻叠加造成沿淮淮北冬小麦苗情整体素质下降,一类苗比例偏低,二三类苗生长量不够,群体不足,分蘖少,叶龄偏小,次生根少而短,苗弱苗黄,部分田块有缺苗现象。

3　致灾因子分析

2010 年 10 月份以来安徽省沿淮淮北长时间降水偏少。10 月中旬至 2 月中旬土壤墒情监测均显示,沿淮淮北大部有不同程度的旱情,期间的几次弱降水和有效灌溉减缓了旱情发展,但干旱仍呈加重发展的态势。

旱情持续发展,加之 1 月份气温显著偏低,旱冻叠加造成沿淮淮北冬小麦苗情整体素质下降,一类苗比例偏低,二三类苗生长量不够,群体不足,分蘖少,叶龄偏小,次生根少而短,苗弱苗黄,部分田块有缺苗现象,未灌溉麦田缺苗断垄严重,冬小麦发育期有所推迟,苗情整体素质差于往年。主要表现在:播种出苗期旱情显现,导致小麦扎根较浅,根系多分布在土壤干旱层,正常出苗受到影响,部分田块出苗不齐或苗小、苗弱。

入冬后,旱情持续发展、寒潮天气活动频繁,给冬小麦生长造成威胁。部分田块受降水偏少及播种时间、播种方式、整地质量等因素的影响,苗情长势不均衡,抗旱、抗寒能力较弱,小麦出现苗弱苗小、分蘖减小、叶片叶尖发黄等现象。灌溉能力较弱的高岗地,小麦分蘖节长期处于干土层中,出现死苗现象。但由于冬前大部分地区进行了有效灌溉,12 月份以前干旱仅限于土壤表层(0～10 cm),10 cm 以下土壤墒情基本能满足小麦生长对水分的需求,且经过几次寒潮天气考验,冬小麦具有较强抗寒能力,未出现大面积死苗、缺苗现象。

4　预报预警

4.1　电视

2010 年 10 月 1 日—2011 年 2 月 6 日,安徽省公共气象服务中心和旱区气象部门通过电视天气预报节目发布干旱预警信号、土壤墒情、防冻抗旱知识等共计 1991 次,累计播出时长达 497 h 以上。各单位发布预警信号主要以插播、滚动字幕、播报等形式发布相关信息。由于插播、播报和悬挂预警图标受电视台和节目制作的时间限制,所以多采取及时的、播出时间较长的滚动字幕的方式播出。

4.2　广播

2010 年 10 月 1 日—2011 年 2 月 6 日,安徽省旱区各级气象部门通过广播向公众发布干旱预警信号、土壤墒情、防冻抗旱知识等信息共计 1 289 次。主要播出形式为实时插播和滚动播出,有效保障了响应期间预警信号发布的及时性和覆盖面。

4.3　手机

2010 年 10 月 1 日—2011 年 2 月 6 日,安徽省公共气象服务中心通过手机短信平台向旱区公众发布干旱相关信息共计 3549456 人次,旱区各级气象部门通过手机短信预警平台向防灾减灾责任人发送干旱相关信息 3028478 人次,覆盖旱区全部防灾减灾责任人用户。

4.4　网络

2010 年 10 月 1 日—2011 年 2 月 6 日,安徽省级气象部门政务网站——安徽气象网日均浏览量为 2834 次;省气象服务网站——天天气象网日均浏览量为 310 次。

4.5　电话

2010 年 10 月 1 日—2011 年 2 月 6 日,旱区各级气象部门及时更新 96121 声讯电话预报预警信息,适时增加干旱相关信息。影响期间总拨打量为 6453254 人次,日均拨打量为 5 万人次。

4.6 报纸

2010 年 10 月 1 日—2011 年 2 月 6 日,《安徽日报》、《新安晚报》、《安徽商报》、《江淮晨报》等省级报纸和《合肥日报》、《合肥晚报》、《蚌埠日报》、《拂晓日报》等地市报纸以专题、新闻图片、头版等不同形式对此次干旱进行了跟踪深入报道,报道内容涉及干旱预警预报、土壤墒情、苗情、抗旱指导、人工增雨、政府抗旱惠民政策等,发稿量累计超过 200 篇。

4.7 电子显示屏

2010 年 10 月 1 日—2011 年 2 月 6 日,安徽省旱区气象部门通过旱区 367 块电子显示屏实时发布天气预报预警信息,发布天气信息所需时间控制在 15 min 之内,有效保障了预警信号发布的及时性和提前量,但各地市发布预报预警信息的电子显示屏拥有数量有较大差异。

4.8 乡镇气象信息员

2010 年 10 月 1 日—2011 年 2 月 6 日,安徽省公共气象服务中心和旱区气象部门通过手机短信、网络等方式向旱区 610 名乡镇气象信息员发送及时的天气预报预警信息,气象信息员预警信息发布覆盖率为 100%,有效保障了农村等偏远地区气象信息需求,为乡镇党委、政府有效应对旱情、科学决策提供了有价值的信息。

5 气象服务特点分析

旱情发生以来,省气象局共报送《重大气象信息专报》9 期,《天气情况快报》48 期,专题服务材料 96 期;旱区各市、县气象局向当地党委、政府报送各类决策气象服务材料 452 期;旱区各市县气象台站通过手机短信累计向决策预警责任人发布了 303 万人次的干旱预警,及时通报旱情发展态势。各级气象部门对旱情做到了"早发现、早报告、早预警",强化了决策气象服务的及时性,提升了服务效果。省领导先后在各类气象服务材料上批示 9 次,鼓励气象部门继续做好各项气象服务。旱区各地党委、政府领导在各类气象服务材料上批示 23 次,赴气象服务一线指导工作 31 次,地方政府根据气象预报预警和服务材料印发明传电报通知 24 次,地方政府根据气象预报预警和服务材料召开紧急会议(会商)34 次。

安徽省气象局行业服务相关部门通过传真、邮件、电话、网络、手机短信、声讯电话、电子显示屏等方式向农业、林业、电力、供水等部门提供农业病虫害简报、干旱监测情报、中长期预报和未来天气趋势等服务材料。各相关部门单位根据气象部门发布的信息,积极采取相应的应对措施。供水部门及时防范,合理安排蓄水保水;供电部门根据预报调整电力调度,电力得以合理调度;旱区各地农委和种植户根据预报预测开展抗旱保苗工作,针对预报及时进行人工浇灌等措施。具有较强针对性的专业气象服务显现出了服务效益,很大程度上减少了农民的损失,受到他们的一致好评。

2010 年 10 月、12 月和 2011 年 2 月,安徽省气象局先后实施了三次大规模飞机、地面立体人工增雨作业。2011 年 2 月 24 日,针对 25—28 日将出现的有利天气形势,省气象局制定下发《2011 年安徽省抗旱保苗飞机人工增雨作业实施方案》和《2011 年安徽省抗旱保苗地面人工增雨作业对口支援方案》,确保人工增雨作业取得实效。在省领导的亲自协调下,24 日下午,执行省抗旱保苗飞机人工增雨任务的空军 20541 机组提前 24 h 飞抵蚌埠增雨机场,南部非旱区 7 个市气象局对口支援旱区作业的 32 套作业装备和人员、人工降雨弹药于 14 时前全部抵达预定地点。2 月 25 日上午,2011 年抗旱保苗飞机人工增雨空域协调会在蚌埠召开。25—28 日,安徽省持续实施抗旱保苗立体化人工增雨作业,共出动作业装备 195 套(火箭 119 套、高炮 76 门),作业人员 585 人,累计实施飞机人工增雨作业 9 架次,燃烧播撒碘化银烟剂 84 根,航行 16 h 48 min,开展地面作业 206 点次,发射火箭弹 1120 枚、炮弹 1076 发。在自然和人工增雨共同作用下,2 月 25 日 8 时—28 日 8 时旱区普降 20～35 mm 降水。据测算,本次过程平均降水量 28.68 mm,总降水量 13.4 亿 m³。

图 1   淮南市人工增雨作业现场

6 社会反馈

6.1 决策服务效果

2011 年 2 月 10 日上午,阜阳市委市政府主要领导对阜阳市气象部门成功的人工增雨雪工作给予表扬,对人工增雨作业人员表示慰问。3 月 1 日,淮南市人民政府致信安徽省气象局,感谢对淮南市 2 月 25—28 日抗旱保苗人工增雨立体作业的支持。感谢信中写道:"在省委、省政府的正确领导下,气象部门在抗旱保苗工作中,充分发挥现代化综合优势,南箭北调,科学调度,发扬吃苦耐劳、连续作战精神,为淮南市旱情基本解除做出了积极努力。淮南市人民对省气象局的大力支持表示衷心的感谢,并致以崇高的敬意!"

6.2 公众评价

2011 年 2 月,旱区各市气象局分别进行了多轮人工增雨作业,使旱情得到极大程度的缓解甚至解除。气象部门的一系列抗旱有力措施在社会上引起强烈反响,人民群众纷纷赞扬气象工作者克服困难、日夜奋战的可贵精神。2 月 28 日,在亳州市政府网站市民论坛中,一位名叫"平凡亳州人"的网友发布了题为《古有汤王祈雨 今有气象服务》的帖子,对气象部门的人工增雨工作及效果给予了高度赞扬。

6.3　媒体评价

《中国气象报》、中央电视台、中国气象频道、《安徽日报》、《新安晚报》、安徽人民广播电台等中央和省内主流媒体均对此次干旱气象服务过程表示广泛关注,进行了深入详细的报导。此外,新华网、中新网、搜狐、新浪、腾讯、中国天气网、中安在线等网站也都对此次干旱过程进行了持续跟踪报道。中央电视台、安徽电视台以及旱区各市县电视台多次对人工增雨作业进行现场采访报道,其中《安徽气象部门成功实施人工增雨立体作业》电视新闻,2011 年 2 月 28日在中央电视台新闻频道《朝闻天下》栏目早 6 时、7 时、8 时档和中文国际频道《中国新闻》栏目 21 时档连续滚动播出;安徽电视台专门出动直播车,现场直播人工增雨情况。据统计,各类媒体发稿总量近 200 篇。

7　思考与启示

7.1　成功经验

(1)准确预测,及时评估

在抗旱保苗气象服务期间,全省气象部门能够及时准确地为地方党委、政府提供旱情的监测、预报及评估材料,为政府决策提供了有力的依据;对未来天气形势的准确研判,也为人工增雨工作提供了有力的支撑;及时、广覆盖地向社会公众发布准确的气象信息,能够及时引导农民安排农业生产,积极应对旱情。

(2)多种服务方式得以充分利用,乡镇气象信息员作用进一步凸显

本次干旱气象服务过程中,安徽省各级气象部门通过手机短信、电视、广播、网站、电子显示屏、乡村大喇叭和乡镇信息站等渠道及时传播气象信息,引导农民正确安排生产活动,积极应对旱情。全省乡镇气象信息员也充分发挥自身优势,及时传递抗旱保苗气象信息。阜阳市临泉县滑集镇气象信息员靳克龙通过安徽农网和安徽乡镇综合信息服务平台,把气象部门针对墒情、农情、雨情发布的相关资讯、冬春季农作物田间管理、病虫害综合防治等具有较强针对性的材料搜集整理好,第一时间报送到该镇党委政府主要领导、分管水利和农业的负责人手中,为镇党委、政府有效应对旱情、科学决策提供有价值的信息;界首市王集镇气象信息员陈慧纷每天利用村里的广播向村民传递天气信息,及时发布抗旱保苗气象服务信息,为农业增产、农民增收提供气象保障。

(3)利用媒体宣传服务效果,提升气象部门社会影响力

在 2011 年 2 月 25—28 日立体增雨作业开展前,安徽省气象局迅速成立抗旱保苗飞机人工增雨作业、地面人工增雨作业宣传报道小组,加强媒体宣传工作,联手中央电视台、新华社、中新社、《安徽日报》、安徽电视台、安徽人民广播电台、《中国气象报》、中国气象频道等多家主流媒体进行抗旱保苗宣传报道,引起社会强烈反响,提升了气象部门的影响力。

7.2　存在问题

影响期间,网络点击量和声讯电话拨打量与 2010 年 9 月份相比下降,说明网络和电话在受干旱影响较大的群体中使用不够广泛。此外,旱区各地市电子显示屏分布不均、总量较少、覆盖面有限。

7.3　改进措施

在今后的干旱气象服务工作中,安徽省各级气象部门应进一步完善气象服务内容,拓宽气

象服务渠道。

从农业气象服务需求出发,充分发挥气象部门自身技术优势,及时、广覆盖地发布准确的气象信息,同时开展旱情、墒情、苗情评估,为当地政府进行抗旱保苗提供依据,全力做好为农服务,引导农民安排农业生产,积极应对旱情;要继续加强乡镇综合信息服务站体系建设,加大投入,不断提高乡镇气象信息员水平,扩大信息员数量,充分发挥基层气象服务工作者的作用;要加强部门联动和军地合作,抓住一切有利时机进行人工增雨作业,共同夺取抗旱保苗的全面胜利。

干旱影响期间加大公共气象信息发布力度,除加强电视、广播等接收免费的气象产品发布,还应努力增加电子显示屏数量,提高电子显示屏覆盖面;加大电话和声讯电话的宣传力度,提高预报预警的针对性。

2011 年 1 月 17—21 日湖南省
低温雨雪冰冻天气过程气象服务分析评价

刘甜甜[1]　刘瑞琪[1]　曾志云[2]　陈静静[3]　沈　芳[3]　李　超[4]　杨　玲[1]

(1 湖南省气象服务中心;2 湖南省气象局减灾处;3 湖南省气象台;4 湖南省气候中心,长沙 410007)

摘　要　2011 年 1 月 17—21 日,大范围低温暴雪冰冻灾害天气过程袭击湖南全境,此次过程降雪强度大、范围广、持续时间长、多灾种交互,且正值春运开始,给交通、电力、农业、林业、群众生活等方面带来了不利影响。湖南省气象局加强监测预警预报,提前发布大雪冰冻天气消息,及时启动低温雨雪冰冻灾害Ⅲ级应急响应,全力做好气象服务,为省内交通运输的畅通、电力的供应等做出了贡献,最大程度减轻了此次灾害天气过程对人民生产生活带来的不利影响,赢得了湖南省领导和社会公众的普遍好评。

1　概述

受增强的西南暖湿气流和地面冷空气共同影响,从 2011 年 1 月 17 日开始,湖南自西向东出现了全省性的雨雪天气过程。降雪最强的时段出现在 18—20 日,冰冻主要出现在湘中以南地区。截至 1 月 23 日 8 时,本次过程全省 97 个县(市)都出现了不同程度的降雨(雪),雨(雪)量在 3.6(临武)~52.1(武冈) mm 之间;有 69 个县(市)出现暴雪;有 43 个县(市)过程降雨(雪)量在 30 mm 以上,过程最大降雨(雪)量为 52.1 mm(武冈);过程内有 80 个县(市)出现了 1~6 d 的积雪,最大积雪深度 0~32 cm,有 20 个县市过程最大积雪深度达到 20 cm,过程单站最大积雪深度 32 cm(汨罗,1 月 20 日);有 38 个县(市)出现 1~4 d 冰冻,冰冻主要出现在湘中以南地区,其中桂阳、安仁、茶陵、嘉禾、蓝山等 17 个县(市)出现 3~4 d 连续冰冻,达轻度冰冻灾害标准;过程单站最大电线覆冰厚度 13 mm(通道,1 月 21 日)。

本次过程积雪深度有八个县(市)打破历史最高记录,分别是桃江、安化、益阳、宁乡、芷江、怀化、涟源和新邵;两个县(市)平历史最高记录(新化和冷水江);八个县(市)位列历史第二高位,分别是慈利、泸溪、汨罗、长沙、新晃、洞口、娄底、隆回。其中,基于积雪深度平历史最高记录及打破极值的范围进行评估,此次积雪深度平、打破历史最高记录的范围位列历史第五高位(1995 年 15 县市、1977 年 13 县市、1972 年 13 县市、2003 年 12 县市);基于过程最大积雪深度进行评估,此次最大积雪深度为第 4 个高值年(1995 年临澧县 40 cm、1977 年花垣 36 cm、1972 年汨罗 34 cm);基于上述两项指标评估本次暴雪过程强度,属 1995 年以来最强的暴雪事件。

2　灾情及影响

据民政部门数据:全省 14 个市州 98 个县(市、区)992 万人受灾,紧急转移安置 7.3 万人;51.6 万 hm² 农作物受灾,其中 5.2 万 hm² 绝收;损坏房屋 37969 间,倒塌房屋 8565 间,直接经济损失 35.68 亿元,其中农业损失 21.14 亿元。持续暴雪和低温冷冻天气给湖南省的经济生活造成了影响,其中以交通、电力、通讯、农业、林业影响较大。

电力方面:全省共有 132 条 35 kV 及以上线路轻微覆冰,其中 500 kV 线路 5 条、220 kV 线路 35 条、110 kV 线路 48 条、35 kV 线路 44 条。平均覆冰厚度 2~4 mm,最大覆冰厚度(江城直流)14.6 mm。

交通方面:15 条国道、省道(G106、G207、G209、G320、S210、S217、S219、S221、S227、S230、S231、S312、S314、S319、S322)19 处路段因冰冻中断交通。为积极支持保障道路通畅,省财政紧急下达 4 亿元干线公路大中修专项资金,以保证国道、省干道等主要道路的通畅。

通讯方面:1273 个移动基站供电终端,约 1.44 万移动电话用户通信受到影响。

市场供应:14 个市、州各大超市、农贸市场粮油肉供应充足,价格稳定,但蔬菜批发价格有所上涨。

3 致灾因子分析

(1)强降雪范围大,持续时间长。全省共有 69 个县(市)出现了暴雪,出现强降雪主要时段为 1 月 17—19 日。

(2)积雪深度大,对交通、农业、林业等造成较大影响。过程中有 80 个县(市)出现积雪,65 县(市)积雪深度在 5 cm 以上,57 县(市)积雪深度超过 10 cm,20 县(市)积雪深度超过 20 cm,安化、益阳、汨罗三县(市)积雪深度超过 30 cm,其中汨罗积雪深度达 32 cm;桃江、安化、益阳、宁乡、芷江、怀化、冷水江、新化、涟源、新邵十县(市)积雪深度突破或平历史最高记录;慈利、泸溪、汨罗、长沙、新晃、洞口、娄底、隆回八县(市)积雪深度位列历史第二高位,湘西南、湘中和湘北部分地区积雪深度已经超过或接近历史极值。

(3)冰冻较轻,对电力影响较小。本次过程中仅湘东、湘南局部出现轻冰冻,未出现全省性的大范围冰冻。

4 预报预警

4.1 预报预警准确性

1 月 14 日上午湖南省气象局发布《低温雨雪冰冻天气过程预报》,提前 4 d 准确预报出低温雨雪冰冻天气过程开始时间,提前 7 d 预报出过程结束时间。17 日上午,过程开始前,湖南省气象局又及时发布了《重大气象信息专报》,对强降雪的落区和冰冻的发展变化做出了更具体的预报,十分准确地预报出一般性降雪和暴雪的落区,以及强降雪从 17—18 日的局部到 19—20 日大部和 21 日降雪减弱的强度变化趋势。但在量级预报上略有误差,预报的是大到暴雪,实况是暴雪。但在 18 日的《气象专题汇报》中,对 19—20 日的降雪强度作了订正,做出了暴雪预报。落区预报区域准确率为 95%。冰冻预报:从预报 17—18 日湘南有冰冻,到 19—21 日湘西、湘南冰冻加强和维持,较准确地预报出冰冻范围的扩展及强度的增强,不足之处是没有预报 19—20 日出现在湘中偏东地区的冰冻天气。落区预报强度准确率为 95%。

从省气象台评定的 24 h 97 个站点 TS 评分来看,小雪为 45.5 分;大雪为 13.8 分;一般性降水天气为 100 分,TS 评分结果超过一般暴雪定点预报的评分。

4.2 预报预警及时性

湖南省气象台在提前 4~7 d 预报过程开始时间、落区和强度的基础上,逐步订正预报结果;提前12~24 h发布暴雪、道路结冰预警信号,并及时向省委省政府、社会各界发布预报信息,在多部门联动、共同抗击雨雪冰冻灾害的过程中起到了引导作用。具体情况如下。

(1)1月14日发布《气象专题汇报》指出:受高空低槽和地面强冷空气共同影响,17日晚—21日全省有一次比较明显的低温雨雪冰冻天气过程,提前4 d准确预报了过程开始的时间,提前7 d预报过程结束的时间。

(2)1月17日发布《重大气象信息专报》和《一周天气预报》各1期,指出:受分裂东移的南支低槽和地面冷空气共同影响,17日晚—20日全省有一次明显的低温雨雪冰冻天气过程。订正前期预报,将"比较明显低温雨雪冰冻天气过程"改为"明显的低温雨雪冰冻天气过程",及时强调了过程的严重性。

(3)1月18—21日滚动发布《气象专题汇报》5期,暴雪冰冻的强度和落区与1月14日的预报结论基本一致,由此说明提前预报的稳定性。

4.3 预报预警发布传播

通过手机、网络、电话、电视、广播多渠道传播预报预警信息。此次过程向全省14个地市(州)防汛责任人、教育部门责任人、新闻部门、煤炭矿业责任人、交警、气象信息员、交通部门、公众等发送暴雪橙色、蓝色预警短信24县次、道路结冰橙色、红色预警短信43县次,累计6673592人次,向公众群发天气消息2798688人次。过程期间湖南气象网、中国天气网湖南站浏览量、声讯电话拨打量明显增加,逐日浏览量分别为10140、15190、22077,中国天气网湖南站点击量从全国排名第八一跃至全国排名第四,具体情况见图1、2、3。过程期间,在省级电视节目上以滚动字幕和悬挂预警标志等形式发布预警预报信息50次,播放信息时长110 min。通过湖南省人民广播电台七个频道及金鹰"955"电台插播和专家联线采访等方式对公众发布预报预警信息10次。

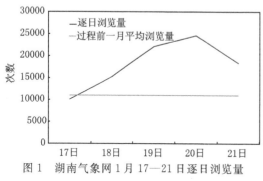

图1 湖南气象网1月17—21日逐日浏览量

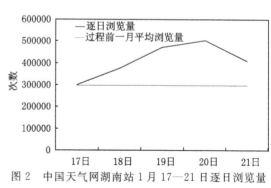

图2 中国天气网湖南站1月17—21日逐日浏览量

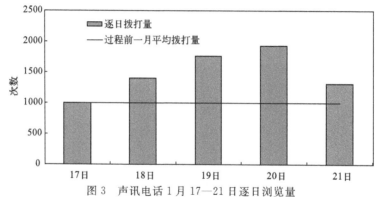

图3 声讯电话1月17—21日逐日浏览量

5 气象服务特点分析

针对湖南省委省政府、省应急办、省防办、省交通厅、交警总队、假日办、电力公司和各大媒体等服务单位的不同需求,有针对性地发布了各类预报预警服务材料,并在第一时间通过邮件、传真、电话、短信等方式向社会各界发布最新实况和预报预警信息。在应对此次低温雨雪冰冻天气过程中,湖南省气象局共发布重大气象信息专报、气象专题汇报等各类决策气象服务材料 21 份。

针对专业气象服务情况,湖南省电力公司调度通信局重点关注低温和冰冻,湖南省专业气象台根据用户需求,通过湖南电力专业气象预报预警信息平台、短信、即时通讯软件每天上下午定时提供重要天气实况、冰冻预报预警图形化预报产品,及时发送预警短信。大浏、浏澧、吉茶高速、株洲铁路工务段等用户关注路面结冰和积雪,湖南省专业气象台通过网络和短信每天向其提供 2 次专业预报,及时发布预警信息。新奥燃气公司重点关注低温,湖南省专业气象台每天上下午通过网络和短信提供 2 次预报。

6 社会反馈

6.1 决策服务效果

1 月 18 日上午,湖南省政府办公厅致电湖南省气象局,肯定本次雨雪天气的气象服务工作,对湖南省气象工作者表示衷心的感谢,并希望气象部门能继续关注雨雪冰冻发展动态,及时向政府部门提供重要决策气象服务信息。18 日下午,在湖南省政府紧急召开的应对低温雨雪冰冻天气工作会商会上,时任省委常委、常务副省长于来山充分肯定湖南气象部门的雨雪预警预报,他指出湖南省"气象部门对后一段天气形势分析比较透彻,提的建议和意见非常好"。

时任湖南省委书记周强在湖南省气象局 1 月 17 日报送的《重大气象信息专报》上作重要批示:"在此轮应对大雪冰冻天气过程中,省气象局预报准确、及时,为省委、省政府科学决策,为全省防灾减灾提供了重要依据,做出了重要贡献。"时任湖南省常务副省长于来山在气象部门此次过程服务总结报告上批示:"省气象局十分准确、及时的气象服务使省政府完全掌握了抗击这次几十年难遇的暴雪加部分地区冰冻灾害的主动权,全省确保了电力供应、交通畅通、秩序井然有序,这是何等地值得赞美的啊! 感谢气象局的同志们!"

6.2 公众评价

通过声讯电话回访,气象信息员表示收到预警短信后,都及时通知上级领导,采用乡镇自有的短信平台、电话等手段通知到每家每户;学校在冰冻期间提前放假,并通知要求学生注意安全。沅陵县一名交警说:"沅陵县采取撒盐除冰、扫雪等措施降低道路结冰,到目前为止还没发生严重的交通事故",手机短信用户认为气象局在这次低温雨雪冰冻预报过程中,预报准确,预警短信发送及时。

6.3 媒体评价

过程期间,湖南省气象局采写天气新闻 9 篇、政府新闻 12 篇、服务新闻 6 篇、科普新闻 2 篇、组图新闻 2 篇,从积雪防御、天气实况、专家解读、路况实景、气象服务、党政领导关注等方面组成系列报道,形成较为全面的春运低温雨雪气象宣传阵势。湖南气象部门及时准确的预报为决策部门提供了重要依据,为防灾减灾争取了充足的时间,翔实的宣传报道反映了气象部门、政府及相关部门为保障人民生产生活所做出的努力,国内及省内网站、报纸、电视等媒体对灾情实况及灾害带来的影响进行客观报道,对政府及相关部门采取的应对措施表示充分肯定。

7 思考与启示

7.1 成功经验

湖南省气象部门提前预报此次低温雨雪冰冻过程,加强监测,密切关注天气变化,多渠道全方位预报预警,及时向省委省政府及相关部门提供决策服务材料,启动应急响应,与相关部门进行联动。

(1)局领导重视,提前组织部署。根据天气预报,1月17日上午,湖南省气象局副局长潘志祥发布命令,10时起湖南省气象部门全面进入低温雨雪冰冻灾害Ⅲ级应急响应状态,强化领导带班领班制、24 h主要负责人带班或领班等制度,要求密切关注暴雪、冰冻、道路结冰对湖南省可能造成的影响,加强气象服务工作,全力做好监测、预报、预警、应急响应气象服务工作。

(2)与电力、交通、能源等部门之间通力合作,为湖南省全面抗击低温雨雪冰冻灾害减轻损失赢得了主动权。

(3)通过手机、网络、电话、电视、广播等多渠道传播预报预警,扩大气象信息覆盖面,加强宣传正确引导社会舆论。

(4)过程结束后迅速编制低温雨雪冰冻天气过程气象服务专集,详细记录过程服务情况,为经验交流和总结提供了很好的参考。

7.2 存在问题

(1)气象部门及时向电力、交通、能源等相关部门提供预警预报,但双方信息互通不足,特别是对灾情数据需求较大。

(2)对于此次过程的开始结束时间、一般性降雪和暴雪的落区预报准确,但局地降雪量创历史高位,对交通、林业、农业影响较大,服务和防范的难度大。

7.3 改进措施

(1)加强电力、交通、能源等相关部门的深度合作,签订合作协议,建立双方联络人,形成双方信息互通共享机制。

(2)综合利用先进的探测手段,加强对灾害性天气的监测,总结灾害性天气预报中的不足,增强灾害性天气预报预警方法研究,特别是极端气象灾害预报方法研究,及时跟踪服务,校正预报。

2011 年 2 月中旬西藏自治区
沿喜马拉雅山脉暴雪天气过程气象服务分析评价

格　央

（西藏自治区气象台,拉萨 850000）

摘　要　2011 年 2 月中旬,西藏自治区阿里地区、日喀则地区南部、林芝地区和昌都地区普遍出现小到中雪,局部地区出现暴雪或特大暴雪,特别是阿里地区南部至日喀则地区南部及林芝地区东部出现 17～45 mm 的暴雪。这次暴雪天气过程给牧业生产、交通运营、城市供电、通信网络等造成了严重影响。针对这次大范围高强度的灾害性天气,西藏自治区气象台加强了与自治区抗灾办、交通厅、民政厅等部门合作,交换相关信息,及时掌握实际灾情,组织气象技术人员,认真分析当前的天气形势,为政府决策部门及时掌握气象信息,做好防灾部署提供了针对性强的各类气象服务产品,并通过手机短信、电视、报纸等多种媒介,用最快的速度为社会公众提供各类预警预报信息,气象服务成效显著。

1　概述

2011 年 2 月 13—18 日,受南支槽前暖湿气流和北部冷空气共同影响,西藏自治区阿里地区、日喀则地区南部、林芝地区和昌都地区普遍出现小到中雪,局部地区出现暴雪或特大暴雪,特别是阿里地区南部至日喀则地区南部及林芝地区东部出现 17～45 mm 的暴雪。普兰 13—16 日连续 4 d 出现中雪以上的降雪,累计降水量达 31.8 mm,最大积雪达 24 cm;聂拉木 15—17 日两天累计降水量达 58.8 mm,最大积雪深度达 65 cm;波密 16—18 日 3 d 累计降水量达39.2 mm。

2　灾情及影响

此次暴雪过程由于降雪集中、持续时间长、积雪较厚,对交通运输、畜牧业生产、电力、通讯、城镇居民生活都产生了较大影响。

日喀则地区灾情:帕里、聂拉木、萨嘎、吉隆、定日、定结、亚东等县出现了暴雪天气,致使318 国道通拉山至樟木段、日喀则至亚东段交通受阻,帕里县和聂拉木县城断电一天一夜;死亡牲畜 2796 头(只),倒塌温室大棚 123 座,牛圈 1 座,房屋倒塌 1 间。

阿里地区灾情:219 国道、霍尔至帕羊段、马攸山口阻塞三天,普兰、扎达道路阻塞一天;6970 头(只)牲畜死亡,部分牲畜出现了失明现象。

3　致灾因子分析

造成雪灾的致灾因子有降雪量、积雪深度、降雪持续时间、积雪覆盖面积等,但考虑到畜牧业雪灾致灾特点是积雪覆盖导致牲畜啃食饲草困难,因此主要采用最大积雪深度和持续时间作为致灾因子。根据西藏高原牧区西部、东部雪灾等级指标,阿里地区、日喀则地区南部大部分站点达到了重灾的指标,山南南部达到中灾指标(表1)。

表 1　发生雪灾各站连续积雪日数和最大积雪深度与指标对比表

站名	最长连续日数(d)	最大深度(cm)	指标	级别
普兰	34	24	积雪深度 5~10 cm,积雪维持日数≥15 d	重灾
聂拉木	25	65	积雪深度>10 cm,积雪维持日数≥10 d	重灾
帕里	24	30	积雪深度>10 cm,积雪维持日数≥10 d	重灾
错那	11	8	积雪深度 5~10 cm,积雪维持日数 10~15 d	中灾

4　预报预警

西藏自治区气象台高度重视进入 2011 年以来的西藏首场暴雪天气监测预报预警工作,区气象台领导现场指挥,密切监视和跟踪暴雪的发展动态,强化与自治区政府、相关决策职能部门及地方政府部门之间的沟通,确保暴雪监测预报的准确性和有效性,加强与各地市气象台的天气会商,指导阿里气象台和日喀则地区气象台发布了"暴雪橙色预警信号"。

4.1　预报预警准确性

经过对过程落区和降水强度的实况对比,此次预报与实况比较吻合。落区预报区域与实况出现区域相符程度和落区预报强度与实况强度相符程度均达到 90%。

4.2　预报预警及时性

与实况对比,此次暴雪过程的预警预报做到了提前 12~24 h 内发布,为西藏地区的防灾减灾起到了重要的作用,得到了政府主管领导的批示及各级部门的好评。

5　气象服务特点分析

在这次暴雪天气过程中,西藏自治区气象台启动了重大气象灾害部门应急联动机制、重大天气气候事件新闻发布决策气象服务工作制度,加强与自治区防汛抗旱指挥部办公室、抗灾办、交通厅和遥感监测中心等部门合作,交换气象、遥感资料和防汛抗旱等信息,及时掌握全区的雪情,提高气象服务的针对性和前瞻性,积极主动、有效地开展决策气象服务工作。针对这次暴雪过程,区气象台从 2 月 13 日开始发布了"降雪天气",15 日向自治区党委、政府及相关部门发布了"阿里地区南部将出现大到暴雪天气"的重要气象报告,并由阿里气象局发布"暴雪橙色预警信号";16 日发布了"普兰至帕里一线仍有大到暴雪天气"的重要气象报告,并由日喀则气象局发布"暴雪橙色预警信号"。据统计,此次暴雪天气过程,区气象台共发布各类决策材料 6 期 280 份。此次强降雪气象预报服务准确及时,为西藏地区的防灾减灾起到了重要的作用,得到了政府主管领导的批示及各级部门的好评。

在这次暴雪天气过程开始前、发展中、结束后,不仅整个预报服务工作贯穿其中,而且西藏自治区气象台充分发挥了电视天气预报节目、气象短信、气象网站等优势,在第一时间把预警信号发布到了范围最广的普通百姓手上,为各级基层政府和普通百姓做好防御准备争取了宝贵的时间。据统计,在这次暴雪天气过程中,区气象台通过移动、联通、电信等平台发布预警信号 50 多万次;预警信号在日喀则和阿里电视台,通过滚动字幕的方式以 30 min 一次的频率播出;并接待新华社、《西藏日报》、《西藏商报》、《拉萨晚报》、广播电台、西藏电视台、拉萨电视台等媒体的采访,在各类报刊上发表天气气候报道数十篇。充分利用各种媒体渠道,做到第一时间、第一发布,扩大服务的覆盖面,实现气象服务进农村、进牧区、进乡镇、进企业。

6　社会反馈

媒体报道力度反映天气事件强度。在这次暴雪天气过程开始前、发展中、结束后,西藏自治区气象台都将天气发展情况以信息、采访、报道等方式通过《拉萨晚报》、《西藏商报》、《西藏日报》、新华社、中央电台西藏记者站、西藏广播电台、拉萨市广播、今晚九点媒体、旅游局和手机短信对政府有关部门及社会公众进行了报告。

通过对门户网站、报纸、电视等媒体、网络评论区及旅游局及社会公众的调查,西藏自治区气象台发现有以下几个方面的内容是公众最关注的话题:

(1)公众对气象部门工作提出天气预报的准确率较高,但发布时间和公众接收到天气预报的时间差还是比较大,即时效性偏差。

(2)这种影响大、危害大的灾害天气事件出现频率增加,引发公众对目前生存的环境表示担忧。

(3)应加强公众的环保意识和防灾减灾意识。

7　思考与启示

此次暴雪气象预报服务,区气象台在上级领导和全体工作人员共同努力下,预报准确、服务及时、细致、详尽的预报服务产品得到了各级政府和相关决策部门的一致好评,但在总结这次服务过程中,还是发现了一些问题:

(1)天气预报传输的途径和方式缺乏灵活性。实际上,气象台完全可以根据不同的需要提供时效更短的预报,比如 3 h。但预报结果出来后,没有好的途径让预报快速地到达相关部门的手中,使之无法及时了解天气的变化。因此,必须让天气预报的传输途径更便捷,这是迫切需要改进的地方。

(2)由于站点稀少,使用的预报手段又比较落后,局地短时强降雪天气的预报准确率低。

(3)经过这次灾害天气过程,西藏自治区气象台充分认识到解决预警信号发布瓶颈、提高与媒体沟通能力、加强气象科普等工作仍是今后需要关注的工作之一。

(4)虽然这次暴风雪的预警短信覆盖面广,但由于一些基层群众不懂汉文,看不懂短信的内容,致使一些牧民没能做好相应的准备工作,这也是造成部分牲畜死亡的原因之一。因此,建立气象预报预警短信藏文发送系统显得非常迫切,这也是进一步提高气象信息作用的重要环节之一。

(5)虽然这次暴风雪的预警及时准确,但是短信字数受限无法把影响区域县级地名涵盖,基层群众无法确切掌握自己所在区域有无影响,对开展生产生活安排和自救工作有影响。因此,建议预报尽量做细,发布信息尽可能点到县级名称,也就是预报术语的“精细化”有待提高。

　　通过这次暴雪预报服务工作,深刻地认识到如何使服务产品更加科学、可视化和精细化,实现气象服务手段现代化、服务产品专业化、服务队伍专职化、服务管理规范化是摆在我们面前的一个重要问题。过去曾把工作的重点放在基础气象业务上,重点抓预报准确率,忽视了服务工作,各种气象信息无法及时送达到所需要服务的对象手中,对政府决策、气候资源利用、提高群众生活质量没有起到应有的作用。因此,在今后的工作中,在不断提高预报准确率的同时,一定要狠抓公共气象服务,加强决策气象服务能力建设,真正使气象服务信息走进政府、走进牧区、走进农村、走进社区,使气象预报服务家喻户晓。

2011 年 4 月 17 日广东省
雷雨大风天气过程气象服务分析评价

翁向宇[1]　李晓琳[2]　陆立凡[3]　吴乃庚[4]

(1 广东省气象局减灾处；2 广东省气象服务中心；3 广东省影视中心；4 广东省气象台，广州 510080)

摘　要　2011 年 4 月 17 日白天，广东省佛山、肇庆、广州、云浮等地遭遇了强烈的雷雨大风天气，导致人员伤亡和经济损失。针对此次过程，广东省气象局预报准确，预警及时，全省平均提前 40 min 发布雷雨大风预警信息。气象官方微博提高了网络气象信息的传播速度。总体而言，广东省气象局在此次强对流天气预报与服务工作中表现出色，公众通过各种渠道反馈，对气象工作表示认可和赞扬。但是，由于气象部门基层(佛山市顺德区局)干部应对媒体不当，造成媒体不实报道炒作。在中国气象局领导和省气象局领导的带领下，前后持续了一个多月，全省气象部门干部职工积极应对，使得主流媒体对气象部门在此次事件中的工作获得非常正面的评价。本报告将从预报预警准确性、及时性、预报预警的发布传播、用户反馈进行分析，提出气象部门需要在灾害警报信息发布机制和渠道的完善、气象部门基层干部业务规章条例学习和媒体应对的培训、强对流灾害性天气的政府主导、部门联动机制的完善方面进行改进。

1　概述

2011 年 4 月 17 日白天，受切变线和锋面低槽的共同影响，广东省自西向东 11 个市(广东省德庆、高要、高明、南海、顺德、南沙、深圳等市县)先后出现了短时强降水、雷雨大风、冰雹或龙卷风等强对流天气，过程具有"风力极大、局地明显、灾情严重"的特点，是 2011 年以来广东省遭遇最强烈的雷雨大风天气过程。整个过程从 4 月 17 日 09:30 开始，到 16:30 结束，影响广东达 7 h。强雷暴在广东省内时速约 50 km，其中，顺德区的陈村仙涌居委会录得了全省最大阵风 45.5 m/s(14 级)，广州南沙横沥镇也录得最大阵风 42.5 m/s(14 级)，肇庆悦城镇和江门鹤山市还出现了龙卷风。据不完全统计，17 日中午前后，佛山市的高明区荷城镇、顺德区大良镇、南海九江、广州南沙、肇庆市德庆县、云浮市云城区、鹤山市古劳镇出现了冰雹，其中广州南沙区珠江街出现的冰雹直径达 1.5 cm。据全省雷电监测网显示，过程期间，全省电闪次数达 2210 次，其中，珠三角地区达 1395 次。

2　灾情及影响

据广东省防总统计，全省受灾人口 1.97 万人，因灾死亡 18 人(其中广州市南沙区 3 人，佛山市南海区 3 人、顺德区 11 人，肇庆市德庆县 1 人)，因灾伤病 185 人，紧急转移安置人口 907 人(危险区域人员均得到及时转移)；广州、佛山、东莞、肇庆、中山、云浮等地遭受冰雹袭击，农作物受灾面积 1680 hm², 倒塌房屋 45 间，直接经济损失 1.3 亿元。死伤以外来务工人员居多。灾情调查结果表明，这次过程死伤人员基本都是由于简陋工棚及在建建筑物倒塌所致。

3 预报预警

针对此次天气过程,广东省气象局全力以赴地做好气象服务工作,做到及早部署、严密监测、提前预警、主动服务,为各级政府和有关部门防灾减灾部署争取时间,为社会公众正确防御灾害提供有效指引。

3.1 预报预警准确率

针对此次雷雨大风天气过程,广东省气象台在中期预报、短期预报、短时临近预报方面都做出准确预报,各级气象部门根据强对流天气发生发展变化,滚动对外发布准确订正预报。4月13日上午,广东省气象台对外发布预报:"16—18日我省将有一次明显降水过程,并伴有雷雨大风等强对流天气。"4月15日,预报结论指出部分地区将伴有7~8级短时雷雨大风或强雷暴等强对流天气。17日9—20时,广东省先后有29个市县(31站次)发布暴雨和雷雨大风预警信号。

3.2 预报预警及时性

气象部门提前4 d做出天气过程预报,广东全省平均提前40 min发布雷雨大风预警信息。灾情最严重的佛山、顺德提前88 min发布雷雨警报,提前7 min发布雷雨大风预警信号。4月17日09—20时(09:30强雷暴从广西进入广东),广东省先后有29个市县气象局(31站次)发布暴雨和雷雨大风预警信号。全省发布雷雨大风预警信号平均提前时间为40 min,其中灾情最严重的佛山、顺德,当地气象台于11:10对外发布了雷雨警报,提醒公众防御短时雷雨大风,比实况出现时间提前88 min,从发布雷雨大风预警信号到最大风力14级出现时间,提前了7 min。

表1　受灾较严重县市灾害发生气象预警信息发布提前量

县市	预警警报名称	预警信号发布时间	实况出现时间	预警提前量(min)
佛山市	雷雨消息和雷电警报	11:00	12—13时,该市自西向东先后出现雷雨大风	88
顺德区	雷雨消息和雷电警报	11:10		88
佛山市	高明区雷雨大风蓝色	11:40	12:28,高明农业局自动站录得9级阵风	48
顺德区	雷雨大风蓝色预警信号	12:45	12:52,顺德陈村仙涌自动站录得14级阵风	7
肇庆城区	雷雨大风蓝色预警信号	11:02	11:32,城区出现大到暴雨,局部大风	30
广州	雷雨大风蓝色预警信号	12:16	13:35,白云区出现短时强雷雨;海珠区出现7级大风	79
云浮郁南	雷雨大风蓝色预警信号	09:45	16:09,郁南历洞自动站录得7级阵风	6 h左右

3.3 预报预警发布传播

4月13—18日,广东省各级气象部门充分利用传统媒介(电视、电台、报纸)、网络媒介、手机短信、气象服务声讯电话及热线电话、电子显示屏、召开新闻发布会、社区广播、农村大喇叭、气象信息员等多种渠道向公众发布雷雨大风的预报和预警信息。其中,广东天气官方微博(http://t.sina.com.cn/gdweather 和 http://t.qq.com/gdweather)是新兴的、具有特色的预警信息发布渠道,加快了网络气象信息传播速度,同时也是公众对气象服务反馈的平台。经统计,广东省气象局结合日常天气短信先后对手机用户发送相关暴雨和雷雨大风预报、警报等相关短信近 3000 万条。共计逾 1 万用户访问广东省气象网相关网页;超 5 万用户拨打收听气象服务热线电话。除了农村大喇叭外,乡镇地区还通过电话或短信告知气象信息员,通过信息员第一时间将气象预报预警信息传播给广大群众。

4　气象服务特点分析

(1)广东天气官方微博提速网络气象信息传播。广东天气官方微博,其定位是"百姓生活的参考、气象科普的园地、应急信息发布的平台以及和公众沟通互动的桥梁",被亲切称为"广东气象哥",截至 2011 年 6 月 8 日,有超过 120 万的粉丝。针对 4 月 17 日雷雨大风过程,微博每天 3~4 次更新预报及科普信息,引导公众关注天气过程同时做好防御措施。公众也通过微博反映当地暴雨情况、发表对气象服务的评论。

(2)召开新闻发布会,增强媒体对天气过程的关注和预报信息传播。4 月 15 日,广东省气象局召开新闻媒体通气会,强调 17 日将会出现 2011 年以来的首次强对流天气过程,希望媒体和公众予以关注。

(3)与多方媒体合作,提前 4 d 播出天气过程预报信息。4 月 13—16 日,广东省气象局每天在广东电视台、南方电视台的多套天气节目中发布"16—18 日,全省将有一次明显降水过程,部分地区伴有雷雨大风等强对流天气",提醒注意"防御强降水、雷电大风、山洪泥石流、城乡积涝等灾害"。其中,广东卫视频道 20 时的《天气预报》栏目是广东的群众获取气象预报预警服务信息的主要途径之一,在天气过程之前每天播出该天气信息。

此次灾害发生之后,4 月 18 日,广东省气象局及时召开新闻发布会通报"4·17"强对流天气及预报服务情况,主流媒体对气象部门在此次灾害中的预警服务工作给予了非常正面、客观的评价。但是,由于广东省佛山市顺德区气象局吴局长对《气象灾害防御条例》理解不深,在回答媒体记者关于气象灾害预警信息发布问题的提问时,应对不当,引发个别媒体对气象灾害预警信息发布提出了质疑,相关质疑报道被媒体进一步炒作,"救命短信,嫌贫爱富"不实的报道引发多家媒体转载和大量评论,给气象灾害预警服务工作造成了负面影响。

事件发生后,广东省气象局加强舆论引导和正面宣传,一直密切向中国气象局办公室报告有关网络舆情动态,加强与中国气象局办公室宣传处的沟通,在中国气象局办公室宣传处的指导和部署下,做好相关应对工作。

4 月 19 日下午,广东省气象局在广东省气象公众网和气象媒体合作平台刊登题为《气象专家:公众可通过多种渠道获得预警信息》的新闻通稿,向公众及合作媒体澄清负面报道中"只有收费用户才能得到气象预警"的有关言论,强调了预警信号发布的公益性质。中新社同时在广东新闻网站上刊发了该文章。随后,《广州日报》《南方都市报》《羊城晚报》等大量主流报刊分别刊发了相应文章,就气象预警的发布渠道向广大群众进行了较为详细的说明。

4 月 20 日,广东省气象局向全省气象部门下发通知,整理编印了重大灾害性天气新闻播报规范,以方便汛期气象服务工作顺利应对媒体采访。

4月21日,广东省气象局通过全省视频会商系统,再次向各市(区)气象部门强调引导外界媒体宣传报道工作的重要性,要求各地要积极主动引导媒体开展正确、正面的宣传报道,谨慎面对媒体提问,避免出现任何过激或容易被误解、歪曲的言论。

5 社会反馈

5.1 决策服务效果

鉴于强对流天气灾害发生具有突发性强、尺度小、移动路径复杂的特点,并未纳入广东省各类防灾减灾预案,导致各部门缺乏防范意识和有效的联动应对措施。4月17日气象部门发布预警信息后,有关部门难以在短时间内做出有效应对。

灾情发生后,省委、省政府领导对强对流天气灾害高度重视。4月18日,中央政治局委员、时任广东省委书记汪洋根据广东省气象局对下一轮强降雨过程的预报结果,批示要求各地各部门接受17日的教训,做好21—22日降水大风过程的防范工作。时任省委副书记、省长黄华华也批示要求认真吸取教训,全面排查隐患,绝不允许类似事故再次发生。省委宣传部也于18日专门对各部门发出通知,要求依法传播气象部门发布的预测信息,及时播发突发天气预警信息。4月28日,省委宣传部专门给各新闻单位发出通知,要求各媒体依法传播气象部门发布的预测信息,及时播发突发天气预警信息。

中国气象局局长郑国光、副局长矫梅燕和于新文对此次事件高度关注。

5.2 公众评价

总体而言,针对此次强对流天气过程,公众对气象部门预报和预警反响较好。如微博用户纷纷留言道:"很准!下暴雨啦!""很好。""还挺准的。""听到啦,这次报得蛮准的,预报水平有提高哦,表扬一下!"4月13—17日,广东天气官方微博的信息转发和回复量过百,比平时高出2~3倍。网站服务方面,广东省气象局政务网暴雨新闻页面共计逾1万用户访问,访问量为一般气象新闻页面的2倍左右;中国天气网广东省级站有近210万用户访问了相关预报页面,为一般情况下的1.5倍左右。"12121"热线电话的用户拨打收听量超过5万,比一般情况下的拨打量稍高。公众通过短信反馈了对此次过程的关注及对服务的建议与意见。

5.3 媒体评价

4月18日,在广东省气象局召开的新闻发布会上,主流媒体对气象部门在此次灾害中的预警服务工作给予了非常正面、客观的评价。手机短信、微博、网站等渠道收到不少用户的反馈信息也对气象服务持肯定态度,主要分为以下几类:1)赞扬预报准确。2)表达对气象部门的感谢。3)反馈用户所在地区的天气实况。4)建议进一步做好微博等新渠道的服务工作。

但是,4月19日早上,《广州日报》及《南方都市报》(佛山版)出现关于"4·17"广东省雷雨大风气象灾害的负面报道,主要是对气象灾害预警发布问题提出质疑。"救命短信嫌贫爱富"等负面报道被互联网站大量转载,并出现了一些针对性的负面评论,给气象灾害预警服务工作造成了负面影响。百度搜索显示,"救命短信嫌贫爱富"的报道多达28218条。

6 思考与启示

尽管气象部门提前作了准确预报,及时发布了预警信号,但是仍然造成了较大的人员伤亡和财产损失,并引起了社会媒体和公众对预警信息发布问题的质疑。这反映出气象防灾减灾工作与社会公众的期望之间还存在差距,存在问题如下。

(1)我国灾害警报信息发布机制和渠道亟待完善

在极端灾害性天气趋向频繁的背景下,政府主管部门需尽快健全完善灾害警报信息的发布能力,提高社会的抗灾能力。预警信息的快速发布,需要建立"政府主导、部门协作、社会参与"的多渠道发布机制。手机短信是最快捷的方式,但存在发送能力限制问题。如何形成短信、电视、电台、广播、社区信息等互为补充的立体化发布体系,是未来灾害预警系统建设的重要内容。

(2)气象部门基层干部须加强业务规章条例学习和媒体应对的培训

此次社会对气象灾害预警信息发布的质疑和负面评价,源头是佛山市顺德区气象局领导对《气象灾害防御条例》第三十条(即,各级气象主管机构所属的气象台站应当按照职责向社会统一发布灾害性天气警报和气象灾害预警信号,并及时向有关灾害防御、救助部门通报)中关于气象预警发布的相关条款没有深刻认识,造成应对媒体不当。因此,各级气象部门针对相关业务条例的学习需落到实处。同时,建议利用县局气象局长轮训或组织其他基层培训方式,加强基层干部对业务规章条例的深入学习和公共管理、应对媒体等方面的培训。

(3)雷雨大风等强对流灾害性天气的政府主导、部门联动机制不完善

鉴于强对流天气具有突发性强、尺度小、移动路径复杂的特点,难以提前较长时间做出准确预报预警,防御难度大,广东省未将强对流天气纳入《气象灾害应急预案》,没有很好地明确防御的组织单位,导致各部门缺乏防范意识和有效的联动应对措施,故"4·17"雷雨大风天气过程期间并未启动部门联动。从防灾角度看,本次过程致灾的主要原因虽然是雷雨大风,但真正造成人员伤亡的原因是临时建筑工棚和简易建筑物倒塌;鉴于我国对临时建筑工棚等建设并没有相关的统一标准,对建筑物建设未进行气象灾害风险分析和评估工作,因此,呼吁气象部门协调政府其他部门开展气象灾害隐患点排查工作,特别是针对气象灾害易发多发地区。

(4)公众缺乏气象防灾减灾知识,气象科普宣传和气象工作宣传有待加强

由于缺乏气象防灾减灾的基本知识,社会公众对气象灾害防御能力欠缺,部分公众即使在接到气象灾害预警信息后,仍未能引起足够重视。在突如其来的灾害面前,一些民众特别是外来务工人员对暴雨、龙卷风、雷电等气象灾害的认识不足,缺乏自救、互救能力。同时,一些公众由于缺乏对气象预报、气象灾害预警信息发布工作的了解,对气象预报精准化、气象服务工作个性化程度抱有不切实际的期望,容易受到不实信息的误导,从而加深对气象部门的误解。因此,应加强气象工作宣传力度,引导公众正确的气象认知。

2011 年 1—5 月江西省冬春连旱
天气过程气象服务分析评价

刘晓东[1]　毕　晨[2]　詹华斌[2]　胡菊芳[3]

(1 江西省气象局应急与减灾处；2 江西省气象服务中心；3 江西省气候中心，南昌 330046)

摘　要　2011 年 1—5 月，江西省降雨异常偏少，江河湖库水位偏低，主汛期部分河流水位创历史最低，鄱阳湖水位持续历史同期最低，江西出现历史罕见的严重冬春连旱。针对严重干旱灾害，江西省气象局及时启动应急响应，各级气象部门密切监视旱情的发展，加强对干旱的滚动监测，及时掌握最新的旱情信息，切实做好干旱的监测、预测，根据干旱的发展及时做好预警、应急服务和影响评估工作，为抗旱减灾提供决策服务信息，全力做好防汛抗旱气象服务工作。

1　概述

　　2011 年 1—5 月，江西省降雨异常偏少，江河湖库水位偏低，主汛期部分河流水位创历史最低，鄱阳湖水位持续历史同期最低，江西出现历史罕见的严重冬春连旱。

　　这次干旱天气过程的特点主要有：(1)干旱发生的时段历史罕见。历史上江西省大范围干旱以伏秋旱为主。2011 年江西出现历史罕见的严重春旱，特别是在主汛期前遭遇全省性干旱是新中国成立以来少见的。(2)干旱持续时间长。从 3 月底开始，江西省北部就开始出现轻度气象干旱，进入 4 月份以后，旱情迅速发展蔓延，到 4 月底蔓延至全省范围，进入 5 月份赣南旱情解除，赣北、赣中旱情持续发展(图 1—图 4)。截至 6 月 2 日，全省各地轻度及以上气象干旱日数赣北、赣中普遍达 40～60 d，局部 60 d 以上；重度及以上气象干旱日数赣北大部、赣中西部和赣南 15～30 d，赣北部分地区和赣中局部达 30～40 d。(3)干旱影响程度重。4 月底以前出现全省性中度及以上气象干旱，中南部达重旱及以上气象干旱；5 月份赣北赣中大部出现重度及以上气象干旱。全省所有县(市)均出现过轻旱，其中 82 个县(市)出现过中旱，80 个县(市)出现过重旱，59 个县(市)出现过特旱。

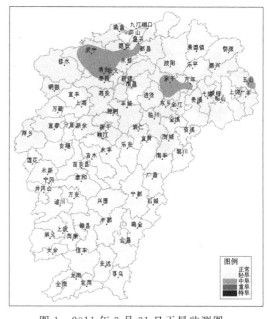

图 1　2011 年 3 月 31 日干旱监测图

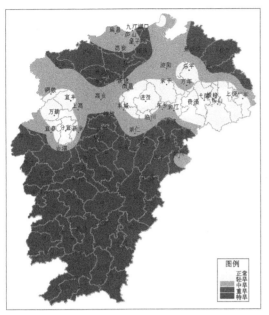

图 2   2011 年 4 月 28 日干旱监测图

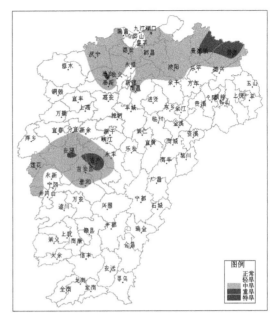

图 3   2011 年 5 月 3 日干旱监测图

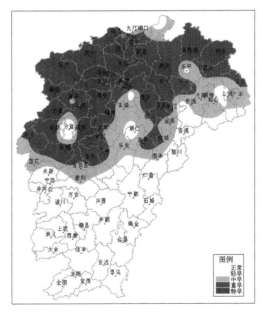

图 4   2011 年 5 月 20 日干旱监测图

2   灾情及影响

据农业部门统计,至 5 月 25 日,江西省渔业受灾面积 1370 万亩,经济损失 20.6 亿元,全省因旱需救济人口 111.8 万人;至 5 月 30 日,全省总计 614 万亩农田受旱,作物受旱面积比重达 15% 以上。

图 5　受旱的早稻田裂缝达四指宽

全省受旱面积 6.36 万 km²。江河水位明显偏低且持续时间长。5 月 31 日 8 时,赣江外洲、抚河李家渡、信江梅港、潦河万家埠、鄱阳湖星子、湖口站实时水位分别为 15.20 m、22.76 m、17.27 m、20.25 m、10.44 m、10.22 m,分别低于历史同期平均水位 4.28 m、3.97 m、3.14 m、2.93 m、4.99 m、4.84 m,分别低于历史同期最低水位 1.59 m、2.30 m、1.15 m、1.51 m、0.22 m、0.24 m。鄱阳湖水域面积异常偏小。干旱导致江河、湖泊水位异常偏低,鄱阳湖水体面积明显减少。5 月的鄱阳湖,本应是夏季"洪水一片",却呈现出"枯水一线"的景观。占鄱阳湖面积约 5% 的鄱阳湖国家级自然保护区所辖范围 224 km²,所辖的九个子湖,几乎干涸。据卫星遥感监测显示,2011 年 5 月 18 日与 2009 年 5 月 6 日相比,鄱阳湖主体及附近水域呈现明显差异。

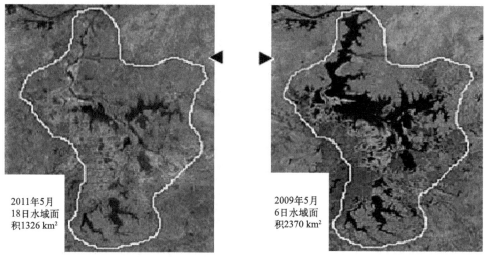

图 6　2011 年 5 月 18 日与 2009 年 5 月 6 日鄱阳湖水域卫星遥感对比

3　致灾因子分析

(1)降水异常偏少。2011 年 1 月 1 日—6 月 2 日,全省平均降水量为 433.9 mm,较常年同期平均偏少 4.9 成,降水之少位居历史同期第一位,其中有 65 个县(市)降水量突破历史最低值。1—5 月,各月降水分别较同期平均偏少 4.7 成、4.9 成、5.1 成、6.3 成、3.5 成。入汛以来(2011 年 4 月 1 日—6 月 2 日),全省平均降水量为 245.6 mm,较常年同期平均偏少 5 成,降水之少位居历史同期第一位,其中有 45 个县(市)降水量突破历史最低值。

(2)无降水日数偏多。1 月 1 日—6 月 2 日,全省平均无雨日数为 92 d,较常年同期平均偏多 26 d,为历史同期之最;各地无降水日数普遍为 80～100 d,其中赣北北部和赣南南部在 100 d 以上,以九江市 111 d 为全省最多,全省有 52 个县(市)无降水日数创历史新高。

4　预报预警

5 月 30 日,为应对严重干旱,江西省首次发布干旱黄色预警。随后,江西省气象局启动重大气象灾害Ⅲ级应急响应,全省各级气象部门即刻进入Ⅲ级气象应急响应状态。据江西省气候中心 5 月 30 日 11 时监测结果显示,赣北中南部、赣中大部共有 42 个县(市、区)达到中度以上气象干旱,其中 31 个县(市、区)达到重度以上气象干旱。预计未来 5 d 全省仍无有效降水,干旱范围将持续发展。根据《江西省气象灾害应急预案》,江西省气象局发布干旱Ⅲ级预警(黄色预警),这是江西省首次发布干旱预警。

5　气象服务特点分析

5.1　干旱气象服务

针对 2011 年以来出现的旱情,江西省气象局先后组织了 3 次旱情调研,实地调查了解各地的干旱受灾情况,2 次参加省防总会商会为水库调度和抗旱救灾工作提供决策依据,向农业部门提供各种服务材料 10 期。5 月 30 日,为应对严重干旱,江西省首次发布干旱黄色预警,并每日向 25 个灾害联动部门发送灾害预警信息。江西省防总于当日 21 时启动了抗旱Ⅳ级应急预案。逐日滚动发布全省干旱监测图形,不定期制作干旱监测公报和气象呈阅件等服务材料。先后制作了 6 期干旱监测公报,编发干旱气象服务材料 16 期。根据江西省气象局的决策服务材料,5 月 10 日时任省长吴新雄批示部署抗旱救灾工作。针对缓慢出现的旱情,省气象局及时向省委、省政府和有关部门提供气象信息服务,并提出有针对性的建议。4 月 14 日,在决策气象服务材料中首次明确提出干旱问题:由于前期降水持续偏少,局部出现春旱,当前正值江西省春耕生产用水高峰期,此次降水过程对缓解部分地方春耕生产缺水状况十分有利,缺水地区宜抓住此次降水过程,及时开展早稻大田翻耕。

4 月 25 日,江西省气象局向省领导及有关部门呈送了专题分析材料《前期降水情况分析及未来天气趋势预测》,建议各地应合理使用水资源,科学蓄水,确保农业生产用水需要,并抓住有利天气条件,适时开展人工增雨作业。4 月前期正值早稻移栽用水高峰期,水源不足的地区早稻移栽受到影响。气象部门通过每日天气与农事提醒农民朋友"缺水的早稻田块采取有效措施进行灌溉",并先后专题编发农业高影响天气、种植业、林果业专题合作社气象服务等系列产品,对干旱动态提供跟踪服务,并及时报送农业有关部门,为开展防灾减灾部署提供气象依据。

5.2　旱涝急转气象服务

　　进入6月份，江西降雨异常集中，先后出现四次强降雨过程，平均降雨量达362 mm，比多年平均偏多34%，部分地区比多年均值偏多90%，发生严重洪涝灾害。面对如此极端反常的天气事件，江西省气象局积极主动，在5月31日上报的气象阅件中指出：6月上旬雨量赣北、赣中偏多，赣南接近常年，旬平均气温略偏高。其中，4—8日全省有一次大到暴雨降水过程，过程雨量赣北、赣中50～80 mm，赣北南部和赣中北部局地可达100～150 mm，赣南40～70 mm。此次降水过程将有效缓解赣北赣中的旱情，但由于局地雨量大，请注意防范局地强降水对中小河流、病险水库及山洪地质灾害易发区的不利影响。据江西省防汛抗旱总指挥部介绍，6月4日开始的强降雨极大缓解了江西旱情，截至5日8时，江西省耕地受旱面积335万亩，比降雨前(6月3日)减少279.8万亩；因旱饮水困难人口33万人，比降雨前减少2万人。6月5日8时，江西省结束了抗旱Ⅳ级应急响应，但持续集中的强降水促使江西出现罕见的旱涝急转，抗旱气象工作宣告结束，全员紧急进入汛期暴雨气象服务。

6　社会反馈

6.1　决策服务效果

　　根据省气象部门提供的天气预报，5月10日时任省长吴新雄批示部署抗旱救灾工作，省政府应急办、省防总、省农业厅等有关部门下发紧急通知五次。

　　5月17日晚，省防总召开万安水库防洪调度会商会，专题研究在保证防汛安全的前提下，最大限度地利用洪水资源。省气象台台长参加会议并汇报了天气趋势：5月18—21日，全省以多云天气为主，22—24日全省有一次中等强度降雨过程，主降雨区主要集中在北部，赣南地区平均降雨量约为20～30 mm。为此，省防总提出可按照5月21日凌晨万安库水位90.0 m的要求进行控制，开足马力满负荷运转，尽量减少弃水，最大限度利用洪水资源，为省防总科学调度万安水库提供了科学依据。

6.2　公众和媒体反馈

　　由于江西发生罕见冬春连旱，持续时间长，受灾范围广，大量人畜饮水困难，全省河流大面积缩水，部分河流支线严重断流，大量农田渔业遭受严重损失，江西省委、省政府高度重视，大量媒体非常关注干旱灾害性天气过程。省气象局共召开新闻发布会二次，发布新闻通稿十次，接受媒体采访30余次，在新华社、中新社、江西卫视、《江西日报》等媒体发稿162篇(条)，新华网江西频道还建立了"江西直面干旱大考"专题。据统计，有关媒体报道此次江西干旱与气象关联的新闻达40余篇，转载700余次。

7　气象服务分析

7.1　成功经验

　　(1)有效降水的准确预报，为抗旱起到关键作用，尤其为防汛部门对于水库的调度决策从而最大限度利用紧缺的水资源起到至关重要的作用。

　　(2)认真做好干旱监测预警，切实加强干旱灾害的评估预估工作，加强对政府、联动部门的信息服务,重点是加强决策服务和受影响联动部门的气象服务。

(3)抓住一切有利天气条件开展人工增雨作业。在发布干旱预警后,全省各级气象部门实行主要负责人领班制度,执行 24 h 应急值班制度,省气象台首席预报员和各级预报领班 24 h 在岗负责把关,及时提供最新预报预警信息、灾情信息。抓住一切有利天气条件,大力实施人工增雨抗旱作业。

(4)全方位开展抗旱气象服务,充分利用媒体,全省各级气象部门通过报纸、广播、电视、短信、电子显示屏等各种手段向社会公众发布干旱预警信息和应对措施,提醒民众和相关部门做好防范准备。

(5)积极跟踪旱情态势,及时开展干旱气象服务。针对不断发展的旱情,江西省气象局及时向有关部门提供气象信息服务;对干旱动态提供跟踪服务,为开展防灾减灾部署提供气象依据。

(6)提高警惕,加强干旱气象服务,为应对严重干旱,江西省首次发布干旱预警。随后,江西省气象局启动重大气象灾害Ⅲ级应急响应,江西全省各级气象部门即刻进入Ⅲ级气象应急响应状态。

7.2 存在问题

(1)干旱影响往往是缓慢出现的,且出现后危害很大,这就对气候预测的准确率要求比较高,而目前气候预测无法满足服务需求。

(2)目前江西省气象部门监测的干旱主要有气象干旱和农业干旱,没有针对水文等其他干旱的监测。

7.3 改进措施

(1)提高对降水偏少的敏感性,如果有连续几月降水偏少,可以通过和相似年的对比,得出相似性,从而进行初步判断。一旦有对应干旱相似年,应更加关注降水趋势,从而做出有针对性和有效的服务。

(2)针对不同的干旱要有不同的标准进行评定,气象干旱往往不能代表对各行各业的影响,不能因为农业干旱不明显而降低对干旱危害的估计。干旱往往对渔业、电力行业、航运等造成巨大的危害,要进行区别对待,正确评估此类初期表现并不明显的气象灾害,以及对不同行业的影响。

2011 年 6 月 3—20 日浙江省
连续暴雨天气过程气象服务分析评价

陈海燕[1]　　阮小建[2]　　张　梅[3]

(1 浙江省气象台；2 浙江省气象服务中心；3 浙江省气象局，杭州 310003)

摘　要　2011 年 6 月 3—20 日，浙北、浙中受历史罕见连续暴雨影响，发生旱涝急转。钱塘江流域和太湖流域的东苕溪及杭嘉湖平原等发生多次大洪水，洪涝灾害严重。在连续暴雨气象服务中，浙江省气象局认真贯彻中国气象局和省委、省政府的部署，全省各级气象部门恪尽职守，发扬连续作战的精神，严密监测、滚动预报、及时预警、科学服务，全力以赴做好防灾抗洪气象服务工作，为防灾抗洪的胜利做出了积极的贡献。

1　概述

2011 年 1 月 1 日—6 月 2 日，浙江省降水异常偏少，全省平均降水量仅 281 mm，比常年偏少 53％，破 60 年来同期最少纪录，出现严重的干旱天气。6 月 3 日后，天气形势发生大转折，浙北、浙中暴雨不断，连续出现四次强降水过程。四次强降水分别出现在 6 月 4—6 日、9—12日、14—15 日、18—19 日，主要集中在浙中北地区。6 月 3—20 日，全省平均降水量 332 mm，其中衢州、杭州地区平均雨量分别为 581 mm 和 507 mm，单站最大临安大明山达 886 mm。此次降水主要表现有四个特点：一是来势凶猛、旱涝急转；二是雨势强劲、袭击面广；三是雨带稳定、落区重叠；四是持续时间长、总雨量大。

2　灾情及影响

连续强降水造成钱塘江流域发生大洪水，引发山洪与滑坡，对浙江省除东南沿海外的 57个县(市、区)的人民生命财产安全、工农业、交通、电力、通讯、市政、储藏等造成严重影响。

受连续强降雨影响，钱塘江流域和太湖流域的东苕溪及杭嘉湖平原等发生多次大洪水，引发多个流域洪水、山洪和山体滑坡、泥石流等地质灾害，钱塘江兰江和支流浦阳江等地低标准农村堤防、山区溪流堤防漫顶或缺口，嘉兴北部低洼区大面积长时间内涝；衢州市区和兰溪、桐庐、龙游、开化等县城受涝；大量房屋受淹受损、倒塌；大片即将成熟的早稻被淹绝收，大批鱼塘、大棚设施损毁；不少山区道路因塌方中断，杭新景高速公路千岛湖支线因路基塌方被关闭，一些国、省道一度中断，一些供电通信等线路倒杆。

全省转移群众 29.2 万人，10 个市 57 个县(市、区)受灾，受灾人口 441 万余人，农作物受灾面积 242 千公顷，房屋倒塌 1.2 万间，直接经济损失 108 亿元，因灾死亡 3 人。受连续暴雨影响，浙江省气象探测和基础设施也受一定程度影响，共计损失 750 万元。

3　致灾因子分析

6 月 3—20 日，浙江省从前期少雨转为多雨天气形势，其中浙北、浙中暴雨不断，连续出现四次强降水过程。由于降水强度强、雨量大,钱塘江流域发生 50 年来最强的大洪水。根据总雨量、暴雨强度以及覆盖范围、时空分布等综合指标进行评估,此次梅汛期降水集中期综合强度钱塘江流域为 1961 年以来第一强、全省第三强。全省有 41 个县(市、区)影响程度为"特重"或"严重"等级,14 个县(市、区)影响程度为"中等"或"轻微"等级。

4 预报预警

4.1 预报预警准确性

通过对连续暴雨期间过程预报准确率进行分析评定,每次暴雨过程预报提前 4~7 d 做出基本准确预报,提前 3 d 做出准确预报,并对每次暴雨过程的落区和强度都做出了较为准确的预报,其预报准确率分别达 89% 和 84%;对站点预报准确率进行评定,全省未来 3 d 12~24 h 站点预报准确率为 64%。

4.2 预报预警及时性

全省各级气象部门共发布暴雨预警信号 453 次,其中橙色以上预警信号 56 次。通过对预报预警提前量进行分析评定,决策气象服务预报预警提前量平均为 2 d;公众气象服务暴雨过程预报提前量平均为 3~6 h,预警信号或预警短信预报提前量一般较短,与实况出现时间相比,平均提前量为 0.5~1 h。

4.3 预报预警发布传播

连续暴雨影响期间,全省各级气象部门通过电视、广播、网站、声讯电话、报纸、电子显示屏等渠道广泛发布气象预报预警信息。累计共发送公众气象预警短信 2.39 亿条次,声讯信箱累计拨打 1451609 人次,共发布更新电子显示屏信息 398 条,浙江天气网新浪微博信息更新 65 条,向中国气象频道提供相关气象新闻 30 条。

电视通过滚动字幕和悬挂图标播发暴雨预警信号(根据强降水对当地影响程度,衢州、常山、开化、龙游等市县属地发布了暴雨红色预警),共播放预警信号 180 次,播放时长 180 min。召开新闻发布会 1 次、发布新闻通稿 14 篇,并通过报纸、杂志对天气过程进行深度报道。

广播电台以播报形式发布暴雨预警信号,共播报预警信息 60 次,通过交通之声广播电台进行专家连线 5 次。沿海市、县气象台站加密通过当地海洋气象广播电台播发预警信息。

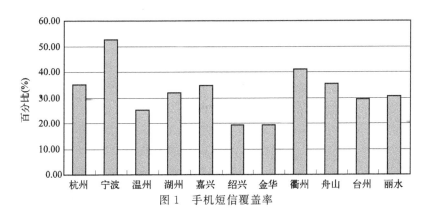

图 1　手机短信覆盖率

手机短信渠道发布预警信息,省平台传送速率:移动短信传送速率2000条/s,联通短信传送速率110条/s,电信短信传送速率120条/s,接收省级预警短信用户占全省所有手机用户的44%;紧急异常短信平台大多以移动用户为主,发送速率平均为15~30条/s,接收对象为当地党委、政府及有关部门领导,部门联络员,气象协理员和信息员。

气象网站发布气象预警信息:省局政务网的逐日浏览量平均达150万(近一个月的日平均浏览量为8万)、省级气象服务网站的逐日浏览量平均达80万(近一个月的日平均浏览量为5万)、中国天气网省级站的逐日平均浏览量达990万(近一个月的日平均浏览量为70万)、省级121声讯电话的逐日拨打量平均达35万(近一个月的日平均拨打量0.6万)。

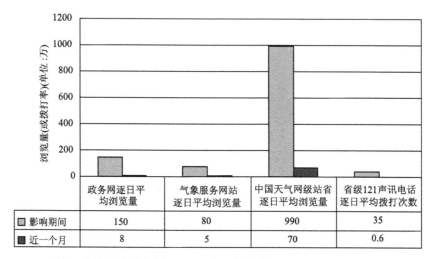

	政务网逐日平均浏览量	气象服务网站逐日平均浏览量	中国天气网级站省逐日平均浏览量	省级121声讯电话逐日平均拨打次数
▨ 影响期间	150	80	990	35
■ 近一个月	8	5	70	0.6

图2　连续暴雨影响期间和近一个月气象信息平均发布情况对比表

5　气象服务特点分析

针对浙江省出现的历史罕见的连续暴雨,省气象局领导高度重视,每天在业务一线参加全国、全省天气会商,并参加每天的防汛会商会,专题向省委、省政府领导汇报梅汛期强降水过程。早在6月2日,浙江省就开始以传真、送达、电话、PPT演示等方式向省委、省政府和相关部门提供决策气象服务产品。省气象局先后向省委、省政府及相关部门报送《重要气象报告》6期、《灾害评估》3期、《气象信息内参》4期。6月21日,针对新安江水库泄洪,专题报送《新安江水库泄洪期天气专报》,为新安江流域提供未来3 d内天气专题预报服务。连续暴雨气象服务期间,全省气象部门向当地党委政府和有关部门累计报送决策服务材料231期。

考虑连续暴雨对相关行业可能带来的影响,浙江省气象局加强与电力、交通、水库等行业的沟通和联系,及时了解专业用户服务需求,积极做好电力、交通、水库气象服务工作。针对省中调电力技术有限公司、省电力公司、华东电网有限公司等气象服务需求,省气象局每天通过网络、传真方式提供风力、气温的气象要素预报;针对省港航管理局、省公路管理局、省高速公路交警总队、杭州市公共交通集团公司等气象服务需求,每天通过网络、传真、电话等方式提前提供未来雨量及风力预报;针对新安江、富春江、珊溪、紧水滩、乌溪江、滩坑等各大水库气象服务需求,每天通过网络、传真、电话等方式提供水库雨量预报。

6 社会反馈

6.1 决策服务效果

6 月 3 日下午,省政府第 74 次常务专题会上,在听取各部门汇报后,时任省长吕祖善强调要密切关注天气变化,坚持防汛抗旱两手抓,加强监测预报,科学合理蓄泄,确保安全度汛。6 月 7—8 日,赵洪祝、吕祖善、葛慧君等省领导分别针对 9 日起的强降雨过程做出重要批示。6 月 14 日,时任省委书记赵洪祝在省气象局呈送的强降雨材料上批示:"这次强降雨将会给我省局部地区带来洪涝灾害,我们要认真防范,积极应对,确保人民生命、财产安全。"6 月 18 日,赵洪祝在检查防洪重点地区新安江水库防汛时,充分肯定了梅汛期气象监测预警服务工作,并指出"防灾减灾离不开气象监测预报、离不开气象科技支撑,气象监测预警和服务是防灾减灾、防汛抗旱、科学决策不可替代的参谋部"。

在总结 2011 年 6 月份防灾减灾的省委常委会和省政府常务会上,时任省委书记赵洪祝和时任省长吕祖善充分肯定防汛气象服务的成效。

6.2 公众和媒体评价

通过问卷调查分析,社会公众对此次连续暴雨气象服务总体比较满意,满意率达 95%;公众获取气象信息的主要渠道为电视、手机短信、广播、网络等,其比例分别为 38%、25%、14%、13%。在收到气象预警信息后,大部分人员会积极采取相应的防御措施,及时开展防灾避灾工作,努力提高灾害防御自救互救能力。期间,未出现媒体对气象部门的负面报道和评价情况。

7 思考与启示

7.1 成功经验

(1)强化防灾减灾气象保障服务

气象监测预警信息是各级党委政府、防汛指挥部门及其他相关部门进行灾害防御部署的重要决策依据之一,也是社会公众防灾避险的参考依据。全省各级气象部门在暴雨灾害防御中,准确预报,广泛及时发布气象监测预警信息,跟踪做好灾前、灾中、灾后气象服务,并根据相关行业服务需求,全程开展针对性气象服务,有效发挥了气象部门在灾害性天气监测、预警、服务等气象防灾减灾各环节中的重要作用,努力提高了全社会气象防灾减灾能力。

(2)强化气象科技支撑能力

在连续暴雨气象服务中,防灾减灾、防汛抗洪对气象科技支撑提出了更加强烈的需求。浙江省气象局围绕服务需求,进一步加强现代气象科技开发和成果应用,面向各级政府和各行各业的需求,加快建立数字化、精细化的气象预报产品体系,提供针对性、网格化的气象服务,省委、省政府领导对其在暴雨预警中发挥的决策参考作用给予了高度肯定。

(3)充分发挥基层气象防灾减灾体系的作用

按照"政府主导,部门联动,社会参与"的防灾减灾工作机制,浙江省加强气象协理员、信息员、部门联络员队伍建设,积极组织气象防灾减灾业务技术培训。每年组织召开部门联络员会议,及时更新气象协理员信息员基本信息库,并通过多种形式,广泛深入开展气象协理员培训,并积极开展气象科普进农村、进企业、进社区、进校园活动,努力提高社会公众的防灾减灾意识和防灾自救能力。在这次连续暴雨灾害防御中,气象"三员"在气象预警信息接收传播、气象灾害情况调查、自动气象站抢修维护等方面发挥了重要作用,对提高基层气象防灾减灾能力做出了积极贡献。

7.2　存在问题

在 2011 年 6 月连续暴雨灾害防御气象保障服务中,虽然取得了一定的成绩,但是仍然不能很好满足防灾减灾对气象服务的需求。主要体现在:1)气象精细化预报服务能力有待提高;2)气象服务产品种类少,针对性不强,不能很好满足各行各业对气象服务的需求;3)气象灾害预警信息接收应用能力有待进一步提高。

7.3　改进措施

(1)充分发挥气象现代化建设成果的作用,积极推进精细预报业务发展

面对防灾减灾需求,需要进一步加强气象科技支撑,建立数字化、网格化、无缝隙的气象预报产品体系,为防汛抗洪提供针对性、网格化的气象服务,增强对灾害性天气的监测预报预警能力。

(2)了解服务需求,提供针对性专业气象服务产品

各行各业受气象条件影响程度不同,这就需要进一步加强与服务对象的沟通与合作,把常规气象预报与专业服务需求结合起来,深度开发专业气象服务产品,更好地为相关行业提供防灾减灾气象保障服务,提高防灾减灾成效。

(3)健全农村气象灾害公共防御体系,提高基层气象灾害防御能力

进一步充分发挥基层气象防灾减灾体系的作用,加强对气象协理员、信息员队伍的管理,及时开展气象协理员培训,努力提高业务素质,积极发挥他们在气象预警信息接收传播、气象灾害情况调查、自动气象站抢修维护等方面的重要作用。同时要努力提高气象协理员、信息员的气象服务能力。

2011 年 6 月 13—20 日安徽省
强降雨天气过程气象服务分析评价

吴丹娃　　张脉惠　　胡五九　　刘向洋

(安徽省气象局,合肥 230061)

摘　要　2011 年 6 月 13—20 日,安徽出现持续强降雨过程,大别山区和沿江江南累计降雨量大于 200 mm,全省 7 个市 38 个县(市、区)受灾,受灾人口 331.28 万人,直接经济损失 23.37 亿元。在本次强降雨气象服务过程中,全省各级气象部门高度重视,精心组织,加强上下互动和部门合作,强化科技支撑,有效提高气象预警预报的准确性和服务针对性,全力扩大气象预警信息覆盖面,气象服务得到省、地市领导和各级媒体的一致好评。本文通过定性与定量结合的方式,对这次气象服务的成功经验和存在问题进行了分析。这次降雨同时也反映出气象部门在预警预报的及时性和准确性、预警短信的发送以及乡镇综合信息站和气象信息员工作等方面仍然存在不足。

1　概述

2011 年 6 月 13 日夜里开始,安徽省大别山区和沿江江南出现一次较明显降雨过程,13 日 20 时—16 日 7 时累计降雨量为:大别山区和沿江江南普遍超过 50 mm,其中宿松、太湖、安庆和江南中南部普遍超过 100 mm,超过 100 mm 的乡镇有 209 个,24 个乡镇超过 250 mm,最大休宁板桥 345.4 mm;江淮之间大部、沿江东部和淮北中部 10～50 mm。16 日降水有所减弱。17—19 日,淮河以南降水再度加强,强降雨区位于大别山区和沿江江南,17 日 8 时—20 日 10 时累计降水量为:沿淮地区 10～50 mm,江淮之间 50～100 mm,大别山区及沿江江南大多超过 100 mm,最大降水量出现在宣城向阳镇,为 265.7 mm。

2　灾情及影响

本次强降雨过程主要集中在沿江江南地区,黄山、池州、宣城、安庆、芜湖、六安、铜陵 7 市共计 38 县发生洪涝灾害,部分山区发生山崩等次生地质灾害。受强降雨影响,长江支流水阳江、新安江等 7 条河流相继发生超警戒水位洪水,4 座大型水库、10 座中型水库、649 座小型水库超汛限水位。农作物、民房等均有较大损失。

据民政厅救灾办统计,截至 6 月 20 日,安徽省 7 市 38 个县(市、区)累计受灾人口 331.28 万人,累计紧急转移安置 16.78 万人,因灾死亡 3 人;农作物受灾面积 184.2 千公顷;倒塌房屋 8166 间,其中倒塌民房 3477 户 7744 间,损坏房屋 3.85 万间;直接经济损失 23.37 亿元,其中农业损失 10.46 亿元。

图1　九华山风景区应急抗灾现场

3　致灾因子分析

　　6月13—15日及17—19日为2011年以来两次较强的降水过程。根据安徽省暴雨强度划分标准,13—15日祁门(188.2 mm)和黟县(183.4 mm)累计雨量达到3级暴雨强度,休宁(270.9 mm)、黄山市(265.4 mm)及歙县(260.2 mm)达5级暴雨强度;17—19日太湖(174.4 mm)、广德(163.8 mm)和肥西(160 mm)达3级暴雨强度,宣城(190.1 mm)达4级暴雨强度。高强度持续的强降雨导致大量农田被淹,暴雨引发的洪涝、山洪、泥石流、山体滑坡等次生灾害导致大量房屋倒塌和损坏。

　　从6月19日的标准化降水(SPI)指数监测显示:江淮之间南部和沿江江南有不同程度的气象雨涝,其中江南有重到特等气象雨涝(图2)。

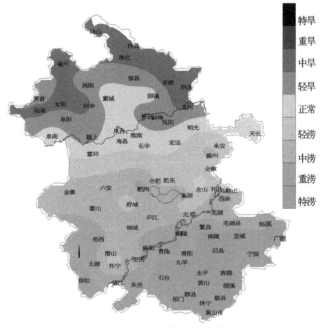

图2　6月19日安徽省SPI指数监测图

4 预报预警

4.1 预报预警准确性

6 月 11 日和 14 日安徽省气象台发布的两次预报分别指出"14—15 日江淮之间南部和江南降水明显"和"17—18 日主雨带北抬,江北部分地区有大雨到暴雨,19 日降水减弱南压",落区预报区域、强度与实况出现区域、强度相符程度均为 100%,提前 4~7 d 正确预报该次天气过程。

4.2 预报预警及时性

6 月 14 日和 17 日安徽省气象台分别发布暴雨蓝色和黄色预警信号,受影响地市有合肥、滁州、六安、马鞍山、巢湖、芜湖、宣城、铜陵、池州、安庆、黄山市,与实况对比受影响的各地市预警发布时间的平均提前量为 1~3 h。

4.3 预报预警发布传播

(1)电视

安徽省公共气象服务中心和相关市气象局除了在电视天气预报中提醒公众注意防范因暴雨引发的内涝、农田积水、山体滑坡、山崩等次生灾害,还及时采取多种播出形式发布雷雨大风、暴雨、雷电等预警信号 216 次,累计播出时长 138 h 以上。各单位发布预警信号主要以滚动字幕、悬挂预警图标、播报等形式发布。

(2)广播

省公共气象服务中心和相关市局采用插播、电话连线、滚动播出等形式通过广播向公众发布雷雨大风、暴雨、雷电等预警信号 170 次。省公共气象服务中心在与安徽交通广播电台联合推出的《出行气象》节目中,每天 5 次以电话直播的方式播报最新天气实况、天气预报预警、全省高速公路路况以及天气对交通的影响等,提醒公众注意出行安全。高频次、有针对性的直播方式,保障了预警的时效性,有效满足了公众的出行需求。

(3)手机

6 月 13—20 日,应急响应区域各地市气象部门通过预警平台及时向防汛责任人发送预报、预警、天气实况等,累计覆盖 990658 人次。省公共服务中心每天通过手机短信平台向影响区域 230 万手机短信定制用户发送暴雨预报、警报、防汛提醒等,累计覆盖用户 1840 万人次,同时针对暴雨、雷雨大风等红色预警区域根据不同的时间、影响区域采取轮循发送和全网发送相结合的方式向公众发送红色预警信号,累计覆盖 243535 人次。此外,每天向移动、联通、电信运营商提供早、晚两次天气信息用于《手机报》等彩信业务。

(4)网络

安徽省级气象部门政务网站——安徽气象网浏览量为 40114 次,逐日浏览量除 13 日和 14 日低于 5 月份日平均浏览量以外,其他时间均高于 5 月份日平均浏览量,15 日浏览量最高,达 6379 次;省气象服务网站——天天气象网浏览量为 3907 次,日浏览量除 19 日低于 5 月份日平均浏览量以外,其他时间均高于 5 月份日平均浏览量,14 日日浏览量最高,达 671 次。

(5)电话

合肥 96121 声讯电话及时更新预报预警信息,增加防范暴雨、雷电等提醒内容。应急响应期间总拨打量为 142562 人次,日均拨打量为 17820 人次,超 5 月份日平均拨打量 81.93%。宣城市气象局通过固话反拨系统向各地质灾害隐患点、病险水库下游、沿河两岸、地势低洼地带、危房等危险地段的群众发布预警信息达 12 万户。

(6)报纸

6 月 13—20 日,《安徽日报》、《新安晚报》、《安徽商报》、《江淮晨报》等省级报纸和《合肥日报》、《合肥晚报》、《巢湖晨报》、《铜陵日报》等地市报纸以专题、新闻图片、头版等不同形式对此次应急响应进行了深入报道。稿件量累计超过 120 篇,对此次过程进行了全方位、多角度的报道,为公众全面了解天气信息、政府决策、灾情信息、科学避险常识等提供重要渠道。

(7)电子显示屏

安徽省气象局相关部门通过应急响应区域 978 块电子显示屏实时发布预报预警信息,发布天气信息所需时间控制在 5 min 之内,有效保障了预警信号发布的及时性和提前量。

(8)乡镇气象信息员

6 月 13—20 日,安徽省公共气象服务中心和应急响应区域有关部门通过手机短信、网络等方式向应急响应区域 1041 名乡镇气象信息员发送及时的预报预警信息,气象信息员预警信息发布覆盖率为 100%,气象信息员在接到预报预警时及时通过电话、手机短信、现场汇报、大喇叭等向乡镇领导和群众提供防汛信息,有效保障了农村等偏远地区气象信息需求和人民生命财产安全。

5　气象服务特点分析

6 月 13 日 10 时,安徽省气象局启动了重大气象灾害应急预案Ⅲ级应急响应命令,要求合肥、滁州、六安、马鞍山、巢湖、芜湖、宣城、铜陵、池州、安庆、黄山市气象局,黄山、九华山气象管理处,省局气象服务工作领导小组成员单位立即进入应急响应状态。当天,受省气象局党组委派,局领导带队防汛气象服务指导组立刻奔赴有关市、县,面对面指导基层气象部门开展防汛气象服务;省气象局召开大别山区和沿江江南强降水新闻通气会,通过新闻媒体发布"安徽南部将再度出现强降雨,山区将出现山洪、泥石流等次生灾害"的消息。

在本次强降水过程中,气象部门通过送达、传真、电话、手机预警短信、现场汇报等方式向安徽省委、省政府及省直有关单位报送天气情况快报、重大气象信息专报等材料以及雨情实况、天气趋势预测等,并提出相应的防范建议。全方位的雨情分析、形式多样的服务产品和服务方式满足了决策部门的气象服务需求。主动、及时的强降雨气象服务得到各级党委、政府及其有关部门的高度重视和迅速响应,有效避免了群死群伤。

安徽省水利厅、安徽省国土资源厅等部门密切注意因暴雨引起的江河水库水位上涨和山洪泥石流等地质灾害,省水利厅先后派出 3 个工作组赴受灾市县指导防汛抗洪工作,省国土资源厅决定自 6 月 14 日起,皖南和大别山区启动《安徽省突发地质灾害应急预案》Ⅲ级响应。6 月 17 日上午,安徽省民政厅根据暴雨造成的灾情状况,决定将 6 月 15 日启动的《安徽省自然灾害救助应急预案》四级响应提升到三级。

6　社会反馈

6.1　决策服务效果

全面、及时的气象服务得到了安徽省各级党和政府领导的充分肯定和高度表扬。6 月 18

日上午,时任省长王三运、副省长余欣荣在省防汛抗旱指挥部检查指导防汛救灾工作,听取了安徽省气象局的情况汇报,充分肯定了气象部门监测、预报、预警等气象服务工作,强调要进一步加强天气监测,密切关注天气变化,及时准确发布预报预警信息,为安全度汛和保障经济社会发展提供保障和支撑。

6 月 14 日,黄山市委、市政府领导一行来到市气象局检查指导防汛工作,对前两次强降水天气过程中积极主动的气象服务给予充分的肯定,要求气象部门不断提高预报准确率,继续拓宽预警信息的发布渠道,以"准确、及时、有效"为汛期气象服务行动准则,为打赢抗洪救灾战役提供科学依据。市委、市政府高度重视气象工作,希望气象部门继续发挥连续作战的作风,高标准、严要求地继续做好关键时期的气象服务工作。

休宁县委书记在 6 月 13 日休宁县气象局呈送的《重要天气信息专报》第 6 期"13—16 日强降水天气预报"材料上作了重要批示。县长等县领导多次来气象局指导防汛气象服务工作,充分肯定县气象部门的气象服务为领导指挥防汛抗灾决策提供了科学有效的保障,使强降水造成的损失降到最低。

6.2　公众评价

为了客观地了解公众对本次暴雨过程气象服务的满意程度和服务需求,以便改进和提高气象服务质量,安徽省公共气象服务中心开展了一次电话访问调查,在这次暴雨过程覆盖的 7 市 38 县的范围内随机选取了 100 名手机气象短信定制用户进行电话访问,主要了解本次气象服务效果以及公众对本次气象服务工作的满意程度,访问成功 92 人。调查数据显示,公众对预警预报气象服务的总体满意度较好,53.3%(49 人)的受访者对本次气象服务比较满意,20.7%(19 人)的受访者选择"非常满意",两项共占受访总人数的 74%(68 人);选择"基本满意"的受访者占 24%(22 人)。在回答"获取预报预警信息的有效方式"这个问题时,选择"电视"的公众最多,有 69 人,占 75%;其次是"手机短信"63 人,占 68.5%。这说明电视和手机仍然是目前安徽省公众接收气象预警预报信息的两大主要渠道。选择"广播"和"报纸"的人数相对较少,分别只有 9 人和 7 人,各占 9.8%和 7.6%。调查还显示,有 94.6%的公众在接收到气象预警信息时会采取相应的应对措施,说明现在气象信息对于公众来说已成为一种不可或缺的信息,公众对此较为关注。

7　思考与启示

7.1　成功经验

(1)组织领导到位,加强部门联动和上下互动

汛前,安徽省气象局就从落实岗位责任、健全工作制度、强化装备保障、优化业务流程、完善部门合作、加强预警发布、加强技术准备等 7 个方面做好汛期自查和准备工作。进入汛期以来,减灾司、中央气象台、国家气候中心在决策气象服务的上下协调、定量降水预报会商、气候预测结论一致性等方面给予安徽省气象局大量的指导和技术支持。局内各业务单位也通过优化业务系统、丰富指导产品等方式加强了对市县气象局的技术指导。此外,省气象台在降雨持续期间每 2 h 将最新雨情及未来 2 h 定量降水预报发送到相关市县气象局,省局公共气象服务中心帮助有关市、县局升级手机短信发布平台,并及时更新各地防汛责任人号码,加强预警发布覆盖面,提升预警发布能力。

与此同时,安徽省气象局积极加强部门联动,每天派出首席预报员参加防汛会商会,提供天气实况及趋势分析,与水利部门共同开展山洪灾害防治非工程性措施建设。省气象台每3 h制作一期专题气象服务材料,将最新雨情及未来3 h预报提供给省防办、国土资源厅和相关地市。根据定量降水预报,省防办已连续发出5期防汛预警,气象、国土部门联合发布地质灾害气象预警8次。汛期前,省气象局还致函20多个省直单位,确认了决策气象服务联系人和联系方式,更新了全省中小水库、地质灾害点防御责任人的信息。与省民政厅继续加强信息共享、应急准备认证、科普宣传和气象信息员队伍建设等工作。

(2)强化科技支撑,提升预测预报准确性和服务针对性

2011年以来,安徽省气象局不断完善"安徽省气象信息共享平台",将欧洲中心细网格(0.25°×0.25°)、日本细网格(0.5°×0.5°)数据以及风云2号D星、E星资料以及本省城市气象要素预报、LAPS+WRF逐3 h降水预报、安徽中尺度数值模式输出产品上传到平台供全省气象部门共享。进一步优化SWAN1.0系统(市县版)的部分功能,将全省6318个地质灾害隐患点详细信息数据嵌入到系统模块中,帮助市县提高预报服务针对性。"市县级预报预警业务平台"汛前在全省推广应用。"综合观测数据应用平台"投入试用,实现了安徽及周边省区自动站和区域站等资料显示检索功能。6月13—14日,黄山市遭遇特大暴雨袭击,市、县气象台通过"气象信息共享平台"随时调用省气象台开发建设的中尺度数值预报产品,大大提高了逐3 h定量降水预报的准确性,受到当地党委政府领导的高度评价。

(3)完善综合信息服务站建设,突出乡镇气象信息员作用

在此次暴雨过程中,乡镇气象信息站在传递气象信息、基层防灾减灾等方面成效显著,乡镇气象信息员发挥重要作用。如6月9日15时,黄山市休宁县溪口镇综合信息服务站信息员王国成的手机收到黄山市气象局发布的暴雨红色预警信号,他立即把这一重要信息向乡镇领导汇报,提醒做好中和村、花桥村、长丰村等地处山坳、临河的村民转移工作,以应对随时可能暴发的山洪和泥石流。当天夜里22—23时,溪口镇两个小时的降水量达47.8 mm,这对地处大山深处的溪口镇来说可谓"泰山压顶",王国成立刻将自动雨量站监测到的雨量信息和最新预报预警信息向坚守一线的镇长王泽报告。6月10日凌晨1时,镇上领导和各村干部迅速组织人力,顶风冒雨、挨家挨户进行劝说动员,现场转移村民。据统计,这次洪灾导致中和村10多间房屋倒塌。正是在王国成及时传递的强降雨信息的预警下,乡镇党委和村干部才得以提前做好部署,安全快速转移所有隐患点居民。

(4)多措并举,有效提高预警信息覆盖面

在这次暴雨气象服务过程中,手机短信、电视、广播、声讯电话、报纸、网站、电子显示屏、乡镇综合信息服务站、乡镇大喇叭等气象服务手段得到了充分利用。手机、电视、广播、电话、报纸、网站等传播渠道为信息较发达地区提供了大量信息;而电子显示屏、乡镇综合信息服务站、乡镇大喇叭等传播媒介则为信息欠发达地区提供了必要的信息保障。各种信息发布手段的交叉运用、相互补充,弥补了单一发布手段的不足,使预警预报信息得到最大限度的传播,有效提高了预警预报的覆盖面。气象部门决定发布预警信息后,除了利用现有手机短信平台对外发布以外,还在第一时间向相关部门和媒体进行通报,利用媒体广泛传播的优势,确保灾害性天气预警信息最大限度覆盖社会公众。

7.2　存在问题

在气象预报和服务的过程中,深刻地认识到一些新情况和新问题,需要加以改进。

(1)预警预报的及时性和准确性仍显不足

许多公众及行业用户在对省气象局的气象服务工作表示满意的同时,也提出了希望提供12～24 h 或更长提前量的预警预报服务的要求;而在这次强降水过程中,由于南涝北旱的情况较严重,北部地区雨水相对较少,一些北部用户对于预报的期望值较高,因此对预报有雨而实际未下表示了不满。

(2)气象服务产品缺乏针对性

在行业用户的反馈意见中发现,部分用户希望气象部门能够及时提供气象要素,特别是一些行业气象敏感要素的实况,比如高速公路运营管理部门希望提供路面积水气象服务产品,关注因暴雨引起的能见度下降,以便有充分的时间和措施来应付可能出现的突发状况。

(3)公众气象预警短信的发送平台和速率仍难以满足全网覆盖的需求,同时缺乏"分层次、分级别、分对象"发送的标准。

在此次服务过程中发现,对于部分表示不需要预警服务的用户如果仍然发送预警短信,或者发送的时间太晚、频率过高极易引起用户反感,从而导致投诉和短信退订,甚至会出现用户要求赔偿经济和精神损失的情况。

(4)存在乡镇综合信息站和气象信息员地区分布不均衡的问题

乡镇综合信息站和气象信息员在暴雨预报预警信息传播和灾情收集上报方面继续发挥着重要作用,但仍存在不平衡问题,在进行基层气象服务工作时人员配置就显得捉襟见肘。

7.3　改进措施

在中国气象局和省委、省政府的统一部署下,安徽省气象局将进一步强化科技支撑,提高灾害性天气预报预警的准确率;加快全省突发事件预警信息发布系统建设,强化气象灾害预警信息传播的时效性和广覆盖;不断推进农村气象灾害防御体系和农业气象服务体系建设,提升安徽省广大农村气象灾害的防御水平。

2011年8月11日新疆喀什地区降水、冰雹、震后天气过程气象服务分析评价

黄　艳　宋晓新　罗　昂

(新疆喀什地区气象台,喀什 844000)

摘　要　新疆喀什地区气象台在 2011 年 8 月 11 日影响 6 县(市)的降水、冰雹天气过程以及地震灾后气象服务中,预报准确、预警及时、服务到位,在第一时间通过手机短信、广播电视、专人送达等方式将预报、预警信息传送到地委、行署、伽师县委、县政府及灾区乡政府、灾民手中。针对此次天气服务过程进行分析和反思,冰雹天气持续时间长、强度强、范围广、频次多是主要致灾原因,但预警信息覆盖率的不足问题也凸显了服务需求与服务手段之间的矛盾。喀什作为新疆最主要的少数民族地区,语言问题一直都是影响预警信息覆盖范围的重要原因之一,此次天气过程中,由于语言、信息员个人信息变更等原因造成气象信息员发挥作用有限,也是造成预警信息传播不畅的主要原因。本文通过探讨改进预警信息发布工作的方式方法,为更好地提升新疆少数民族地区气象信息服务提供参考。

1　概述

受巴尔喀什湖低涡西退南压影响,2011 年 8 月 10 日夜间到 12 日,新疆喀什各地普遍出现微到小量降水天气,其中偏南地区的莎车县达大雨量级,偏东地区的巴楚县毛拉乡达暴雨量级。11 日午后到傍晚,偏北地区的喀什市、伽师、岳普湖、疏勒、疏附及英吉沙县相继出现雷电、冰雹等强对流天气,其中伽师县最大冰雹直径 3.0 cm,喀什市最大冰雹直径 1.5 cm。灾情发生后,伽师县气象局及时组织人员奔赴灾区第一线查看并收集灾情。喀什地区气象局也于次日选派人员到一线进行灾情调查并参加了地委、行署在灾区现场召开的抗灾救灾会议。

2　灾情及影响

这次过程主要影响喀什市、伽师县居民房屋、农业、林果业、蔬菜及畜牧业。喀什市受灾乡镇 4 个,受灾村 8 个,农作物受灾面积 127.9 hm²,成灾面积 49.4 hm²,绝收面积 49.4 hm²,共造成经济损失 23.92 万元。伽师县有 3 个乡 63 个村 10360 户 47720 人受灾;农业受灾 9112.6 hm²,其中棉花 4341.1 hm²,玉米 3531.3 hm²,西瓜、甜瓜 233.2 hm²,蔬菜 63.2 hm²;林果受灾 943.8 hm²;倒塌房屋 35 间,造成危房 1560 间,倒塌损坏围墙 366 m、牲畜棚圈 93 间;受灾牲畜 98841 头只(其中大畜 11392 头,小畜 87449 只),死亡牲畜 37 头只,死亡家禽 126 只;造成直接经济损失 2.81 亿元。共造成喀什地区直接经济损失 2.83 亿元。

3　致灾因子分析

该次过程的主要致灾因子为短时的冰雹天气,持续时间长、强度强、范围广、频次多(1 小

时 2 次)。同时,由于空域申请困难,人工影响天气防雹错失良机。

4　预报预警

4.1　预报预警准确性

此次冰雹天气过程预报落区与实况出现区域相符程度为 100%;冰雹天气过程预报强度与实况强度相符程度为 100%;站点预报准确率的 TS 评分时段为 6 h,其对应的 TS 评分为 33%(全地区预报评分)。

4.2　预报预警及时性

预警发布时间的平均提前量为 0.5~1 h。

4.3　预报预警发布传播

本次天气过程中,喀什地区气象台及巴楚县、伽师县、岳普湖县气象局及时通过手机短信、电话以及电视等渠道传播预报预警信息,其中手机短信为最主要的传播途径,喀什地区只有喀什市和麦盖提县实现了预警信息的电视频道滚动字幕播出。在喀什地区,由于气象部门与三家运营商发布机制不够健全,所以手机短信未能实现全网发布,只和中国移动通信公司喀什地区分公司建立了合作意向,尚未签署合作协议。在此次天气预警信息发布过程中,地区气象台通过新疆气象灾害预警应急信息综合发布平台和部分县气象局的农信通平台进行了发布,但累计发布人数仅为 1140 人,此次天气过程影响人口合计为 443 万人,气象灾害预警信息覆盖率为 2.58%,远远低于中国气象局 82% 的预警信息人口覆盖率。在针对气象信息员的手机短信预警信息发布工作中,此次天气过程累计发布信息人数为 833 人,影响区域气象信息员总数为 1019 人,覆盖率为 82%。通过地区气象台在灾后进行电话随访,发现部分气象信息员或者发生手机号码变更、停机、注销,或者发生信息员转岗离开等都未能及时通知当地气象部门,打通的概率不足 60%,因此,气象信息员在本次天气过程中的作用发挥有限。语言不通的问题也更加突出,以疏附县为例,地区气象台在与气象信息员沟通时,所有信息员都为少数民族同志,因此汉族预报员即使打通电话也因为互相无法理解对方意思而造成效果不明显,后来找来维吾尔族预报员才了解到一些天气过程信息和灾情信息。

5　气象服务特点分析

8 月 11 日上午 10 时起,喀什地区气象台根据天气形势及新一代天气雷达回波演变,及时指导各县及全地区强对流天气预警及人工影响天气作业。11 日 11 时,巴楚县气象局根据地区气象台的指导预报及时发布了冰雹预警;11 日 15 时,伽师县气象局发布雷电、冰雹预警;11 日 19 时,喀什气象台发布雷电、冰雹预警。预警信息及时通过传真发至地区应急办,并以手机短信、邮件等方式对外服务。喀什人工影响天气办公室根据气象台人工影响大气指导预报分别于 8 月 10 日 17 时及 11 日 16 时发布第 55 期、第 56 期人工影响天气作业指导,并以邮件、电话通知的方式对上述各单位进行服务。8 月 11 日 00:07—22:04,喀什新一代天气雷达站根据探测范围内的雷达回波强度、径向速度、液态含水量等产品,先后对岳普湖、伽师、喀什市、英吉沙等县市发布雷达预警应急单 7 期,明确指出上述区域可能出现冰雹、大风等短时强对流天气,并建议上述县市人工影响天气办公室加强防雹减灾人工影响天气作业。

通过对此次天气过程服务产品内容、服务重点、服务方式的梳理和分析,虽然气象部门及时发布了预警信息,但对于地方政府重点关注的冰雹落区以及具体时间,由于气象部门技术力量和当前的技术手段限制仍然无法实现准确预报,所以服务效果大打折扣。同时,综合分析各种服务方式,虽然大部分少数民族信息员无法读懂汉语,但手机预警信息仍旧是最为快捷和方便的发布手段,基本上所有县、乡镇政府收到气象部门发布的预警信息后都通过大喇叭、电话等方式在本行政区域内进行了传播。然而,由于此次冰雹天气过程的强度之强、持续时间之长、冰雹直径之大都属历史罕见,普通百姓没有任何有效的应对手段,且由于人工影响天气作业空域未能及时获批、无固定人工影响天气作业点和人工影响天气作业队伍数量的局限,人工影响天气作业未能有效防御冰雹对农业造成的巨大灾害。

6　社会反馈

喀什地区地委、行署以及伽师县委、政府领导以及其他相关部门对于此次天气过程的气象服务较为满意,但由于天气过程强度以及人工影响天气作业的时效性和覆盖率问题造成农业生产的严重损失使得服务效果大打折扣。

7　思考与启示

7.1　成功经验

喀什地区新一代天气雷达站要求值班人员在回波强度超过 30 dBZ 的时候必须向影响区域以及地区气象台发布雷达回波预警单并通过电话向相关单位和领导进行通知。此次天气过程中,雷达站值班人员密切监视回波发展并及时通知了气象台和相关单位,气象台及时组织首席预报员(含预报员)进行区地、地县会商,并发布了指导预报以及预警信息,人工影响天气部门也根据气象台的人工影响天气指导预报进行了作业准备。虽然此次天气过程造成的损失极大,但从气象部门内部来说,不失为一次多单位联合合作的成功范例。纵观冰雹云的移动路径和发展过程,如果在其初期发展过程中在天气上游开展作业,同时在天气移动过程中经过各地进行联合作业,作业效果要远大于伽师县一个气象局的作业效果。

7.2　存在问题

气象站点稀疏使得短时强对流天气的落区和时间预报准确率低,无法满足防灾减灾的要求;人工影响天气作业的区域联防作业体系尚未形成,尤其是天气过程上游地区如果能在冰雹云形成过程中及时开展作业,作业效果就会显著得多;同时,预警信息发布覆盖范围不足、气象信息员作用发挥有限等都是影响天气过程服务效果的最主要原因。尤其是喀什作为新疆最主要的少数民族地区,少数民族人口占94%,农村少数民族同志大部分听不懂汉语,更不要说读懂汉字,所以即使手机短信预警信息实现天气过程影响区域的全覆盖,仍然不能解决根本问题。而由于维稳工作要求,电子显示屏、农村大喇叭等发布各类信息需要严格的审批程序,因此,研发针对少数民族语言的气象预警信息发布系统是新疆气象局亟待完成的一项工作。

7.3　改进措施

在冰雹易发区域规划站点,同时引进并本地化内地短时强对流天气过程预报系统,逐步提高短时强对流天气预报准确率;建立人工影响天气作业的区域联防作业机制。

2011 年 9 月 4—19 日河南省
连阴雨天气过程气象服务分析评价

赵卢霞

（河南省气象局，郑州 450003）

摘　要　2011 年 9 月 4 日 5 时—19 日 5 时，河南省大部出现连阴雨天气，累计降水量全省平均为 155 mm，比常年同期偏多约 2.5 倍，为 1951 年以来同期最多值。针对此次天气过程，河南省气象局反应敏锐，工作超前，气象预报提前量大，预报区域准确，降水开始和结束预报准确，对于降水强度和强降水落区把握较好，并指导市局及时向当地政府汇报此次连阴雨过程对农业生产的影响及对策建议，得到了社会的广泛好评；在强降水集中时段前及时发布暴雨预警信号，收到较好的服务效果。

1　概述

　　受高空低槽和中低层切变线的共同影响，河南省出现持续阴雨天气。2011 年 9 月 4 日 5 时—19 日 5 时，全省大部出现连阴雨天气，累计降水量全省平均为 155 mm，比常年同期偏多约 2.5 倍，为 1951 年以来同期最多值。其中，三门峡、洛阳、济源、平顶山、郑州、焦作 6 地市的平均雨量超过 200 mm，较常年同期偏多 4～6 倍。全省有 109 个乡镇累计降水超过 300 mm，其中 4 个乡镇累计降水超过 400 mm，最大降水 478 mm 位于陕县宫前，其次为宜阳木柴 416 mm、宜阳花果山 414 mm、宜阳 402 mm。2011 年 9 月 4—19 日，全省平均气温为 19.0℃，比常年同期偏低 2.8℃，为 1961 年以来同期最低值。

2　灾情及影响

　　9 月 4—19 日，河南省大部出现的持续降雨过程形成了较大洪涝灾害。灾害涉及郑州、开封、焦作、平顶山、新乡、洛阳、许昌、三门峡、漯河、濮阳、南阳、商丘市部分县（市）以及济源市的部分地区。位于九朝古都河南省洛阳市的世界文化遗产龙门石窟景区受连日降雨以及上游泄洪、伊河河水上涨影响，14 日 12 时起被迫关闭所有景点，暂停向中外游客开放，原定 9 月 18 日在洛阳举办的河洛文化节世界风情巡游表演也被迫取消。18 日晚，强降水导致陇海铁路下行线观音堂车站—庙沟车站间因水害塌方中断行车，造成部分旅客列车晚点、滞留。20 日凌晨 3 时左右，连（云港）霍（尔果斯）高速公路河南新安县境内一处上跨天桥因山体滑坡坍塌，致使连霍高速公路新安站至义马站间双向断行，大批车辆滞留。事故未造成人员伤亡和车辆损毁。由于长时间连阴雨天气，气温偏低，光照明显不足，对夏玉米、水稻的灌浆乳熟、棉花的裂铃吐絮、大豆的结荚鼓粒等都有不利影响。加上部分地区短时出现大到暴雨，致使部分农作物受灾，一些房屋（窑洞）倒损，部分受灾群众被紧急转移安置。

　　截至 9 月 21 日，持续连阴雨已造成河南省因灾死亡 11 人（洛阳市 8 人、郑州市 2 人、济源

图 1　2011 年 9 月 4 日 05 时—2011 年 9 月 19 日 05 时河南省降水量图(单位:mm)

市 1 人)、347.15 万人受灾、28225 人被紧急转移安置;农作物受灾面积 333.78 千公顷、成灾面积 166.76 千公顷、绝收 10.65 千公顷;倒塌房屋 15564 间,其中倒塌居民房屋 14225 间,5795户。灾害造成直接经济损失 20.25 亿元,其中主要受灾地市为:洛阳市 2.2 亿元、济源市 1.1亿元、郑州市 1317.9 万元、三门峡 64671.7 万元。

3　致灾因子分析

造成此次连阴雨的主要原因是河南省大部受高空低槽、中低层切变线和地面华北持续扩散南下冷空气的共同影响,副热带高压稳定少动,位于副热带高压外围的西南暖湿气流中心水汽充足,加上西风带冷空气活动频繁,冷暖空气在河南省交汇,形成持续降水。此次连阴雨天气过程降雨强度虽然较为平缓,但其具有发生时气温低、蒸发量小、持续时间长、累积雨量大、入渗强度大等特点,致使土壤含水量过饱和,导致秋作物渍害、房屋和公路坍塌、山体滑坡、煤矿采空区塌陷等各种灾害发生。对农业的影响有:连续的低温阴雨造成地表土质松软,玉米倒伏;光照不足,光合产物少,影响产量;温度偏低,积温减少,推迟收获期;降水偏多,湿度过大,导致作物早衰,影响品质。

4　预报预警

此次连阴雨期间,全省各级气象部门发布灾害性预警信息 95 次,其中暴雨预警 37 次(暴雨蓝色 28 次、暴雨黄色 5 次、暴雨橙色 4 次)、大风蓝色预警 11 次、大雾预警 32 次(大雾黄色 18 次、大雾橙色 10 次、大雾红色 4 次)、雷电预警 15 次(雷电黄色 4 次、雷电橙色 11 次),共有 2400 万次手机用户收到了气象短信预警信息。9 月 4—19 日,通过传真和邮件等方式向新闻频道、新农村频道、都市频道发送省气象台及郑州市气象台制作的预警信号 10 次,其中暴雨蓝色预警 5 次、大风蓝色预警 2 次、雷电黄色预警 1 次、大雾黄色预警 2 次。

5　气象服务特点分析

针对河南省出现的罕见连阴雨天气过程,河南省气象台密切跟踪关注,除在每天的常规预报中进行正确的预报和及时服务外,还发布了多期重要服务材料。

根据系统演变和实时监测,河南省气象台分别于 9 月 5 日、8 日、13 日、14 日、15 日先后发布了 6 次暴雨预警信号,15 日发布雷电预警信号,17 日发布大风预警信号。上述预警信号均及时报送至省委、省人大、省政府、省政协、省委农办、省政府应急办、省防汛抗旱指挥部办公室、省发改委、省农业厅、国土资源厅、省民政厅、省林业厅、省安监局,发至各省辖市气象局、气象台、各新闻媒体以及河南移动短信客户服务中心等相关单位和个人。

连阴雨期间,洛阳、济源、郑州、三门峡、开封、新乡、平顶山等各级气象部门密切关注此次天气过程。各地市气象局发布连续预报,每天各地市气象部门都向市委、市政府及防汛部门进行雨量预报服务,发布《重要天气预报》1 期、《重要气象信息》3 期。省气象台发送暴雨预警 4 次,地市气象台发送暴雨预警 37 次,向各市委、市政府、国土局、防汛办报送并发布决策服务短信 1031 万条,提醒注意雨情,防范地质灾害发生,并在对农业生产的影响分析、农事建议等几个方面进行了服务。

6　社会反馈

对于此次连阴雨天气过程,河南省天气预报提前量大,预报区域准确,降水开始和结束预报准确,对于降水强度和强降水落区把握较好,得到了社会的广泛好评;在强降水集中时段前及时发布暴雨预警信号,收到了较好的服务效果。

6.1　决策服务效果

此次过程期间,气象决策服务材料成为领导坐镇指挥、安排部署工作的第一手资料和决策依据。9 月 13 日上午,时任省委书记、省人大常委会主任卢展工在全省防汛抗旱座谈会上,在听取省气象局孙景兰副局长汇报后,对气象服务工作给予了充分肯定,并根据省气象局的预报意见和生产建议对防汛工作进行了安排部署;在 9 月 13 日的“三秋”工作会议上,省气象局决策服务材料部分内容被时任副省长刘满仓在讲话时引用;省防汛抗旱办公室工作简报刊登:根据省气象局预报,在做好防汛的同时,进行水库科学蓄水;黄河水利委员会防汛办也专程打来电话对黄河流域气象中心此次连阴雨的气象服务工作表示感谢,表示气象服务为黄河防汛指挥和水库蓄水、调度提供了有力的依据;在对“2011 年全国农产品加工业投资贸易洽谈会”开幕和配合会期的大型文艺演出保障上,根据河南省气象局的预报和建议,大会组委会准备了雨具,文艺演出由7日下午改为9日下午,取得了很好的社会效益;各市、县气象局领导及时向当地政府汇报此次连阴雨过程对农业生产的影响及对策建议,并通过各种媒体发布农业生产指导意见,受到各级党委政府和广大群众的欢迎;三门峡市气象局及时为陇海铁路陕县观音堂段铁路现场抢险、洛阳市气象局及时为连霍高速公路新安段现场抢修提供气象服务,受到了有关部门和当地政府的称赞。

9月22日,在许昌市政府第七次全体会议上,市长张国晖在讲话中对气象部门连阴雨过程服务工作给予充分肯定,赞誉气象服务主动、及时、到位。

6.2 公众评价

强降水发生后,预报服务人员严密监视雨情和天气形势演变,第一时间对外发布暴雨蓝色预警信号,建议有关部门和单位按照职责落实连阴雨保障措施,防范山洪、泥石流和滑坡等地质灾害。根据气象预警预报,地方政府紧急转移人员,气象预警为灾民转移赢得了宝贵时间。并充分利用电视、广播、手机短信、"12121"、门户网站、农业气象信息专业网站等向市民宣传,让人民群众提前了解天气演变趋势和对农业生产的影响;利用语音大喇叭和多功能气象信息显示屏等新的传播手段将预警信息具体覆盖至乡村、社区、煤矿等范围,提醒提前做好防范准备,同时向市应急办报告,为政府决策提供科学的依据,为科学安排农业生产、防灾抗灾提供针对性的气象保障服务。各级气象部门主动与灾情影响较重区域的气象信息员联系,指导信息员积极采取有效防御措施,气象信息员主动询问天气情况;当接到信息员的灾情反馈后,市县气象局积极组织人员现场调查,气象服务取得了很好的效果,得到了公众的好评。

6.3 媒体评价

面对较为严峻的形势,河南省气象局把正确引导社会舆论、树立气象部门的良好形象作为重中之重,站在客观公正的立场上,充分利用报纸、广播、电视台、网络等媒体,大力宣传防灾减灾的注意措施。多家媒体分别对气象信息和服务的成绩进行了报道,并就气象部门的积极应对措施给予积极评价。

7 思考与启示

7.1 成功经验

为做好本次连阴雨过程预报服务工作,全省各级气象部门领导靠前指挥,坚守预报服务第一线,业务人员坚守岗位,上下互动,加强联防,形成合力,全力以赴开展气象服务工作。针对本次过程预报服务,主要有以下几点体会:

(1)准确预报,及时服务

一是及早预报。河南省气象台于9月5日10时发布了题为"9日前我省多阴雨天气"的《重要天气预报》,做到了预报提前量大;二是预报准确。此次连阴雨过程,预报区域准确,对于降水强度和强降水落区把握较好,特别是19日7时省气象台发布题为"我省连阴雨天气今日结束"的《重要气象信息》,对连阴雨结束日期预报准确,为各级政府制定防灾减灾决策提供了较好的依据,体现了预报员较为过硬的预报技术水平和能力;三是随时制作滚动预报。省气象台密切监视天气变化,随时制作发布滚动预报;四是服务及时。《重要天气预报》《重要气象信息》制作后,马上派专人报送省委、省政府、省应急办、省防汛抗旱指挥部办公室,传真发送省防汛抗旱指挥部各成员单位,并随时通过手机短信向决策用户发送滚动预报和雨量。省气象局领导多次向省政府领导汇报雨情和天气预报。全省各级气象部门均及时为当地党委、政府及有关部门进行了服务。

(2)领导重视,靠前指挥

从本次过程开始,省气象局局长王建国就亲自指导做好预报服务工作,孙景兰、林勇副局长一直在一线指挥预报服务工作,每天亲自向省委、省政府领导汇报当前雨情及未来天气趋势,多次对天气过程监测预报、气象灾情收集、预警信息发布、上下联防联动等工作进行强调部署,要求各单位要充分发挥防汛服务"侦察兵"和"参谋部"的作用,扎实做好此次强降水的气象服务工作。

(3)全省动员,积极应对

省气象局应急与减灾处于 9 月 10 日下发了《关于做好本次强降水天气过程预报服务工作的通知》,要求各单位高度重视并切实做好此次强降水过程的预报服务工作;9 月 13 日、19 日又两次下发通知,要求各市、县气象局领导及时向当地政府汇报此次连阴雨过程对农业生产的影响及对策建议。全省各级气象部门干部职工充分发扬不怕疲劳、连续作战的优良作风,克服困难,领导干部靠前指挥,业务人员坚守汛期预报服务第一线,上下互动,形成合力,全力以赴为防御这次强降水过程提供了优质气象服务工作。全省各级政府和有关部门根据气象部门的预报预警,提前采取应对和防范措施。

(4)发布预警,广泛传播

本次天气过程,全省各级气象台站均提前发布天气预报,及时发布预警,并通过手机短信、报纸、广播、电视、互联网等进行了传播。农村气象灾害防御体系建设见成效,气象信息员发挥了重要作用,根据气象部门发布的预警信号和防御指南,气象信息员及时将预警信息进行广泛传播,各级政府及时组织群众转移安置,有效地减轻和避免了更大的人员伤亡和财产损失。

(5)加强合作,提高效率

河南省气象局深入贯彻落实民政部与中国气象局关于加强防灾减灾工作合作备忘录的精神,与省民政厅联合下发文件,开展防灾减灾工作。在这次连阴雨气象服务过程中与民政厅救灾处通力合作,双方互通信息,大大提高了河南省灾情收集、上报效率和重大突发事件上报效率。

(6)制作通稿,广泛宣传

9 月 13 日,省气象局针对此次持续连阴雨天气对农业生产的影响,制作了新闻通稿,被多家媒体转载报道,引起了社会各界的广泛关注,对农业生产起到了较好的指导作用。

7.2 存在问题

(1)短期气候预测的准确率较低,气象预报水平还有待进一步提高。

(2)定量、定点预报精度仍然不足,还缺乏有效的技术支撑,这次过程中短期预报较为准确,但中短期、短时降水的定时、定点、定量预报准确率还有待进一步提高。

(3)服务能力与需求相比仍有差距,气象部门的服务能力离社会的整体需求还有一段距离。主要表现在对重大灾害性天气的全程无缝隙跟踪、应对气候变化、突发公共事件应急保障的决策气象服务与政府及有关部门的需求有差距;灾害天气的预报预警、气象服务覆盖面、精细化水平与公众的需求有差距;专业气象服务的领域范围、服务针对性、产品科技含量与社会各行业和用户的需求有差距。

(4)全民参与气象灾害防御的意识和力度有待进一步加强,特别是偏远山区的群众灾害风险意识不强,缺乏基本的防御避灾常识。

7.3 改进措施

(1)继续加强预报业务能力建设,提高预报准确率和精细化程度。

(2)进一步面向气象服务需求,有针对性地提供预报服务产品,使气象服务更加贴近用户。

(3)进一步拓展气象预警信息发布渠道,扩大气象预警信息的覆盖面,推进基层气象灾害防御体系建设,提高群众防灾避险能力。

2011 年 9 月 19—21 日赣北
寒露风天气过程气象服务分析评价

毕　晨[1]　詹华斌[1]　周　芳[2]　郭瑞鸽[2]　胡菊芳[3]

(1 江西省气象服务中心；2 江西省气象台；3 江西省气候中心，南昌 330046)

摘　要　2011 年 9 月 17 日傍晚至 20 日，江西迎来一次冷空气大风、降温天气过程，而全省双季晚稻大部分正处于抽穗扬花期，如逢低温天气可能无法正常开花授粉从而引起减产，即出现"寒露风"灾害。对此，江西省气象台高度重视，9 月 14 日制作发布晚稻寒露风灾害警报，对寒露风灾害可能出现的区域、灾害程度等做出预测，并针对灾前、灾后分别提出应对措施建议，通过网络、传真等广泛发布，指导全省农民提前做好灾害防御。9 月 15 日再次编发"19—21 日我省北部将出现'寒露风'"专题气象呈阅件，报送省委、省政府、省农业厅等相关部门，开展决策气象服务。

1　概述

受北方冷空气影响，2011 年 9 月 17 日晚开始，江西气温持续下降，至 20 日降至最低，全省日平均气温仅 17.5℃，最低气温赣北、赣中 14～16℃、赣南 16～17℃；20 日之后低温天气持续，至 26 日平均气温徘徊在 19～22℃之间。根据气象行业标准《寒露风等级》中的灾害指标，19 日赣西北即达轻度寒露风标准，随着低温天气持续，21 日全省大部达中度灾害指标，23—25日局部达重度指标。据农业气象灾害监测，全省先后有 3 县市出现轻度寒露风，75 县市为中度、9 县市达重度寒露风。双季晚稻抽穗扬花期对温度十分敏感，遇低温可导致不能正常开花授粉，造成空壳率增加、产量下降，低温强度越大、持续时间越长则危害越重。根据《晚稻秋季低温冷害警报》中的指标，江西省的寒露风影响主要时段为 9 月 11—30 日，此次冷空气影响期间，江西省部分迟熟品种的二晚正处抽穗扬花期。此次江西北部的寒露风过程出现的时间与常年相比正常，部分迟熟品种受寒露风影响较明显。

2　灾情及影响

寒露风灾害主要是对江西省农业产生影响，主要影响期是双季晚稻抽穗扬花期。此次寒露风过程，主要影响赣北地区，影响时间为 9 月 19—21 日，20 日江西省日平均气温降至最低，22—26 日冷空气南压减弱，日平均气温稍有上升，26 日寒露风影响基本结束。江西省各地采取了预防措施，总体来说，影响不是很大。据各地市上报的灾情来看，只有广昌县 12 个乡镇出现寒露风，局部出现灾情，晚稻受灾 333 公顷，直接经济损失 50 万元。据了解，南丰、南康二晚迟熟品种减产 1%～3%，婺源局部播种较迟的二晚减产可能达 20%；但寒露风对已经齐穗的晚稻影响不大。

3　致灾因子分析

冷空气带来的大风降温是主要的致灾因子。

4 预报预警

4.1 预警发布情况

2011年9月17日21:30发布大风蓝色预警信号:预计今晚到明天受北方冷空气影响,江西省自北向南偏北风力加大到4~5级,江湖水面和平原河谷地区阵风可达7~8级,请加强防范。省气象局通过短信平台向领导决策人员、重点用户、寒露风受灾地市公众、气象信息员等发布短信11条,共计170余万人次,在江西省卫视、省交通广播电台、人民广播电台等媒体插播滚动字幕30余次,并实时在"12121"更新预警内容。

9月18日16:45继续发布大风蓝色预警信号:预计今晚到明天受北方冷空气影响,江西省偏北风力仍有4~5级,江湖水面和平原河谷地区阵风7级,请加强防范。省气象局通过短信平台向领导决策人员、重点用户、寒露风受灾地市公众、气象信息员等发布短信11条,共计170余万人次,在江西省卫视、省交通广播电台、人民广播电台等媒体插播滚动字幕30余次,并实时在12121更新预警内容。预警信息与实况完全吻合,受灾区域公众在寒露风到来之前就收到了信息,并提前预知寒露风可能对农业产生的影响,积极采取各种措施,大大减少了各种损失。

4.2 预报服务情况

(1)短期气候趋势预测

早在8月30日短期气候预测中就首次提出"预计,今年轻度寒露风初日全省略偏晚,北部出现在9月下旬中期,南部出现在10月上旬前期。重度寒露风初日全省略偏晚,北部出现在10月上旬末至中旬初,南部出现在10月中旬末至下旬初",提前预报出此次过程的大致时间范围,为公众防灾减灾争取了大量的时间。

(2)中期预报

早在9月10日旬报中就明确提出"17—19日受冷空气南下影响,江西省有一次明显的大风、降温天气过程,北部将出现寒露风(即晚稻秋季低温冷害)天气",并在向省委、省政府提供的决策服务材料中给予了有针对性的建议。此外,城镇与森林火险气象等级将升高,请有关部门注意加强防火工作。到了9月12日,指导预报中提到"17—20日受地面冷空气南下影响,全省有一次大风、降温天气过程,局部地区有弱降水;19日以后赣北可能出现寒露风",将寒露风出现的时间更加明确。13日的指导预报提出"过程降温8~10℃",首次提到了过程降温情况。

14日制作发布晚稻寒露风灾害警报,对寒露风灾害可能出现的区域、灾害程度等做出预测,并针对灾前、灾后分别提出应对措施建议,并通过网络、传真、手机短信等方式为江西省粮油局、农民专业合作社及广大农民朋友提供气象服务,指导全省农民朋友提前做好灾害防御。省粮油局根据省气象局编发的气象服务产品于9月15日下发了"关于加强寒露风防范工作的紧急通知",通知要求各地各设区市农业果业局要高度重视寒露风防范工作,切实加强监测预警和灾情调度,及时落实防范措施,切实加强防范工作的组织领导。

15日省气象台又专题编发气象呈阅件《19—21日我省北部将出现"寒露风"》,其中提出"受地面冷空气南下影响,预计17日晚—20日我省自北向南有一次大风、降温天气过程,局部地区有弱降水,过程降温8~10℃,江湖水面及平原河谷地区阵风可达7~8级;冷空气过后日最低气温赣北、赣中可降至 16～18℃，局部山区 15℃左右；赣南 19～21℃；19 日以后我省北部可出现 3 天左右寒露风天气（即晚稻秋季低温冷害），局部可达中度寒露风，请有关部门注意采取防范措施"。

（3）短时临近预报

短时临近预报密切监测，17—18 日电话通报当地气象部门 16 次，发布雷电预警 1 次，及时准确地将监测信息发布出去。

5　气象服务特点分析

江西省气象台早在 8 月 30 号开始就在决策服务材料中提到 9 月下旬中的冷空气过程对双季晚稻的可能影响。9 月 7 日，省粮油作物局下发通知"关于进一步抓好当前晚稻田间管理的指导意见"中提到：防好寒露风是当前晚稻防灾减灾工作的重中之重。要求各地农业部门要加强与气象部门联系，密切关注冷空气发展动态，准确预测寒露风的发生区域和影响程度，及时发布预警信息，适时启动应急预案。

江西省气象部门通过拓宽、健全预警发布渠道，以及随着江西省乡村气象服务平台的专项建设顺利开展，提升了为农服务的意识和理念，江西省气象服务中心在 9 月 16 日就将此次冷空气过程于江西卫视频道的《天气预报》中播报，对"寒露风"天气进行了重点提示。并于 9 月 17 日对江西国营恒湖垦殖场、南昌五星垦殖场等重点用户发布了关于此次冷空气过程的专题预报材料，提醒其重点防范 19—21 日"寒露风"天气带来的不利影响，及时采取防范措施。水陆交通、高空作业、在建工程以及户外广告牌、临时搭建物等应注意防范大风的不利影响。明确了寒露风的影响地区及可能出现的寒露风强度，加强了气象服务的针对性，农气专家给予建议，合理分配了防灾减灾资源，并通过《江西日报》、江西卫视等多家媒体向社会发布。同一天，省气象台的农业气象专家接受新华社采访，向社会大众讲解了寒露风的行业标准，对这次寒露风可能造成的影响进行预测，并向农民朋友们提出了切实可行的防御措施；通过手机气象短信以预警的形式将冷空气过程和"寒露风"消息向社会公众发布，受灾区域公众在寒露风到来之前就收到了信息，并提前预知寒露风可能对农业产生的影响，积极采取措施通过抽水保温、田间打药等方法加强晚稻管理，减轻"寒露风"带来的不利影响。

6　社会反馈

6.1　决策服务效果

9 月 16 日，江西省副省长姚木根在省气象局上报的《气象呈阅件》上批示：近两天持续高温，17 日后又大幅降温，请气象部门加强监测预报，农业部门做好防强降温、局部寒露风的准备，确保晚稻丰收，确保人民群众生命财产安全。

省粮油局根据省气象局编发的气象服务产品于 9 月 15 日下发了"关于加强寒露风防范工作的紧急通知"，通知要求各地各区市农业果业局要高度重视寒露风防范工作，切实加强监测预警和灾情调度，及时落实防范措施，切实加强防范工作的组织领导。

6.2　公众和媒体反馈

9 月初正是江西处在"高温"天气的时段，省气象台 14 日还发布了高温黄色预警信号，预计 14—16 日江西省大部分的最高气温仍达 35℃，局部 36℃，提醒人们注意防暑降温。但由于受北方南下强冷空气的影响,气温急转直下,在19—21日期间,江西北部将出现"寒露风"天气,这对近期正处于抽穗扬花期的晚稻会产生不利影响,局部农田将受到严重损失。江西省委、省政府高度重视,大量媒体非常关注此次寒露风灾害性天气过程,省气象局精确地预报并及时发布灾害预警信号、新闻通稿、气象呈阅件等,为防御此次低温冷害赢得了宝贵的时间,同时新华社、中新社、江西卫视、《江西日报》等多家媒体发稿,及时、准确的预报和针对性强、操作方便快捷的防御措施,使江西正处孕穗末期至抽穗期的晚稻田块大大减轻了寒露风带来的影响和损失,为2011年江西粮食稳产高产提供了气象保障,得到了领导、重点用户及公众的肯定及表扬。

7 思考与启示

7.1 成功经验

(1)早预测,早报告,为省委、省政府早决策、早应对、早部署提供科学依据

本次的寒露风天气由于预报时间早,为及早服务奠定了基础,为防灾减灾起到了关键作用,为各相关部门早应对、早部署赢得了时间,尤其为农业部门对于下级的调度决策从而最大限度合理分配防灾减灾资源起到至关重要的作用。加强对政府、联动部门的信息服务,重点是加强决策服务和受影响联动部门的气象服务。

(2)全方位开展防灾减灾气象服务

一是加强防灾减灾决策气象服务。全省气象部门切实加强对寒露风的监测、分析评估及预报预警工作,努力提升精细化气象预报水平,积极主动为省委、省政府及有关部门提供寒露风抗灾决策气象服务材料。二是加强气象为农服务,积极发布农业生产预报服务产品,指导采取措施通过抽水保温、田间打药等方法加强晚稻管理。三是建立了覆盖面广、传播速度快的公众天气预报预警服务体系。充分利用电视、广播、手机短信、报纸、12121电话和网站等媒体向公众传播气象预报预警信息,使社会公众从容科学应对寒露风灾害。

(3)部门应急联动响应迅速撑起防灾减灾保护伞

此前,江西省气象局已经在部门联动实践上开展了相关工作:与国土部门合作,发布地质灾害气象等级预报和预警;与水文部门合作,发布强降水预报预测,使其能够从容应对洪涝灾害,最大限度地利用水资源;2011年还与防汛抗旱指挥中心联合应对春夏连旱以及旱涝急转等灾害性过程;2011年江西省气象部门主动与农业部门合作,江西省乡村气象服务平台的专项建设顺利开展,通过拓宽、健全预警发布渠道,向农民朋友们提出了切实可行的防御措施。并在全省所有广播电视频道建立起气象预警信息插播机制,各通信运营商开通气象预警信息绿色发布通道。

7.2 存在问题

(1)虽然气象灾害监测预报预警信息发布渠道和手段基本能满足社会公众的需求,但是预警信息的覆盖面还不够广。由于通信条件的限制,突发性气象灾害信息不能及时到达偏远山区,偏远农村预警信息发布"最后一公里"的瓶颈问题亟待改善。由于偏远乡镇基本无天气信息显示系统,每天只能定时定点地获取县市台站的预报,而突发性的局地恶劣气象环境对开展气象服务带来很大困难。目前的气象服务质量距深层次、宽领域、多样化的社会需求,尚有差距。公共气象服务链条还要再向防灾减灾领域延伸,服务产品还应深化细化。

(2)现行的应急体制条块分割比较明显,危机管理职能由不同的政府部门承担,相互之间的整体联动比较积极,但是个别机制仍不够健全。在突发性灾害面前,部分部门因业务界面和时间仓促等原因,未能全面支持气象信息的发布,建立健全的各类突发公共事件信息传输速度和效率管理机制尤为必要。特别是面对复合性风险的时候,部分经济运行实体部门往往忽视灾害性天气的预报,结果错过了采取预防措施的最佳时机。所以气象服务需要多方面的大力支持,在政府主导下,充分利用社会资源加强气象信息的传播,依靠科技,群专并举,多管齐下,实现气象信息发布的快速性、准确性、权威性、广泛性和强制性。

7.3　改进措施

(1)要进行区别对待,正确评估寒露风对不同行业的影响,结合各行业实际情况,制定客观、科学的服务标准;主动加强与相关部门沟通,完善联动机制;同时强化气象部门内部的联防和联动机制。建立跨行业、跨部门的灾害监测和信息共享体系。加强涉灾部门间合作交流与信息共享,提高对自然灾害的综合监测预警能力和应急响应能力,最大限度地降低灾害可能造成的损失。

(2)加强预警信息分发能力,继续增加偏远乡镇的信息获取方式,加强与信息传播部门的合作,优势互补,进一步提高气象产品的综合水平。加大投入,围绕公众需求,增强服务手段的现代化,气象服务应突出公众性,在大力加强决策服务、公众服务的基础上,研发更多的气象服务产品,使气象服务惠及广大民众及各行各业,才能使气象服务步入持续发展的健康轨道。改变传统服务方式,拓展气象服务新领域,扩大气象信息发布范围。应当积极与媒体协商,增加更多的气象信息量,努力让公众及各行各业及时有效地获取预警信息,提升全省气象防灾减灾能力。

2012 年 5 月 10—11 日甘肃省岷县
特大冰雹、山洪、泥石流灾害过程气象服务分析评价

吕明辉　叶　晨　姚秀萍　邵俊年

(中国气象局公共气象服务中心,北京 100081)

摘　要　2012 年 5 月 10—11 日,甘肃省部分地方出现冰雹、暴雨天气,定西、临夏、庆阳、陇南、甘南、酒泉、天水 7 个市(州)先后因强降雨引发洪涝、冰雹灾害。截至 5 月 16 日 20 时,此次灾害共造成 7 个市(州)的 20 县(市、区)、79 个乡(镇)、109 个村、53.86 万人受灾,因灾死亡 54 人,失踪 17 人,受伤 114 人,直接经济损失 71.09 亿元。其中受灾最严重的地区为定西市岷县。

甘肃省各级气象部门均提前预报出此次天气过程并及时发布预警信息(定西市气象局与中心台分别提前 5 d 与 2 d 预报出此次强降水过程,分别提前 3 h 与 2 h 发布冰雹橙色及雷电黄色预警信号)。同时针对此次冰雹山洪泥石流灾害,气象部门第一时间通过手机短信、气象微博、电视频道、电子显示屏、网络等多种手段发布天气预警信号。

在此次天气过程中,政府主导部门联动机制的落实、具有地方特色的灾害监测预警系统的应用以及气象信息员和协理员作用的较好发挥是甘肃省各级气象部门在应急管理和气象服务工作中所表现出的特点,这些特点成为此次防灾减灾工作的有效推动力,最大程度避免了群死群伤事件的发生。

针对此次灾害过程中防灾减灾的表现,本报告提出如下建议:建议气象部门进一步完善山区气象观测系统以及农村气象灾害防御预警发布系统的建设;结合受灾地区实际情况,积极探索实用有效的气象预警信息传播方式;进一步推动气象信息员队伍建设,完善信息员管理制度,通过部门联动,完善与民政、国土、水利部门的信息员、救灾员等共享机制;积极推动灾害应急演练的成功开展,尽量减少灾害造成的生命财产损失。

1　概述

2012 年 5 月 10—11 日,受高原低涡天气和强对流天气的影响,甘肃省部分地方出现冰雹、暴雨天气,定西、临夏、庆阳、陇南、甘南、酒泉、天水七个市(州)先后因强降雨引发洪涝、冰雹灾害。此次灾害呈现历时短、强度大、突发性强、局地特征明显、多灾种并发等特点。其中定西、陇南、甘南、天水、平凉、庆阳、临夏等市(州)出现中到大雨,定西、陇南、甘南三市(州)局部地方出现暴雨。最大雨量出现在甘南州临潭县八角(71.1 mm),定西市岷县麻子川乡(69.2 mm),陇南市康县康南林场(65.7 mm)、阳坝(54.2 mm)、两河(53.1 mm)、三河(52.1 mm),陇南市文县中庙(52 mm)。

甘肃省定西市是受灾最严重的地区。5 月 10 日傍晚前后,定西市部分地区出现短时强降雨,并伴有短时强对流天气,造成岷县、漳县、渭源三个县 22 个乡镇遭受风雹洪涝灾害,其中受灾最严重的岷县境内 10 日 17 时开始自西向东出现雷电,并伴有冰雹和局地短时强降水(见表 1),最强降雨出现在麻子川,18—19 时降雨量达 42 mm。

灾害发生后,国家减灾委、民政部紧急启动国家Ⅳ级救灾应急响应,并于 5 月 11 日 17 时,

将此前启动的国家Ⅳ级救灾应急响应紧急提升至Ⅲ级；甘肃省减灾委、民政厅紧急启动自然灾害应急救助Ⅱ级响应；定西市气象局启动暴雨气象灾害Ⅲ级应急响应；定西市气象局进入暴雨Ⅰ级应急响应状态，陇南市、天水市、平凉市气象局启动Ⅱ级应急响应。

表 1 2012 年 5 月 10 日 17 时—11 日 05 时甘肃岷县区域站降水实况（mm）

时间 站名	17—18 时	18—19 时	19—20 时	20—05 时	累计
岷县气象站	0	1.9	1.8	7.6	11.3
西寨	2.6	1.9	1.7	15.6	21.8
清水	20.2	1.7	2	10.3	34.2
中寨	13.6	0.2	0.2	9.2	23.2
秦许	8.4	3.8	1.7	6	19.9
西江	9.2	0	1.5	8.7	19.4
麻子川	5.4	42	10.6	11.2	69.2
茶埠	12.1	4.2	2.8	12.5	31.6
蒲麻	0	3	3.3	12.4	18.7
闾井	0	2.2	8.4	10.3	20.9
寺沟马烨林场	1.8	4.4	3.3	7.5	17

2 灾情及影响

此次天气过程（以下简称"5·10"灾害）带来的大范围冰雹及强降雨，引发山洪泥石流灾害，造成了重大的人员伤亡和财产损失（见表 2、图 1）。截至 5 月 16 日 20 时，灾害共造成甘肃省 7 个市（州）的 20 县（市、区）、79 个乡（镇）、109 个村、53.86 万人受灾，因灾死亡 54 人，失踪 17 人，受伤 114 人；需紧急救助和转移安置人口 15.24 万人；农作物受灾面积 36905.77 hm²，其中成灾 26643.27 hm²，绝收 11183.97 hm²，毁坏耕地面积 2806.8 hm²；因灾死亡大牲畜 101 头、死亡羊 227 只；倒塌房屋 19697 间，严重损坏 41790 间，一般损坏房屋 51669 间。直接经济损失 71.09 亿元。

表 2 甘肃省"5·10"雹洪灾害受灾地市灾情反馈情况

受灾地市	受灾情况
定西	除灾情严重的岷县外，漳县、渭源也发生了山洪灾害。其中，漳县金钟、四族、石川 3 个乡镇的 2000 多人受灾，农作物受灾面积 400 多公顷。渭源县庆坪、田家河、祁家庙等 4 个乡镇 2 万多人受灾，农作物受灾面积 1400 多公顷
陇南	宕昌和文县发生了灾情。其中宕昌县北部阿坞、哈达铺、八力等 6 个乡镇出现强降雨天气，灾害已造成 7 座房屋倒塌，2 万多亩农田被淹，其中水毁耕地 4000 多亩，中药材等农作物受损严重。文县梨坪、临江、舍书 3 个乡镇受灾，300 多亩农田被淹，3 座便民桥被水毁，6 条通村公路受损
甘南	卓尼县洮硕乡和申藏乡局部受灾，其中洮硕乡 2 户暖棚受损，300 亩药材、大豆受灾，5 km 村道被毁，申藏乡 24 座蔬菜大棚受损

图1　甘肃岷县"5·10"灾害灾情图片(甘肃省气象局提供)

3　致灾因子分析

(1)突发性强对流天气过程是造成"5·10"灾害的气象因素

"5·10"灾害发生前,受蒙古低压前部分裂南下的冷空气影响,青藏高原东部的低槽切变在东移过程中加强,由于湿度较大,大气层结处于不稳定状态,加之午后的热力作用,高原对流云发展旺盛,在冷空气、高原低槽及强对流云系共同影响下,5月10日08时—11日08时,甘肃省大部分地方普降小到中雨,其中定西、陇南、甘南、天水、平凉、庆阳、临夏等市(州)出现中到大雨,定西、陇南、甘南三市(州)局部地方出现暴雨。强降雨进一步导致山洪泥石流灾害的发生。

(2)特殊的地形特征是造成"5·10"灾害的地质因素

"5·10"灾害的受灾地区多为山区,地形复杂,地层岩性多为土石混杂,土层仅覆盖于表层,约一尺左右厚,降雨量稍大极易产生滑坡等现象,加之岷县等地地势陡峭,也是诱发滑坡、洪水和泥石流的因素之一。

(3)侵占河道是造成"5·10"灾害的人为因素

"5·10"灾害的受灾地区多以山地为主,可利用土地少。据当地村民反应,多数年份纳纳河河水不到1m宽,当地人不忍看着宽阔的河床"浪费",就在河床上建房种粮。人们不断地在河滩地开垦种地、修建房屋、开采沙石,使得河床不断被占,严重影响了河道的泄洪能力。

(4)防洪设施简陋是造成"5·10"灾害的工程性因素

防洪设施不足、管理不善,桥梁防洪标准过低,也是造成灾害的原因之一。因为大部分地方有河无堤,住房地基甚至低于河床,房屋直接暴露在洪水冲击下,一旦洪水来袭,完全没有防御能力。即便有些地方有桥梁和堤岸,不少也是 20 世纪五六十年代建设,设计不合理,防洪设施简陋,为灾害的发生带来隐患。

4 预报预警

针对"5·10"灾害,甘肃省各级气象部门在前期预报服务和气象应急保障服务等方面做了大量的工作,为政府决策、群众避险提供科学依据,得到当地政府、相关部门和公众的肯定。

4.1 预报情况

甘肃省定西市气象局、岷县气象局提前 5 天预报出 10—11 日定西市将出现一次明显降水天气过程。预报落区和强度基本准确。5 月 8 日 17 时,甘肃省气象局提前 2 天首次对该次强降水过程做出预报,指出"甘南、临夏、定西、陇南、天水、平凉、庆阳等州市阴有小到中雨,局部地方有大雨。伴随降水过程,甘肃省大部气温有所下降。受强降水影响,甘肃省局部地方可能出现中小河流洪水和山洪地质灾害。"5 月 9 日 11 时,过程开始前 1 天,预报进一步指出东南局地会达到暴雨量级。

针对暴雨预报信息,5 月 9 日 11 时,甘肃省气象局向甘肃省委、省政府呈送了题为"10—12 日甘肃省陇东南局地有大到暴雨注意防范中小河流洪水和山洪地质灾害"的《重大气象服务专报》。同时,省气象局通过手机短信以《重要天气提示》的形式向防汛、国土、水利、民政、安监等 26 个部门联络员发送短信进行提醒,向相关单位通报了《重大气象服务专报》,同时在甘肃卫视频道以字幕滚动向公众发布。5 月 9 日,定西市气象局向市委市政府呈送了题为"10—12 日定西市局地有大到暴雨注意防范中小河流洪水和山洪地质灾害"的《重大气象服务专报》,同时也向市应急、防汛、国土、水利等部门报送了相关信息。

4.2 预警情况

针对"5·10"天气过程,甘肃省各级气象台均提前发布预报预警信息(见表 3),有助于政府决策、组织避灾,为相关部门疏散群众、防御灾害和抢险救援赢得了时间,特别是强对流天气(冰雹、雷电)预警信号的发布相对于暴雨预警的发布更为及时有效。

表 3　5 月 10 日甘肃省、市、县气象部门预警信号发布时间和发布等级

单位	预警发布时间	预警信号等级	发布内容	预警提前量
甘肃省气象台	5 月 10 日 15:16	冰雹橙色 雷电黄色	未来 12 h 内,甘南、临夏、武威、白银、定西、兰州等州市部分地方将出现雷电,并伴有短时强降水和阵性大风,局部地方有冰雹,请注意防范中小河流洪水和山洪地质灾害	2 h
甘肃省气象台	5 月 10 日 21:20	暴雨蓝色	未来 24 h 内,定西、甘南、天水、平凉、庆阳、陇南等市州局地方降雨量将达 50 mm 以上,请注意防范暴雨引发中小河流洪水和山洪地质灾害	密切监视 天气变化
定西市气象台	5 月 10 日 16:30	雷电黄色	未来 12 h 内,定西市大部分地方将出现雷电,并伴有短时强降水和阵性大风,注意防范中小河流洪水和山洪地质灾害	3 h

单位	预警发布时间	预警信号等级	发布内容	预警提前量
岷县气象台	5月10日16:50	雷电黄色	未来6 h内,岷县部分地方有雷电,并伴有短时强降水和阵性大风	1.5 h
岷县气象台	5月10日17:12	冰雹橙色	未来6 h内,岷县部分地方将出现雷阵雨冰雹天气过程,部分地方雨量可达暴雨	1 h
岷县气象台	5月10日19:30	暴雨黄色	部分地方将出现50 mm以上的强降雨,请有关单位和人员做好防范准备	0.5~1 h

甘肃省气象台:与实况相比,提前约2 h发布首个冰雹橙色预警信号和雷电黄色预警信号,21:20发布甘肃省暴雨蓝色预警信号,提请注意防范中小河流洪水和山洪地质灾害。

定西市气象台:与实况相比,提前约3 h发布雷电黄色预警信号,提醒有关单位防范暴雨引发的中小河流域洪水和山洪地质灾害。

岷县气象台:与实况相比,提前1.5 h发布雷电黄色预警,提前1 h发布冰雹橙色预警,提前0.5~1 h发布暴雨黄色预警,提醒有关单位和人员做好防范准备。

4.3 预警发布传播

针对"5·10"天气过程,甘肃省各级气象部门第一时间通过手机短信、气象微博、电子显示屏、网络等多种手段发布天气预警信号。同时,预警信号在中国气象频道、甘肃气象频道及地方卫视频道中以字幕形式滚动播出。5月10日00时—5月11日14时,气象部门发布天气预警信息30条,向决策用户、应急部门联络员、气象协理员、气象信息员短信发送近3万人次,向社会公众短信发送2703455人次。其中,定西发送17万人次;天水发送23.6万人次;陇南发送50.9万人次。

5 气象服务特点分析

在此次暴雨天气过程中,甘肃省、市、县气象部门预报预警发布及时、气象服务工作扎实到位,为群众转移和抗洪抢险赢得宝贵时间,最大程度避免了群死群伤事故的发生。应急管理和气象服务主要表现为以下三个特点。

5.1 政府主导、部门联动是此次防灾减灾行动成功的决定因素

在此次灾害中,甘肃省各级气象部门在发布预报预警信息的同时,与各级政府、各相关部门保持良好的沟通和信息传递。在灾害发生前一天即5月9日,甘肃省气象局向甘肃省政府呈送了今年入汛的第一份《重大气象服务专报》,表明10—12日甘肃省陇东南局部地区有大到暴雨。省政府立即要求相关市县人民政府和国土、交通、水利、农业及林业等部门按照职责做好监测预警和防范工作,并在政府门户网站上向外公布。当晚22:00以前省防汛抗旱指挥部向各地、州、市防汛部门发出紧急通知,并进行逐级传递。5月10日下午岷县县政府工作人员开始给各乡镇负责人挨个电话通知并通过短信平台群发短信,可能受影响的村子也都是在第一时间就接到了紧急撤离的通知,为百姓的及时疏散转移赢得了时间。

5.2 地方特色的监测预警系统是此次防灾减灾工作的得力帮手

舟曲特大泥石流灾害发生后,甘肃省气象部门高度重视灾害性天气短临监测预报预警和

信息发布平台研发,在本次灾害性天气过程气象服务中,甘肃省气象局通过地方特色化的灾害监测预警系统(包括"甘肃省短时临近监测预警平台V2.0""甘肃省中小河流洪水和山洪地质灾害气象风险预警服务平台V1.0"和"陇南市自然灾害监测预警指挥系统")及时监测、制作预警服务产品,发送预警信号,为政府及时部署安排灾害防御措施和公众做好防灾避险准备提供了依据,发挥了一定的作用。

5.3 气象协理员和气象信息员是发挥气象灾害预警信息作用的重要保障

实地调查表明,"5·10"灾害过程中,气象信息员在收到气象灾害预警信息后积极采取措施。他们绝大多数在收到手机短信后,马上意识到了事态严重性,第一时间通过广播、电话、串户通知等方式将灾害预警信息传播给了农民,动员村民提早防范。雷雨天气电力通讯中断,气象信息员带领村干部分头进村,利用敲锣、手摇报警器向村民发出警报信息,逐户找人、组织撤离,最大程度避免了群死群伤事件的发生。

6 思考与启示

甘肃"5·10"灾害的应对过程给山洪泥石流的防灾减灾工作提供了有益启示,其中有许多方面值得思考与总结。

6.1 完善山区气象观测系统建设

"5·10"灾害中,甘肃省定西市岷县受灾最为严重,而目前定西市只有一座华家岭测雨雷达站,与岷县直线距离100多千米,只能覆盖岷县部分地区,而且效果不好。面对来势猛烈的短时强降水和强对流天气,观测系统的不完善影响了预报预警信息发布的准确性和及时性。因此,建议气象部门尽力改善山区气象观测系统,考虑在灾害易发多发地配备雷达观测站,减少站点盲区。

6.2 完善农村气象灾害防御预警发布系统建设

"5·10"灾害中,由甘肃省地方政府组织领导,气象、广电部门共同参与建设的农村广播"村村响"试点工程以其发布预警信息的便捷性、及时性和传播预警信息的有效性得到了农民朋友的认可。建议气象部门在"村村响"工程的基础上,进一步探索实施农村广播"户户响"建设,借助政府和部门力量继续完善农村气象灾害预警发布系统,促进气象灾害防御体系的长效发展。

6.3 拓展适合受灾地区实际情况的气象预警信息发布手段

"5·10"灾害中,甘肃省气象部门运用手机短信、气象微博、网络等技术手段发布天气预警信号的方式固然是有效的,但与"最后一公里"问题的解决还有很大差距。因此,气象信息员、当地政府需要根据灾区的孕灾环境特点,利用敲锣、手摇报警器,大喇叭喊话,逐户找人等传统手段进行气象预报预警信息的传播,以努力提高气象预警信息发布的有效性。

6.4 进一步发挥气象信息员在防灾减灾中的作用

此次灾害过程中,大部分气象信息员在灾前都通过不同方式将气象灾害预警信息及时地、广泛地传播给了广大群众,也采取了一定的避险防灾的手段。但是,也有少数信息员在气象灾害来临之前,防灾减灾的敏锐性不够,警惕性不高,甚至有的对气象局发布的天气预报、气象灾害预警信息有麻痹大意的思想,社会责任感不强,没有发挥出更好的作用。为此,建议气象部门进一步推动气象信息员队伍建设,完善信息员管理制度,调动信息员积极性。通过部门联动,完善与民政、国土、水利部门的信息员、救灾员等共享机制,积极发挥乡镇气象工作站、气象协理员与气象信息员的作用。

6.5　定期安排防灾应急演练能够做到未雨绸缪

甘肃省中东部地区河川平地相对较少,一直以来都是自然灾害频发的地区。仅在岷县境内1988年、1995年、2001年、2005年以及2009年,都发生过不同程度的山洪泥石流灾害。正因如此,对灾害频发地适当的安排应急演练,引导公众如何快速转移与及时撤退十分有必要。尽管一次成功的应急演练并不是气象局一家之力可为,但是与灾害造成的经济损失相比,应急演练的费用就少很多,气象部门可以积极推动应急演练,有效减少甚至避免群死群伤事件的发生。

6.6　加强媒体沟通,注重媒体负面报道的危机公关

5月15日,新华网刊登评论文章《甘肃"5·10"特大冰雹洪灾见闻与反思》,5月16日《新京报》先后刊登新闻报导《甘肃降水30毫米致53人遇难 灾前2小时始发预报》和社论文章《一次小降雨何以酿成一场大祸》,三篇文章中均指出天气预报提前的时间和预警信息发布等与气象部门相关的问题,并在网络上引来诸多评论。从上述文章中的一些措词可以明显看出,媒体对于气象预报工作仍存在诸多的不理解。气象部门在近年来在媒体沟通方面做了大量工作,但也仍有媒体对于气象部门的工作存在着诸多的不理解,甚至是误区,因此,建议继续加强媒体沟通,特别是在媒体出现对气象部门的负面报导时,适时地开展危机公关,化解不必要误解,从而更有利地推进气象部门开展工作。

致谢:本文在撰写过程中,得到甘肃省气象局的大力支持,在此表示衷心感谢。

2012 年 7 月 21—22 日北京市
特大暴雨天气过程气象服务分析评价

吕明辉　叶　晨　姚秀萍

（中国气象局公共气象服务中心,北京 100081）

摘　要　2012 年 7 月 21 日,北京市出现自 1951 年以来的强降雨过程,大部分地区出现了大暴雨到特大暴雨天气过程(以下简称"7·21"特大暴雨)。全市平均降雨量为 170 mm,城区平均降雨量为 215 mm,其中最大降雨量出现在房山区河北镇,为 460 mm。降雨造成北京市区积水严重,郊区河流暴涨冲毁大量民房,造成 77 人死亡,近百亿元的经济损失。此次暴雨天气过程雨量大、强降水持续时间长,影响范围广,气象部门的气象服务总体准确且服务到位。通过对北京"7·21"特大暴雨过程的气象服务评价分析,建议气象部门进一步完善暴雨预警短信发布系统,明确预警信息发布的对象和范围,确保真正形成多种手段互为补充的预警信息立体化发布体系;加强气象防灾减灾知识普及,努力提高公众面对突发性灾害天气的防范意识和自救能力;建议开展精细化气象灾害风险区划研究并建立相应的业务系统,特别是开展城市气象灾害风险评估研究,为编制气象灾害防御方案和应急预案提供科学依据;加强气象信息员队伍的建设,发挥其在基层气象防灾减灾中的作用。

1　概述

受高空冷空气和西南强暖湿空气的共同影响,2012 年 7 月 21 日 10 时开始北京市自西向东出现自 1951 年以来最强降雨,此过程于 22 日 03 时基本结束,22 日 06 时全市降雨结束。截至 22 日早晨 06 时,全市大部分地区出现大暴雨,门头沟、房山、顺义、平谷等部分地区出现特大暴雨,最大的降雨量分别出现在房山区河北镇,雨量达到了 460 mm,以及房山区坨里,总计 360 mm。此次过程有雨量大、降水急、范围广的特点,多个气象站连续降水量达到极端气象标准。

雨量大:全市平均降雨量 170 mm,城区平均 215 mm,全市最大降雨量出现在房山区河北镇,达 460 mm(水文站),突破气象历史纪录(1951 年以来完整气象记录),城区最大降雨出现在石景山模式口,达 328 mm。市区观象台和房山的 12 h 累积降水量均达到特大暴雨的量级(图 1)。

降雨急:降雨过程中,降雨区雨强普遍出现 40~80 mm/h,最强降雨出现在平谷挂甲峪,20—21 时达 100.3 mm/h。

范围广:除延庆外,全市均出现 140~330 mm 以上大暴雨到特大暴雨,占全市行政区域 90% 以上的面积(图 2)。

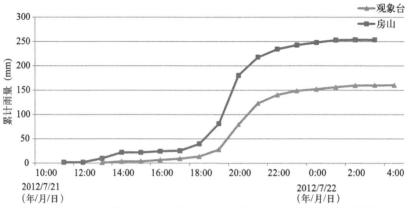

图1　2012年7月21日10时—22日04时观象台和房山累积雨量图

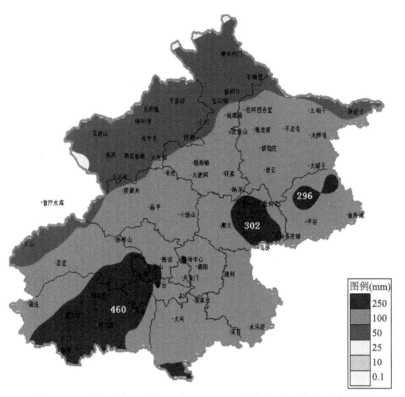

图2　2012年7月21日10时—22日06时北京地区降雨量分布图

2　灾情及影响

　　截至7月26日,此次降水过程已造成北京房山、通州、石景山等11区(县)12.4万人受灾,77人死亡(其中溺水死亡46人,房屋倒塌致死6人,泥石流2人,创伤性休克2人,高空坠物2人,雷击致死1人,触电死亡5人),多人受伤。

全市受灾最重的房山区 12 个乡镇交通中断,6 个乡镇手机和固定电话信号中断,131 个联通基站信号中断,95 个移动基站信号中断。城区主要道路发生积水 63 处;路面塌方 31 处;民房多处倒塌,平房漏雨 1105 间,楼房漏雨 191 栋,雨水进屋 736 间,地下室倒灌 70 处;5 条运行地铁线路的 12 个站口因漏雨或进水临时封闭,机场线东直门至 T3 航站楼段停运;1 条 110 kV 站水淹停运,25 条 10 kV 架空线路发生故障;京原等铁路线路临时停运 8 条。农业方面,全市玉米淹水 75266 亩,倒伏 38700 亩,倒折 5000 亩,受灾区域主要集中在房山、密云、顺义和平谷。图 3 为此次暴雨北京城区的灾情图片。

据初步统计,全市受灾面积为 1.6 万 km²,其中成灾面积 1.4 万 km²;受灾人口约 190 万人,其中房山区 80 万人。全市共转移群众 56933 人,其中房山区转移 20990 人;全市经济损失近百亿元。

图 3　北京"7 · 21"暴雨灾情图片

3　致灾因子分析

(1)正值北方进入主汛期

通常北京地区 7 月下旬进入主汛期,持续到 8 月上旬,这段时间是北京一年中降雨最多的时节,强降水明显增多。

2012 年 7 月 21 日 08 时—22 日 08 时,潮白河下游流域面雨量达到 179 mm,体积水达到 16.97 亿 m³(图 4)。

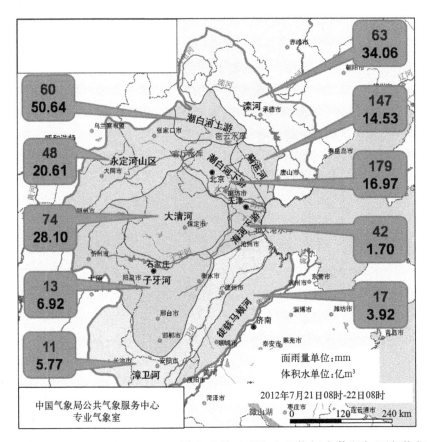

图4 2012年7月21日08时—22日08时海河流域面雨量(上行数字)与体积水(下行数字)实况图

(2)气象条件有利强降水形成

自7月17日以来西南暖湿气流不断向北输送,由此给北京地区带来了充沛的水汽,21日北京地区空气湿度达到饱和。城市热岛效应,使城区气温难以回落,水汽无法扩散。加之北京西部、北部环山的特殊地形,则使被堵截的气流受到抬升,再加上冷空气活动,便形成过程性的强降水。

(3)北京地区特殊的地理位置有利于强降水的维持

此次降水过程的天气系统覆盖整个华北地区,北京恰好处于冷暖空气的交汇点上,因此在一同遭遇强降雨的华北地区中,北京地区的降水量和降水强度最大,持续时间也很长。

(4)北京市区立交桥积水和郊区河流防洪排涝不畅

此次暴雨过程人员伤亡除市区立交桥积水导致的溺水死亡外,人员伤亡和经济损失最为严重的地区主要集中在北京西南的房山区。受灾地区主要集中在大石河和拒马河两条河流从山区进入平原的泄洪区(图5)。这两条河流的上游聚集了很多北京市的很多的旅游景点。北京地区近年来降水量偏少,一些山区的河道行洪甚至成为旅游开发地,严重影响河流的泄洪能力,上游来水量一旦增大(此次降水量最大值就出现在大石河上游山区的河北镇)(图6),极易对下游河道行洪能力造成压力。

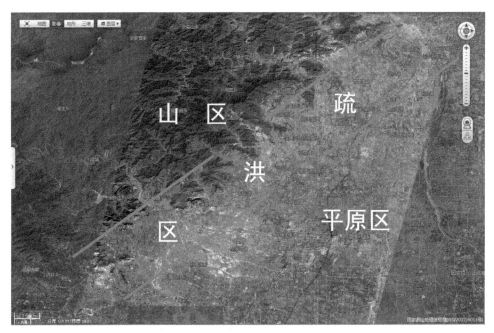

图 5　房山受灾区地形示意图(资料来源:国家测绘地理信息局)

图 6　北京"7・21"特大暴雨最大降水量地点分布示意图

(资料来源:国家测绘地理信息局)

4　预报预警

北京市气象局最早于 19 日 17 时预报指出 21 日夜间到 22 日白天阴有大到暴雨,并及时根据最新实况和预报发布了 6 期《重要天气报告》,21 日 06 时将降雨开始时间调整为 21 日午后至夜间,并于 21 日 10 时发布重要天气报告"中午前后本市将开始出现降雨,强降水将主要集中在傍晚到夜间。预计本市大部分地区的累积雨量将达到暴雨(40~80 毫米),局部地区降水量将超过 100 毫米"。期间,北京市气象局共发布 2 期暴雨蓝色、3 期暴雨黄色、2 期暴雨橙色以及 1 期雷电黄色预警信号、10 期暴雨临近天气预警、3 期暴雨诱发的山洪地质灾害气象灾害风险预警、3 期中小河流洪水灾害气象风险预警、1 期与北京市国土资源局合作发布的地质灾害预警。具体预报预警情况详见表 1。自降水开始至结束,期间北京市气象局逐小时向北京市委、市政府、中国气象局、市防汛办及交管局等有关部门发布全市雨量分布图表。

在应急响应方面,北京市气象局于 21 日 8 时启动Ⅳ级应急响应,14:30 升至Ⅲ级应急响应,19:30 启动今年首个Ⅱ级应急响应。北京市气象部门加强了天气监测和跟踪分析,将降雨性质、大小和起止时间作为会商重点,在会商中向市防汛办通报暴雨预报情况,向北京市政府和各有关部门发送暴雨报告。

表 1　北京市"7·21"特大暴雨预报服务情况汇总表

预报预警发布时间	预报预警发布内容
19 日 17:00	起报:21 日夜间到 22 日,阴有大—暴雨
20 日 16:00	"预计过程累积降雨量为 40~80 mm,局地降雨量可能超过 100 mm,降雨开始阶段可能伴有雷雨大风,22 日上午降雨将减弱并趋于结束。"并提示:"这次降雨过程累积雨量和局地短时雨强都较大,可能会导致低洼地区及路段出现积水现象。另外,强降雨有可能诱发山区出现山洪泥石流及崩塌灾害,请有关部门提前做好山区地质灾害、城市积水、短时雷雨大风的防御工作。"
21 日 09:30	发布暴雨蓝色预警信号
21 日 10:00	"强降水将主要集中在傍晚到夜间。预计本市大部分地区的累积雨量将达到暴雨(40~80 mm),其中房山、门头沟、海淀、石景山、丰台、密云、怀柔、平谷等地的局部地区降水量将超过 100 mm。22 日上午降雨将减弱并趋于结束。"
	组织与北京市国土资源局的视频会商,联合发布地质灾害预警 1 期。根据面雨量预测,发布暴雨诱发的山洪地质灾害和中小河流洪水气象风险预警 3 期。
21 日 14:00	发布暴雨黄色预警信号
21 日 16:00	"预计今天傍晚到夜间本市仍有暴雨(40~80 mm),其中城区及东部有大暴雨(50~100 mm),并伴有雷电。"
21 日 18:30	发布暴雨橙色预警信号
21 日 21:00	"较强降水在 02 时之后逐渐减弱;其他地区降雨量为 10~30 mm。05 时之后,降水自西向东趋于结束。"

5　气象服务特点分析

在北京"7·21"特大暴雨过程中,北京市气象台向北京市委、市政府、市防汛办等有关部门以及中国气象局发布重要天气报告 5 期。从 21 日 12 时—22 日 06 时逐小时向上述部门及时发布全市部分气象观测站雨量表及全市雨量分布图达 18 次。本次过程灾情最重的房山区气象局和门头沟区气象局,在关键时期,采取每小时电话汇报一次、每 3 小时更新一次的方式向房山区和门头沟区委区政府通报情况。

针对社会公众,北京市气象局通过 3000 多块社区大屏、5 万余块移动电视、中国天气网、首都之窗、新浪微博、北京电台、电视台、声讯电话等媒体向公众及时发布暴雨、雷电和地质灾害预警,其中发布手机短信 140 多万人次,手机彩信和新浪微博发布雨情信息 10 次,通过北京广播交通电台、新闻台等进行气象专家连线 12 档,通过声讯电话 12121 发布雨情信息(部分含临近预报)6 次。作为用户反馈最直接的新浪微博“气象北京”,21 日累计被转发上千次,评论超过 200 条,粉丝增加近 2 千人。其中北京市气象台 22 日 03:50 发布的预警解除信息被拥有 130 多万粉丝的北京市政府新闻办的官方微博“北京发布”第一时间转发。22 日 07 时通过“首都之窗”发布重要天气实况。

5.1 及时调整预报结论

北京市气象台在 19 日 16 时预报“21 日夜间到 22 日白天阴有大到暴雨”;20 日两次发布专题预报,指出 21 日傍晚到夜间有暴雨,部分地区有大暴雨;21 日 06 时将降雨开始时间调整为:21 日午后到夜间北京市将会有暴雨天气,西南部和东北部有大暴雨,并伴有雷电,并于 21 日 10 时发布重要天气报告指出“中午前后本市将开始出现降雨,强降水将主要集中在傍晚到夜间。预计北京市大部分地区的累积雨量将达到暴雨(40~80 mm),局部地区降水量将超过 100 mm”。21 日 14 时在已经出现暴雨的情况下,继续做出北京市下午到夜间仍会出现暴雨到大暴雨的预报。针对此次暴雨过程,北京市气象局的预报总体准确,只是在降水强度预报中存在一定的误差。

5.2 发布北京首个暴雨橙色预警

针对本次暴雨过程,北京市气象台密切关注天气动态,连发 5 个预警,暴雨级别最高上升到橙色。21 日 09:30 分,北京市气象台发布第一次暴雨蓝色预警信号。雨势在预警发布后迅速加大。下午,城区多次出现短时强降水。北京市气象台在 14 时将暴雨蓝色预警信号提升至暴雨黄色预警信号,并在 15:30 继续发布。18:30,北京市气象台根据降雨情况,将预警信号再次提高,升至暴雨橙色预警信号,这是北京市气象台自 2005 年建立天气预警制度以来发布的第一个暴雨橙色预警。面对此次强降雨过程,北京市气象局依据不断更新的预报结论和灾情反馈,及时发布预警信号,并提升预警发布等级,为各部门的应急联动和抢险救灾工作赢得时间。整个降水过程发布的预警信号时效对比如图 7 所示。

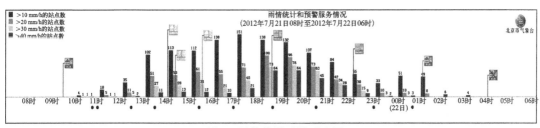

图 7 预警信号时效对比图

5.3 提供部门联动进行防灾减灾的气象保障

7月20日17时,北京市防汛办根据市气象台预报发布"关于做好应对强降雨天气的通知",要求各区县政府、各防汛指挥部充分做好应对本次强降雨的各项准备工作。18时,市应急办发"关于做好强降雨应对工作的通知",要求各专项应急指挥部办公室、各区县应急委、各相关部门和单位提前做好应对强降雨的监测预警和应急准备工作,保障城市安全运行。21日10时,根据暴雨蓝色预警信号,市防汛办发布蓝色汛期预警信息。15:50,市防汛办发布黄色汛期预警信息,18:30,市防汛办发布橙色汛情预警,要求各防汛指挥部启动Ⅱ级应急响应。7月21日15时—22日03时,北京市市委、市政府领导通过应急办、防汛抗旱指挥部多次召开紧急电视电话会议和视频连线,部署进一步做好暴雨应对工作,北京市气象局多次就预报、雨情等情况进行汇报。北京市政府和各区县政府根据预报、预警信号级别,及时反应、快速联动,采取有效措施,积极应对暴雨带来的各种影响。

5.4 提供专业用户点对点的气象服务

在此次暴雨过程中,气象部门为专业用户提供了点对点的气象服务,其中包括北京市政市容委、环卫集团、铁路、供电、机场维修、公园等相关用户,为该类专业用户及时发布预报,及时提供预警信号、专业专项警报和雨情信息。特别是与排水集团先后进行电话连线4次,为其提供气象服务。

5.5 气象信息员发挥重要作用

北京市目前共有气象信息员3870人,覆盖全市所有乡镇;乡村气象信息服务站244个,各区县每年至少组织一次气象信息员培训。"7·21"特大暴雨灾害发生前,各区县均通过当地预警短信平台向各自辖区内气象信息员发布了气象灾害预警信息和灾害防御提示。7月21日,许多气象信息员在收到气象灾害预警信息后积极采取措施,利用当地预警大喇叭、"村村通、村村响"广播以及乡镇内部系统等方式向基层转发,有效组织被困群众撤离到安全地带,最大程度减少了山区群众的人员伤亡。房山区气象信息员朱丽波在接到暴雨预警信息后,迅速从百余千米外赶至其所辖的西潞街道办事处,第一时间将被困的230余人从危险点转移到安全地带,并组织协调防汛抢险,灾后又及时进行灾情统计,排查隐患点,组织开展灾后自救工作。

6 思考与启示

(1)应进一步完善暴雨预警短信发布系统,明确预警信息发布的对象和范围

预警信息的快速发布是需要多部门的通力协作,因此建议气象部门明确不同等级气象预警信息发布的对象和范围,提前与政府管理部门和信息传播部门进行沟通和协商,确保真正形成多种手段互为补充的预警信息立体化发布体系,以提高全社会的防灾和抗灾能力。

(2)要进一步加强气象防灾减灾知识普及,努力提高公众面对突发性灾害天气的防范意识和自救能力。

此次暴雨灾害性天气过程也凸显出公众对于预报预警信息,仍存在着诸多认识误区甚至是盲区,因此,建议加强公众对各类预警信号的理解和识别能力,引导公众主动学习不同气象灾害的应对防范措施;加强应对措施的提示,明确提醒广大公众在此类灾害性天气中可能存在的安全隐患,确保预警信息有的放矢,以提升防灾减灾工作质量。

（3）建议开展精细化气象灾害风险区划研究并建立相应的业务系统

建议开展精细化气象灾害风险评估研究并建立相关业务体系，特别是开展城市承灾体脆弱性和气象灾害风险评估的方法和模型、风险等级划分标准和风险区划工作规范等研究，为编制气象灾害防御方案、应急预案提供依据。

（4）加强气象信息员队伍的建设，发挥其在基层气象防灾减灾中的作用

建议加强气象信息员管理，加强对气象信息员进行气象科普和防灾避灾知识的普及，加强面向基层的预警信息传播等方面的基本培训，加大对气象信息员培训的经费投入和科技支持，提高信息员组织避灾的能力。

致谢：本文在撰写过程中，北京市气象局在基础数据整理方面给予大力之处，在此表示衷心感谢！

2012 年 7 月 28 日—8 月 4 日"苏拉" "达维"双台风天气过程气象服务分析评价

叶　晨　　吕明辉　　王丽娟　　姚秀萍

(中国气象局公共气象服务中心,北京 100081)

摘　要　2012 年 7 月 28 日,第 9 号台风"苏拉"和第 10 号台风"达维"同一天在西太平洋上生成。8 月初,两个台风携手登陆我国东部沿海,影响范围从福建一直到辽宁。此次台风过程具有路径变数大、中心风力强、影响范围广、持续时间长、防御战线长难度大等特点。

　　针对"苏拉"和"达维"双台风的特殊性和造成的可能影响,8 月 2 日 13 时,中央气象台发布了 2012 年首个台风红色预警,山东省气象台也发布了史上首个台风红色预警。双台风带来的大风和降雨对我国福建、浙江、江苏、江西、河北、山东、辽宁等大范围地区的人民群众生活、海陆交通、渔农业、电力等造成一定影响。据统计在此次灾害中,因灾死亡 16 人,直接经济损失达到 620.64 亿元。

　　针对此次双台风过程,气象部门及时发布监测预警信息,决策气象服务启动较早,部门联动发挥成效,气象预警信息发布手段进一步拓宽,同时各类设备的应急保障得到加强。通过此次气象服务评价分析,建议气象部门进一步加大对非常规类型台风路径变化机制的总结和研究,提高对台风路径预报的准确性和及时性;进一步提高对台风登陆后残余云系造成的降水影响的重视程度,加强对其测算与评估;努力完善北方台风少发地区的防台体系,提高此类地区的抗台防台能力。

1　概述

　　2012 年 7 月 28 日,第 9 号台风"苏拉"和第 10 号台风"达维"同一天在西太平洋上生成。8 月初,两个台风携手登陆我国东部沿海,形成了罕见的"南北夹击"之势,影响范围从福建一直到辽宁,影响范围十分广泛。两个台风在 24 h 内前后登陆我国的情况在历史上十分罕见(自新中国成立以来,双台风登陆我国大陆时间相差不到 24 h 的情况只出现过一次,即 2006 年的双台风"桑美"和"宝霞"),而"达维"更是成了首个以台风强度登陆我国长江以北的热带气旋。

1.1　天气过程概况

　　(1)台风"苏拉"

　　2012 年第 9 号热带风暴"苏拉"(SAOLA)7 月 28 日在菲律宾以东洋面上生成,29 日加强为强热带风暴,30 日加强为台风,8 月 1 日加强为强台风,2 日 03:15 在台湾省花莲市秀林乡登陆,登陆时为强台风强度,中心附近最大风力有 14 级(42 m/s)。3 日 06:50 在福建省福鼎市秦屿镇沿海再次登陆(图 1),登陆时为强热带风暴,中心附近最大风力 10 级(25 m/s)。登陆后强度减弱,并移入江西境内减弱为热带低压,3 日 23 时中央气象台对其停止编号。

　　(2)台风"达维"

　　2012 年第 10 号热带风暴"达维"(DAMREY)于 7 月 28 日在日本东南洋面上生成,31

早晨加强为强热带风暴,8 月 1 日加强为台风,2 日 21:30 在江苏省响水县陈家港镇登陆(图 1),登陆时中心最大风力 12 级(35 m/s)。登陆后强度减弱,在穿过山东后于 4 日凌晨进入渤海,并减弱为热带低压,中央气象台 4 日 11 时对其停止编号。

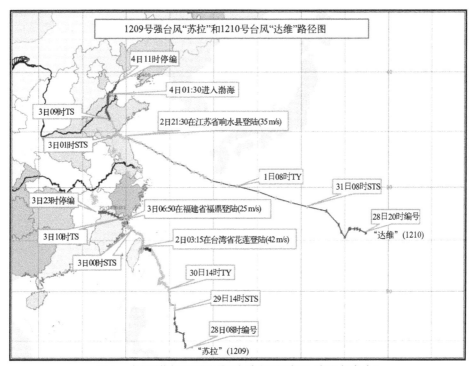

图 1 台风"苏拉"和"达维"全路径图(来源:中央气象台)

1.2 天气过程特点

此次台风的特点主要有:一是双台风活动,路径变数大。二是风圈半径较大,中心风力强。三是鼎盛期正面登陆,防御战线长。四是可能深入内陆,影响范围广。五是多地引发强降雨,持续时间长。六是风雨潮遭遇,防御难度大。

"苏拉"范围广,强度大移速慢。西太平洋洋面的高温以及西南季风带来的大量水汽,造就了比较强大的"苏拉"(生成后两天便加强为台风,随后不久又加强为强台风,并以强台风的强度登陆台湾花莲)。虽然强度较大,"苏拉"的移动速度却很缓慢。自 28 日生成后到 31 日平均移动速度小于 10 km/h,31 日 9—15 时一直在台湾东南部洋面回旋。"苏拉"的另外一个特点是与西南季风结合明显,与孤立台风相比,这种情况下带来的降水更强,持续的时间也会更久。

"达维"范围小,移速多变路径少见。从卫星云图上看,不同于"苏拉"的强盛,"达维"的范围要小得多,其移动速度呈现出前慢后快的特点,且台风"达维"生成时纬度较高,且一路向西北方向移动,因此携带的热带能量和水汽就相对较小,到了高纬度地区海温较低,又受到陆地摩擦的作用,因此强度减弱得较快。

1.3 风雨影响

受"苏拉"和"达维"影响,福建、浙江、江西、山东、河北、辽宁等地出现了强风雨天气。

监测显示,8 月 2 日 8 时—4 日 6 时,福建中北部、浙江东部、江西东南部及山东中北部、河北东北部、辽宁南部累计雨量 100 mm 以上,其中福建东北部沿海、闽赣交界处、浙江南部沿海及山东北部、河北秦皇岛、辽南等地为 200~368 mm(图 2a)。另外,台湾最大降雨量为宜兰县太平山达到 1786 mm。福建东北部沿海、浙江中南部沿海、江苏东北部沿海、山东东南沿海和北部地区等地出现 9~12 级瞬时大风,盐城北部及连云港沿海地区最大风力达 13~14 级,最大风速出现在江苏西连岛和墟沟北固山,为 44.4 m/s(图 2b)(出自《台风"苏拉"和"达维"预报服务工作总结》)。

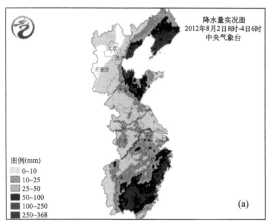

图 2　"苏拉"和"达维"过程雨量图(a)与极大风速实况图(b)
(2012 年 8 月 2 日 8 时—4 日 6 时)(来源:中央气象台)

2 灾情及影响

　　尽管我国沿海各省进行了积极的防台准备,但是由于"苏拉""达维"出现形式罕见,南北"夹击"我国,故还是给部分地区造成了严重的灾情,其中以山东、河北、辽宁受灾最为严重。辽宁有 1/3 大、中型水库超汛限水位,洪水造成沈山铁路、沈大铁路中断,岫岩县大部分地区交通、供电、通讯中断。这次过程共造成 1183 万人受灾,16 人死亡,直接经济损失达到 620 亿元。各主要影响省份受灾情况详见表 1。

表 1　"苏拉""达维"双台风过程中各主要影响省份受灾情况汇总表

省份	受灾情况	受灾人数死亡人数	直接经济损失
浙江	"苏拉"对浙江省的风雨影响主要表现在沿海大风持续时间较长、沿海和浙南地区降水强度较大,因此对上述地区的农林业、渔业、交通及生产生活等造成一定影响。	3.3 万人受灾;无人员死亡	2.5 亿元
江苏	对江苏省的农业、水利、交通运输、中小河流、水库水位等造成一定影响,但对缓解夏季高温、干旱等方面有一定利好作用。	61.5 万人受灾;无人员死亡	8.5 亿元
福建	受"苏拉"正面袭击的影响,中北部沿海地区出现狂风暴雨、内陆地区出现强降水,造成农田受淹、低洼地带造成内涝、山体滑坡、房屋倒塌等灾情。	83.2 万人受灾;无人员死亡	12.25 亿元
江西	导致江西省局地降雨强度大,造成城乡局部的内涝和山体滑坡等灾害。	6.42 万人受灾;无人员死亡	1.39 亿元

续表

省份	受灾情况	受灾人数死亡人数	直接经济损失
山东	引发部分中小河流发生超警戒水位洪水,大片村庄被水围困,大面积农田严重积水,大量树木倒折、房屋倒损,交通、电力、通讯等基础设施损毁严重,部分地区电力、通讯中断,造成灾区群众生命财产遭受严重损失。	623.4 万人受灾;因灾死亡 6 人	71 亿元
河北	此次台风过境造成河北省唐山市东南部、秦皇岛市部分地区出现不同程度的洪涝灾害,农田渍涝、城市内涝情况比较严重,全省部分河道出现较大洪峰,水库开闸泄洪。	214.9 万人受灾;因灾死亡 3 人	234 亿元
辽宁	"达维"所造成的降雨是辽宁省 10 年来最受台风影响最强的降水过程,受强降雨的影响,农业、交通、通讯、水利、电力、工矿企业、基础设施等受灾严重。	280 万人受灾;因灾死亡 7 人	291 亿元

图 3 台风"苏拉""达维"灾情图片(选自中国天气网)

3 预报预警

　　针对这次双台风几乎同时正面袭击我国的罕见事件,各级气象部门高度重视,周密部署,及时有效地发布各类预报预警服务信息,将灾害损失降到最低。

　　7 月 28 日,"苏拉"和"达维"相继在西北太平洋面生成,气象部门《重大气象信息专报》指出未来"苏拉"和"达维"之间距离将逐渐缩小,双台风效应显现。建议台湾及福建、浙江、上海、江苏、山东等省(市)提前做好防台准备。另外,在第59期《重大气象信息专报》上,回良玉副总理进行了重要批示。服务期间,共制作报送近20期。其中,《重大气象信息专报》2期,《气象灾害预警服务快报》3期。

7月30日—8月3日连续5 d组织相关省(市)气象台举行台风专题会商,及时滚动更新台风移动路径、强度及其风雨影响预报。2日13时,中央气象台发布2012年首个"台风红色预警"。期间,中央气象台共发布台风红色预警2期、橙色预警7期、黄色预警1期、蓝色预警4期;同时,还发布黄色预警5期,暴雨蓝色预警9期。各主要影响省份的预报服务情况详见表2。

表2 "苏拉""达维"双台风过程预报预警情况汇总表

省份	预报情况	预警情况
浙江	7月30日下午15:30开始发布台风消息;31上午11时预报"苏拉"台风正向西北移动,8月2日开始影响浙江省;31下午15:30再次发布台风消息;8月1日下午16时指出"苏拉"3日向浙闽交界到浙江中部沿海靠近,并可能在这一带沿海登陆。后期持续跟进。	8月2日上午07:45发布台风黄色预警;8月2日下午16时升级为台风橙色预警信号;2日下午16时发布台风紧急警报,进一步预报3日上午前后在浙闽交界一带沿海登陆。
江苏	7月31日10时首次发布台风消息;8月1日预报2日到3日,江苏省阴有雨,中东部地区大到暴雨,东北部局部大暴雨;2日明确预报"达维"将于2日傍晚到夜间在江苏省中北部沿海地区登陆。	8月1日10时发布台风警报,16时升级为台风紧急警报。2日9时发布台风橙色预警信号,18时变更为台风红色预警信号。7月31日—8月3日,江苏省共发布台风蓝色、黄色、橙色、红色预警信号共计73期。
福建	7月29日05时起报;7月30日预报"苏拉"将给福建省造成严重的风雨影响;后期持续跟进。	7月30日下午起发出台风黄色预警;8月1日下午将台风预警提升为Ⅱ级(橙色);8月3日"苏拉"登陆后,及时改发暴雨Ⅱ级(橙色)预警。
山东	8月2日预报台风"达维"傍晚到夜间将在山东省日照至江苏启东沿海一带登陆,对鲁南、半岛地区和山东省南部沿海海域影响较大;14:30预报"达维"将于夜间在山东省青岛至江苏盐城之间沿海登陆;后期持续跟进。	8月2日09:30发布了台风橙色预警信号;14:30将台风橙色预警信号升级为台风红色预警信号;3日6时继续发布台风红色预警信号;10:30将台风红色预警信号变更为台风黄色预警信号;21:30继续发布台风黄色预警信号。
河北	河北省气象台于8月2日12时明确指出预计3日到5日,河北省东北部和中南部的大部地区将出现强降雨天气,强降雨时段主要集中在3日傍晚到4日夜间。同时,河北省东部沿海和渤海西部中部海面将出现7—8级东南风,阵风9级。	8月3日6时发布台风黄色预警信号,3日17时和4日6时继续发布台风黄色预警信号。针对台风带来的强降雨天气,省气象台于3日6时发布暴雨黄色预警,3日17时继续发布暴雨橙色预警。
辽宁	8月1日17时预报8月2日20时到4日20时,大连、葫芦岛地区有暴雨,局部有大暴雨;8月3日17时预报3日20时到4日20时,锦州、盘锦、葫芦岛地区及朝阳县、台安有大暴雨;后期持续跟进。	8月3日09:32首次发布暴雨黄色预警;10:18发布暴雨红色预警;23:40发布台风蓝色预警。期间共发布暴雨蓝色预警16次,暴雨橙色预警34次,暴雨红色预警21次。

在应急响应方面,2012年7月31日11:30,中国气象局启动台风Ⅲ级应急响应。8月1日22:30,中国气象局将气象灾害(台风)Ⅲ级应急响应提升为Ⅱ级应急响应。2日下午中央气象台发布了2012年首个台风红色预警,山东省气象台也发布了历史上首个台风红色预警。8月

4 日 12 时,中央气象台解除重大气象灾害(台风)Ⅳ级应急响应命令。

4 气象服务特点分析

4.1 决策气象服务及时有效

为确保对双台风影响各省的起止时间、影响区域和强度的准确把握,各省气象台多次组织加密天气会商,及时做好滚动服务。河北省气象台向河北省委省政府和相关部门及中国气象局发布《重要气象专报》3 期、《气象信息快报》15 期,《雨情快报》11 期。针对滦河水系可能出现的洪水以及燕山地区可能出现的地质灾害,河北省气象台开展逐时雨情和小流域面雨量精细化服务以及燕山地区的地质灾害预警服务,为省领导提供及时有针对性的决策服务。

4.2 及时发布监测预警信息,部门联动发挥成效

在此次双台风天气过程中,各级气象部门密切监视台风的移动发展动向,及时发布监测预警信息(根据针对台风"苏拉"的气象服务专项调查发现,72.15%的参与公众表示较为及时地收到气象部门的预报预警信息)。中央气象台增设应急首席岗和台风领班岗位,同时与各级政府、各相关部门保持良好的沟通和信息传递。如根据福建省气象部门的预报,省防汛抗旱指挥部 7 月 30 日对防台工作进行部署,要求各地要科学研判,果断及时部署转移避险工作。按照省防指防台风部署要求,沿海各地扎实组织出海船只和渔排人员上岸避险。另外,福建省通信管理局组织移动、联通、电信等运营商向沿海地区的手机、小灵通用户发送防御"苏拉"台风的公益短信。

4.3 微博气象服务受到广泛关注

在"苏拉""达维"双台风天气的服务过程中,各级气象部门创新服务手段,全面扩大气象信息发布范围,为百姓的及时疏散转移赢得时间。如浙江省气象局自"苏拉"开始之时,利用浙江天气官方微博对外发布关于苏拉的最新情况。台风影响期间,共发布微博 267 条,被转发2898 条,内容涉及台风动态、台风报告单、追风日志、防御措施、风雨实况以及各类从台风前线传回的视频。同时在腾讯开辟微话题"直击台风苏拉",网民不仅可以获取台风"苏拉"的最新情况以及各类防御措施,还可以看到气象部门"追风小组"记者从一线发来的视频报道,也可以论天气,聊台风。

4.4 加强各类设备的应急保障

在此次双台风天气应急期间,各省级气象部门主动落实、积极维护各类设备的使用情况,确保各类设备的正常运行。如江苏省气象局在应急期间加强对江苏省各类现代化仪器设备的监控,提前安排,对盐城、连云港、南通雷达进行维护,同时联合敏视达公司,派出技术人员赴盐城驻站保障。应急期间,电话联系台站 36 次,省市县各级装备保障人员及时出动,排除故障,保障了全省气象装备运行正常。

5 思考与启示

5.1 加强非常规类型台风的路径预报技术研究

研究表明,当两个台风同时出现时,由于它们之间彼此牵制、互相影响,其预报难度就远远超出两个独立台风预报难度的总和。此次"达维""苏拉"同时受到副高、西南季风以及双台效

应的多重影响,路径和强度的变化十分复杂。从中央气象台综合路径预报来看,对"达维"登陆后的路径偏北分量的逐渐加大和再次入海时的预报不够及时,且在"达维"登陆后的预报路径整体偏向实况路径的左侧(见图4),建议气象部门进一步加强此类非常规台风类型的路径预报技术研究,努力提高预报准确率。

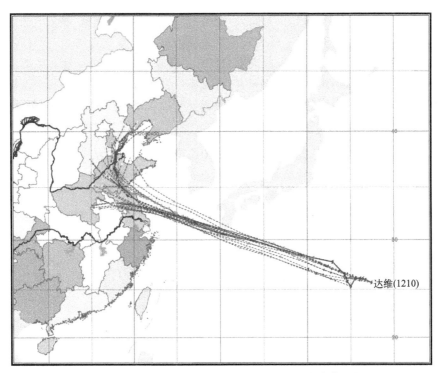

图4　1210号台风"达维"全路径图(来源:中央台综合预报)

5.2　重视台风登陆后降水影响的测算与评估

台风"苏拉"停止编号后,由于受其残留云系和西南季风云团的共同影响,内陆地区出现强降水,过程长时间持续并自东向西影响江西、湖南、广西、云南等大范围地区。同时,台风"达维"在北上的过程中与北面冷空气的结合,也给辽宁、河北、山东等地出现了大范围强降雨,"苏拉"和"达维"在深入内陆后长时间的风雨影响不可小觑。建议各级气象部门在继续关注、总结台风与其他天气系统结合产生持续性降雨的同时,还需进一步提高对台风登陆后残余云系造成的降水影响的重视程度,加强相关技术研究。

5.3　努力完善北方台风少发地区的防台体系,提高此类地区的抗台防台能力

根据表1台风"苏拉""达维"双台风过程中各主要影响省份受灾情况可以明显看到,尽管台风"苏拉"和"达维"的出现形式罕见,但它们所带来的降水量属于一般台风的正常强度。而面对如此强度的台风,防台意识与防台经验明显不足的北方地区,其灾情程度远远大于南方地区(浙江、江苏、福建、江西等南部地区的受灾人数、直接经济损失都明显少于辽宁、山东、河北等北部地区,且南部地区无人员死亡,而北方地区共计16人因灾死亡)。为此,建议相关部门进一步提高北方地区的公众防台意识,完善台风少发地区的防台体系,提高抗台防台能力和水平,尽可能减少台风天气带来的生命财产损失。

2012 年 8 月 4—12 日台风
"海葵"天气过程气象服务分析评价

王丽娟   吕明辉   叶   晨

(中国气象局公共气象服务中心,北京 100081)

摘   要   2012 年第 11 号台风"海葵"是 2012 年以来登陆我国大陆最强的台风,于 8 月 8 日 03:20 前后在浙江省象山县鹤浦镇沿海登陆,登陆时强度为强台风。"海葵"对我国的风雨影响长达8 d,浙江、江苏、安徽等省市部分地区的日降水量、风力、持续时间突破历史极值,造成 1019 万人受灾,6 人死亡,紧急转移安置 217.3 万人,直接经济损失约 300 多亿元。在"海葵"台风应急期间,各级气象部门预报准确,预警及时,预警信息全网发布;各省党委政府应急处置早,部门联动响应及时到位,社会媒体积极参与,与历史相似台风 0414"云娜"相比,其造成的损失相对偏轻,特别是造成的人员伤亡明显减少。

本报告深入分析了"海葵"台风应对过程中气象预报预警、预警信息发布、气象服务、政府组织、部门应急联动等主要环节的工作及其效果,认为针对"海葵"台风相关气象部门提早决策服务、保障公众服务、跟踪行业服务以及政府应急组织有力、部门防御得当等方面的做法卓有成效,可以为登陆台风防灾减灾工作提供参考和借鉴。

1   概述

2012 年第 11 号台风"海葵"于 8 月 8 日 03:20 前后在浙江省象山县鹤浦镇沿海登陆,是 2012 年登陆我国大陆的最强台风,(见图 1)。"海葵"登陆时强度为强台风,8 月 8 日白天穿过浙江省,8 日夜间进入安徽省,给长江三角地区带来持续强风雨。"海葵"具有生成纬度较高、

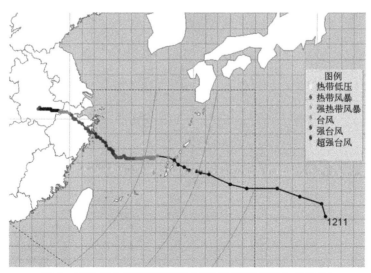

图 1   1211 号台风"海葵"移动路径图(浙江省气象局提供)

前期移速快、后期移速慢、登陆强度强、影响时间长、影响范围广等生命史特点。海葵带来的风、雨、潮影响一直持续到 13 日,长达 8 d。大风持续时间长,范围广,强度强;累计雨量大,分布较均匀,浙江中北部沿海风暴增水明显。

受"海葵"影响,浙江、上海及苏皖南部、江西东北部出现区域性大暴雨,8 月 6 日 20 时—11 日 8 时,浙江中北部、江苏东北部和西南部、安徽南部、江西东北部等地部分地区降雨量达 250~500 mm(见图 2),浙江北部和中东部、江苏南部、上海等地出现 9~11 级阵风,局部达 16 级,浙江沿海甚至出现持续性大风(见图 3)。

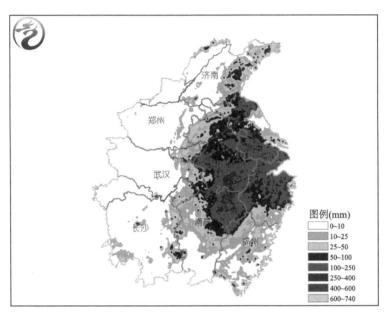

图 2　1211 号台风"海葵"降雨量实况图(2012 年 8 月 6 日 20 时—11 日 08 时)(中央气象台提供)

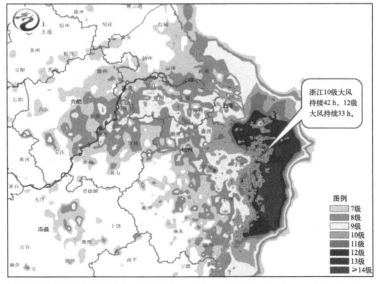

图 3　1211 号台风"海葵"带来的瞬时大风实况图(2012 年 8 月 6 日 20 时—10 日 08 时)(中央气象台提供)

2　灾情及影响

　　"海葵"登陆后缓慢西行,给浙江、安徽、江苏、上海、江西等 5 个省(市)带来严重影响,浙江、江苏、上海、江西等地重复受灾,影响涉及农业、水利、交通、工业、电力、住建、民航、航运、林业、渔业以及城市运营等诸多行业和部门。据民政部门、防汛部门统计,截至 8 月 10 日,"海葵"造成 1019 万人受灾,因灾死亡 6 人,紧急转移安置 217.3 万人;直接经济损失约 300 多亿元[①]。其中,浙江受灾最为严重。但与历史相似台风相比,其造成的损失相对偏轻,特别是造成的人员伤亡明显减少。

表 1　1211 号台风"海葵"受灾省份灾情反馈情况

受灾地市	受灾情况
浙江	截至 8 月 9 日 16 时,浙江因台风"海葵"造成杭州、宁波、嘉兴、湖州、绍兴、金华、衢州、舟山、台州、丽水等 10 市 74 个县(市、区)652.9 万人受灾,紧急转移 170.4 万人,直接经济损失共 236.3 亿元,其中农林渔业损失 122.8 亿元,工业交通业损失 61.3 亿元,水利工程损失 28.7 亿元。
安徽	据不完全统计,台风"海葵"造成安徽 10 市 62 个县(市、区)312.5 万人受灾,因灾死亡 3 人,紧急转移安置 22 万人,农作物受灾面积 210.3 千公顷,倒塌房屋 6469 间,严重损坏房屋 14676 间,一般损坏房屋 16956 间,直接经济损失 37.8 亿元。
江苏	截至 8 月 13 日 10 时,江苏省因台风"海葵"造成 138.2 万人受灾,因灾死亡 4 人(其中 3 人为雷击死亡),受伤 9 人,紧急转移 14.6 万人,农作物受灾面积 87680.65 hm^2,成灾面积 16653.43 hm^2,绝收 15021.47 hm^2,倒塌房屋 523 间,严重损坏房屋 775 间,一般损坏 6116 间,直接经济损失 11.4 亿元,其中农业损失 7.1 亿元。
上海[②]	据网络新闻,"海葵"台风造成上海因灾死亡 2 人,紧急转移 25.2 万人,农业生产直接经济损失近 5 亿元。
江西	据江西省民政厅统计,"海葵"台风造成景德镇、九江、上饶、鹰潭、抚州和南昌 6 市 192.9 万人受灾,紧急转移安置 26.6 万人,农作物受灾面积 12.7 万 hm^2,全省直接经济损失 32.9 亿元。尤其以景德镇市灾情最为严重。"海葵"台风对江西造成的灾害影响程度为严重等级。

---

　　① 资料来源于《中国气象局值班信息第 174 期》。

　　② 由于上海市气象局未提供灾情数据,此处灾情数据主要是从门户网站新闻报道中获得。

图4　1211号台风"海葵"造成灾情图片

(a)浙江省椒江区瓜田受淹(资料来源于浙江省气象局)(b)浙江省岱山县水库溃坝现场(资料来源于浙江省气象局)
(c)浙江省温州洞头岛,岸边巨浪高达十余米(资料来源于新浪网)(d)江西省庐山南山公路出现较大塌方(资料来源于
江西省气象局)

3　致灾因子分析

(1)风、雨、潮齐聚导致"海葵"引发严重灾害

受"海葵"影响,浙江、江苏、安徽等省市部分地区的日降水量、风力、持续时间突破历史极值。浙江北仑(257.1 mm)、象山(189.0 mm)、安吉(211.0 mm)及江苏金坛(316.5 mm)日降水量均突破历史极值,江苏响水(487 mm)为历史次高值,最大小时雨量115.4 mm(8月10日10—11时)。8月7—8日,浙江沿海12级以上大风持续33 h,14级以上大风持续24 h。浙江东矾风力最大达56.0 m/s(风力16级)。浙江中北部沿海风暴增水高,杭州湾最大增水达300 cm。大风造成长江口及海上作业船只召回,房屋倒塌、损坏,农作物受灾。暴雨造成农作物受灾,部分农作物绝收。强降水过程造成能见度低、地面湿滑,交通堵塞,高速公路限行,多起航班延误,城镇内涝。

(2)强度强、移速慢、台风影响频繁是"海葵"致灾严重的直接原因

台风"海葵"8月7日14时发展为强台风并维持12 h,登陆强度达到了强台风级别,登陆后强度减弱缓慢,并深入安徽南部;另外"海葵"螺旋云带完整、云系覆盖面广造成其影响范围较大,加之扫过的长江三角地区为经济发达省(市),增大了台风气象灾害风险和损失。此外,台风"苏拉"的影响刚于8月5日结束,两个台风影响间隔仅2 d,亦属历史罕见。当"海葵"带来的强降水与前期台风影响形成叠加时,极易引发山洪、泥石流等次生灾害,造成人员伤亡。

(3)雷击、房屋倒塌、水库溃坝是造成人员死亡的直接原因

从人员伤亡统计看,台风影响期间,强对流天气、强风导致的房屋倒塌、高空坠物、强降水导致的水库垮坝等事件是直接或间接造成人员伤亡的主要原因。

4　预报预警

针对"海葵",浙江、安徽、江苏、上海、江西五省(市)各级气象部门在前期预报服务和气象应急保障服务等方面做了大量的工作,为政府决策、群众避险提供科学依据,得到当地政府、相关部门和公众的肯定。

4.1　预警情况

随着"海葵"的不断加强和靠近,五省(市)气象部门在台风登陆前,提前 4 d 发布台风黄色预警,提前 2 d 发布台风橙色预警,气象部门根据台风的风雨潮影响,最快提前 18 h 发布暴雨红色预警。8 月 3 日起,相关省市气象部门开始向政府、党政机关、相关部门报送决策材料,协助政府决策,提请各有关单位加强防范。同时,提醒公众尽量减少外出、注意防范风、浪、潮及次生灾害的影响。具体情况见表 2。

表 2　受"海葵"影响省(市)气象部门预警信号发布时间和发布等级

单位	预警发布时间	预警信号等级
浙江	8 月 4 日	台风黄色
	8 月 6 日晚	台风橙色
	8 月 7 日 14:00	台风红色
安徽	8 月 8 日 9:50	台风黄色
	8 月 8 日 10:30	暴雨黄色
	8 月 8 日 15:30	暴雨橙色
	8 月 10 日 12:19	雷电黄色
	8 月 10 日 13:23	雷电橙色
江苏	8 月 5 日 16:00	热带风暴消息
	8 月 6 日	强热带风暴警报、强热带风暴紧急警报
	8 月 7 日 10:00	台风蓝色
	8 月 7 日 15:00	台风黄色
	8 月 8 日 09:00	台风橙色
	8 月 8 日 18:00	暴雨红色
	8 月 10 日 09:00	暴雨红色
上海	8 月 8 日 11:02	暴雨橙色
	8 月 8 日 11:30	台风红色
江西	8 月 9 日 10:00	暴雨蓝色
	8 月 10 日 05:00	暴雨黄色
	8 月 10 日 08:00	暴雨橙色

4.2　预警发布与传播

面对来势汹汹的强台风"海葵",各级气象部门高度重视台风预警信息发布和传播工作,加强与媒体、应急、通信等部门联系,通过电视、广播、网站、报纸、短信、声讯、电子显示屏、气象微博、中国气象频道、新闻发布会等各种渠道发布台风及其灾害防御建议等各类气象服务信息,及时向社会公众传递气象信息,主动为台风高影响的专业气象服务用户提供跟踪服务。据统计,台风"海葵"影响期间,五省(市)共发布预警短信近 2 亿人次,网络浏览量近 3000 万人次,声讯电话拨打量 25 万人次,浙江、安徽、江苏扩大预警信息覆盖面,全网发布"海葵"台风应急预警短信。具体情况见表 3。

表3　受"海葵"影响部分省(市)气象部门预警信息发送情况

省份	发布方式	发送数量
浙江	短信(全网发布)	8588万人次
	声讯电话	7.2万人次
	网络(8月4—9日)	1948万次
	电视现场连线	3次
	专家连线	1次
安徽	短信(全网发布)	935万人次
	"安徽气象"腾讯官方微博	5万人次
	突发公共事件预警信息发布平台	2725万人次
江苏	短信(全网发布)	9032万人次
	声讯电话	3.9万人次
	网络(8月7—12日)	625万次
	专家连线	3次
江西	短信(全网发布)	500万人次
	声讯电话	11万人次
	网络(8月7—12日)	128万次

5　气象服务特点分析

在"海葵"台风防御过程中,浙江、江苏、安徽、上海、江西五省市各级气象部门台风预报准确,预警及时,覆盖面广,公众气象服务、决策气象服务、专业气象服务扎实到位、成效显著,"政府主导、部门联动、群众参与"的气象防灾减灾机制作用明显,为群众转移赢得宝贵时间,最大程度避免了人员伤亡和群死群伤事件。此次台风防御的应急管理和气象服务具有以下四个特点:

5.1　政府高度重视,成功组织防台工作

面对"海葵",各级政府高度重视台风防御工作。中国气象局启动2007年以来首个Ⅰ级应急响应;国家防总启动防汛防台风Ⅲ级应急响应,国家防总召开全国防汛电视电话会;浙江省防指办按照《浙江省防汛防台抗旱应急预案》,启动防台风Ⅰ级应急响应,紧急转移154.6万人,浙江省民政厅紧急启动Ⅲ级响应,协助开展救灾工作;江苏省政府启动台风Ⅱ级应急响应,江苏省减灾委启动《自然灾害应急预案》Ⅲ级响应,江苏省政府办公厅下发了《省政府办公厅关于切实做好今年第11号台风防御工作的紧急通知》,省级领导做出10余次批示,先后召开10余次会议,江苏省政府领导、省防指派出工作组赴台风影响地区指导防台工作,全省撤离、转移14.6万人。

5.2　部门积极行动,及时采取防台措施

在防御2012年第11号台风"海葵"过程中,各级防汛抗旱部门根据气象部门发布的预警信号及时启动应急预案,下发通知,部署台风防御和救灾工作,重点市县有关单位及时做好防

台准备。

各省防指及时撤离、转移危险地带人员,安排太湖流域水库、河流排水,扩大库容;省、市、县 3 级防汛机动专业抢险队集结待命,做好抢险准备;环保厅专门发出通知,要求对长江及太湖上的化工企业加强检查指导,强化水质监控,防止出现突发性水污染事件;建设、城管等部门提前检查各项基础设施,部署排涝和低洼地带的安全避险措施;电力、通信、煤气、自来水等部门及时采取有效防范措施,确保城市安全。海事、海洋渔业部门强化养殖、捕捞、航运管理,组织船只回港避风;农业部门做好设施农业、规模养殖场设施的加固;国土部门加强地质灾害隐患点的监测预警,提前转移灾害易发区人员;旅游部门提前关闭涉海、涉水旅游景点,做好游客的预警、疏导和避险转移工作;电视、广播、报刊等媒体滚动播出台风动态、预报和防台知识。

5.3　紧贴行业需求,加强台风专业气象服务

在"海葵"影响期间,浙江、江苏等省气象部门为农业、交通、航运、海洋、海事、港航、铁路、电力等高影响行业用户跟踪发送台风相关信息,实时更新气象服务网站的监测和预报信息。

针对杭州湾大桥、舟山跨海大桥,浙江省气象部门进行高频次气象服务,为其科学调度、防御台风赢得了时间。针对种植业和设施农业,江苏省气象局于 8 月 7 日发布了《江苏农业气象灾害预警》和《"海葵"又将至,农业防灾减灾乃当务之急》,指导各地农业防台工作;针对螃蟹养殖,制作特色农业气象服务材料《"海葵"来临养殖户需加强防范》。针对沪宁等 16 家高速公路、省高速公路联网运营管理中心及省海事局、水上交通发布台风"重要交通气象信息专报",详细阐述"海葵"的路径、强度及可能对公路交通造成的影响。

5.4　加强设备保障,做到信息服务不间断

应急期间,江苏、浙江省等气象部门加强对各类现代化仪器、网络设备的监控。江苏省气象部门联合相关厂商,提前做好移动气象台调试准备工作,并安排技术人员现场保障。应急期间,电话联系台站 50 次,省市县各级装备保障人员及时出动,排除故障,保障了江苏省气象装备运行正常。在"海葵"登陆前夕,为防止出现服务器故障导致用户访问中断的情况,浙江省气象局对服务器架构和网站系统进行再次调整优化,保障了浙江天气网台风专题 40 万次/时的点击率,截至 9 日 14 时,浙江天气网台风专题点击量超过 1700 万次,浙江天气网总点击量更是接近 2000 万次。

6　思考与启示

面对台风"海葵",气象部门预报预警准确及时,各级政府应对有力,防御得当,为防灾减灾工作提供有益启示,其中有许多方面值得思考与总结。

6.1　加强台风登陆后降水预报技术的研究

"海葵"减弱为热带低压后,其残留云系和弱冷空气共同造成江苏、江西、安徽、浙江、上海突发强降水和强对流天气。虽然相关省、市气象台均提前预报、滚动订正,及时制作短临警报,发布预警信号,但与实况对比,短期预报对强降水落区和强度的不够精确,落区较预报偏北,强度远比预报的大;强降水预报主要依靠短临监测预警,短期预报提前量不够。可见,台风登陆后形成强降水的机制以及强降水预报技术仍有待深入研究,以提高台风暴雨的落区和强度预报的准确率、提前量和精细化水平。

6.2　发展微博和智能应用软件在台风预警信息传播中的作用

"海葵"台风预警信息传播中,微博发挥巨大作用,同时基于 Android 等系统的智能手机客户端的预警推送也值得关注。在智能手机逐渐普及的情况下,气象微博的实时传播能力将逐步超越手机短信,智能气象应用软件的强大推送能力,能够解决短信系统信息堵塞和严重延迟问题,因此,微博和面向手机、电脑的智能应用气象软件已逐渐成为另一类气象预警有效发布方式。因此,建议气象部门积极发展微博、智能应用气象软件在预警信息传播中的作用,提高预警信息发布的时效性和覆盖面。

6.3　充分发挥政府组织在台风防御中的关键作用

"海葵"登陆强度与 0414 号台风"云娜"相似,二者给浙江省带来的经济损失大致相当,但是造成的人员伤亡却截然不同。"云娜"造成浙江省 179 人死亡,"海葵"以强台风强度登陆浙江,却没有因台风造成人员伤亡。究其原因,后者除了在防台工程性措施方面有所改进之外,政府高度重视、积极组织防台工作是此次台风成功防御的关键。因此,政府部门对台风破坏性的认识程度,对台风防御工作的重视程度,对提前做好高效、可行的应急预案,减少台风造成的群死群伤事件发生都具有十分关键的作用。

6.4　充分发挥基层防灾减灾体系在台风防御中的基础作用

通过多年气象灾情资料进行分析,气象灾害预警联动联防和气象防灾减灾的薄弱环节在基层,因而,气象灾害造成的损失也主要发生在基层和弱势群体。调查显示,还有相当多基层应急人员对预警信号含义、相应防御措施以及服务产品的应用不太了解。因此,建议气象部门继续加强基层科普宣传工作,提高公众抗御台风能力。同时,协助政府对基层应急人员进行分层次、全面性培训,普及气象防灾减灾知识,增强基层防灾意识、组织防御和处置能力。

2012 年 1—3 月青海省青南牧区
雪灾天气过程气象服务分析评价

刘蓉娜　　时兴合　　王振宇　　戴　升

（青海省气象局,西宁 810001）

摘　要　受极地冷空气南扩和高原槽活跃的共同影响,2012 年 1 月 2 日—3 月 8 日,青海省青南牧区出现长时间、大范围、连续降雪天气过程,致使该地区降雪量与降雪日数均创历史同期第一,加之部分地区最高气温偏低,积雪持续难以融化,出现了历史少见的冬、春季两季连续积雪,导致玛沁、甘德、达日、玛多等县出现不同程度雪灾,甘德达到了重度雪灾。对牧业生产、交通运输产生严重影响。针对此次雪灾过程,青海省气象部门做到了准确预测,服务及时、预警有效,加强了灾害风险防范,适时启动应急响应,抗灾气象服务有序有效。

1　概述

受极地冷空气南扩和高原槽活跃的共同影响,2012 年 1 月 2 日—3 月 8 日,青海省青南牧区出现长时间、大范围、连续降雪天气过程,其主要特点表现如下。

(1)大部分地区最高温度普遍偏低

2012 年 1 月 3 日—3 月 8 日,青南牧区平均最高气温总体偏低且呈南高北低分布,期间平均最高气温为 -1.2℃,较 1981—2010 年平均值偏低 0.5℃,为 1998 年气温显著增暖以来同期第 2 低值(图 1)。与历年同期相比,除青南南部少数地区平均最高气温偏高了 0.2~0.7℃外,其余大部地区偏低 0.2~2.0℃,其中甘德、河南、泽库等青南地区东北部偏低幅度在 1.0℃以上(图 2),不利于积雪融化。

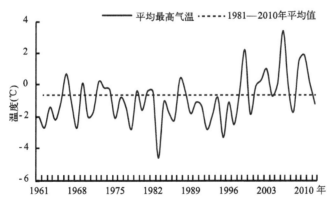

图 1　1961—2012 年 1 月 3 日—3 月 8 日青南牧区平均最高气温变化曲线

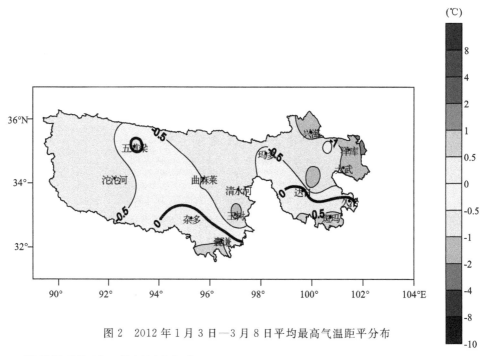

图2　2012年1月3日—3月8日平均最高气温距平分布

(2)降雪量及降雪日数创历史新高

1月2日—3月8日,青南牧区降雪量大部分地区明显偏多,平均降雪量为22.7 mm,较1981—2010年平均值偏多1.2倍,为1961年来历史同期第1多(图3)。各地降雪量在7.5~42.3 mm之间,与历年同期相比,除囊谦降雪偏少1成、班玛接近常年外,其余地区降雪量偏多5成~2.4倍,其中青南中北部地区偏多1倍以上,曲麻莱偏多2倍以上,称多、泽库、曲麻莱、同德、甘德降雪量达到1961年以来历史同期最多值(图4)。

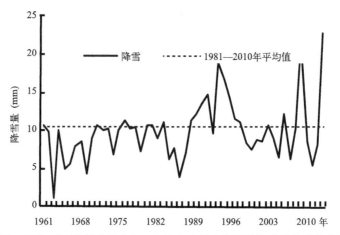

图3　1961—2012年1月2日—3月8日青南牧区平均降雪量变化曲线

1月2日—3月8日,青南牧区平均降雪日数为22.5 d,较1981—2010年同期平均值偏多10.5 d,创1961年以来同期降雪日数最多。各地降雪日数在13~34 d之间,与历年同期相比,各地偏多0.4~18.5 d,尤其是青南中北部地区降雪日数偏多最为明显,偏多10 d以上,其中泽库、河南、甘德、治多降雪日数创1961年以来历史同期降雪日数最多(图5)。

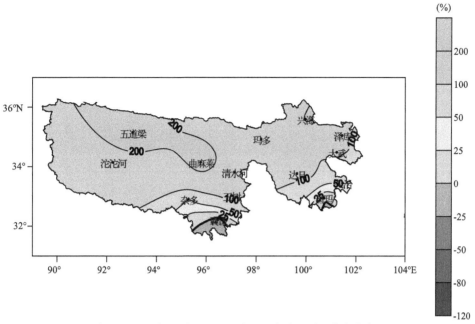

图 4　2012 年 1 月 2 日—3 月 8 日降雪距平百分率分布

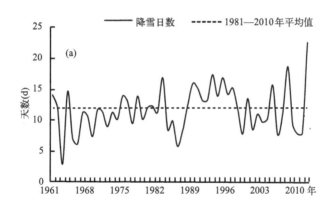

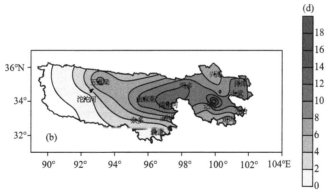

图 5　1961—2012 年 1 月 2 日—3 月 8 日青南高原平均降雪日数变化曲线（a）及
2012 年 1 月 2 日—3 月 8 日降雪日数距平分布（b）

（3）长时间、大范围积雪名列历史第三位

从1月3日—3月8日的青南牧区期间各地≥2 cm积雪累计时间来看（图6），甘德、称多累计时间超60 d，泽库、曲麻莱、河南、达日超过30 d，截至3月8日，青南地区仍有甘德、久治、曲麻莱、杂多等8县的积雪维持在2 cm以上。与历年同期相比，曲麻莱、称多、甘德≥2 cm积雪累计时间列1961年以来第二位，玛沁、河南列1961年以来第三位。

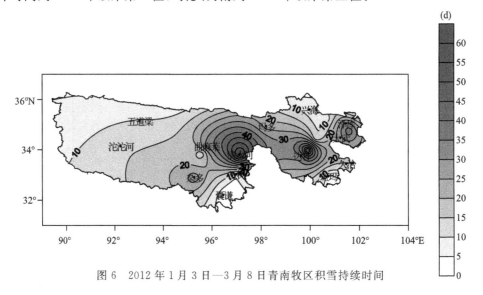

图6　2012年1月3日—3月8日青南牧区积雪持续时间

卫星遥感监测表明，1月3日—3月8日，青南牧区16县中，玉树、称多、曲麻莱、玛沁、甘德、玛多、兴海、同德、泽库等九县最大积雪面积占行政面积的90%以上，其中甘德、泽库两地曾一度接近99%。最大积雪面积出现时间则主要集中在1月14日和2月10日两次降雪过程中（表1）。

表1　1月3日—3月8日青南牧区最大积雪面积及其占行政面积比例和出现时间

所属州	县（乡）	最大积雪面积（km²）	占行政面积比例（%）	出现的日期
海　西	唐古拉	32538.30	68.13	1月12日
玉　树	玉　树	14289.00	91.70	2月10日
	杂　多	27114.50	76.38	1月14日
	称　多	13839.00	94.42	1月14日
	治　多	36035.50	44.64	1月14日
	囊　谦	5374.25	44.57	1月14日
	曲麻莱	44283.80	95.09	1月12日
果　洛	玛　沁	13029.25	97.30	2月10日
	班　玛	1940.50	31.19	2月19日
	甘　德	7041.75	98.75	3月1日
	达　日	11025.00	75.27	1月14日
	久　治	7280.00	88.06	3月1日
	玛　多	23232.25	90.91	1月19日

续表

所属州	县（乡）	最大积雪面积（km²）	占行政面积比例（%）	出现的日期
海 南	同 德	4418.75	94.46	2 月 10 日
	兴 海	11955.75	97.78	2 月 10 日
黄 南	泽 库	6643.75	98.75	2 月 10 日
	河 南	5430.50	80.76	1 月 12 日

可见,青南牧区出现的持续降雪过程,使得降雪日数明显偏多、降雪量显著偏大,加之最高气温偏低,导致积雪一度难以融化,出现历史同期少见的长时间、大范围冬、春季两季连续积雪,并导致雪灾发生。

2 灾情及影响

由于气温低及大面积积雪造成牲畜无法采食,致使牧民生活和畜牧业生产受到不同程度影响,截至 3 月 26 日灾情统计,青南受灾牧民 11688 户、40677 人,雪灾已造成雪盲 704 人,冻伤 425 人;倒塌房屋 104 间,损毁帐篷 137 顶;因灾死亡牲畜 90476 头(只、匹),其中牛 76878 头、羊 13352 只、马 246 匹。甘德县因灾死亡牲畜 57886 头(只、匹),玛沁县 18172 头(只、匹),玛多县 6794 头(只、匹),达日县 5760 头(只、匹),班玛县 1222 头(只、匹),久治县 2253 头(只、匹)。雪灾已造成经济损失 27674.88 万元,其中直接经济损失 17111.68 万元、间接经济损失 10563.20 万元。

3 致灾因子分析

(1)青南牧区处在雪灾偏多的气候大背景下

1 月以来,青南牧区出现的雪灾是在近 20a 以来雪灾发生频次增多的背景下发生的。近 20 a 以来,青南牧区后冬(1—2 月)≥5.0 mm 降雪量呈明显的增加趋势,增幅达每 10 a 增加 0.931 mm。特别是 20 世纪 90 年代以来,后冬的降雪量明显增加,雪灾发生的几率增大。

(2)乌拉尔山阻塞高压稳定维持、极地冷空气向南扩散

1 月以来,北半球中高纬地区位势高度场为两槽一脊形势,北极涛动(AO)指数明显减弱,维持较强的负位相,乌拉尔山阻塞高压建立并长期维持,西伯利亚高压偏强,有利于北方冷空气南下影响青南牧区(图 7)。

(3)高原槽活跃、西太平洋副热带高压明显偏强偏西

1 月以来,大部分时间低纬地区南支波动比较活跃。西太平洋副热带高压明显偏西偏强,中东高压加强并北抬,高原槽加深、发展并维持,有利于西南暖湿气流的输送,并与北方冷空气在高原上空汇合,从而造成这些地区降雪的异常偏多。

以上分析表明,在雪灾偏多的气候大背景下,由于极地冷空气向南扩散,加之高原槽活跃,从而造成青南牧区降雪量异常偏多,最高气温偏低,积雪长时间难以融化,形成雪灾。

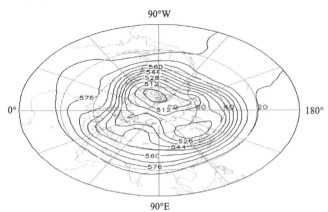

图 7　2012 年 1 月 3 日—3 月 8 日北半球 500 hPa 平均位势高度分布(10 gpm)

4　气象服务特点分析

(1)准确预测,灾害防范有效

通过多年业务能力的持续改进,青海省雪灾气候预报预测水平得到了明显提升。2011 年汛期结束后,省气象局针对今冬明春全省的气候状况进行预测,做出了"今冬明春我省牧区出现雪灾的风险较大"的结论,并及时以《气象信息专报》上报省委、省政府,青海省委强卫书记和省政府主管领导做出重要批示。根据预测,青海省气象局及时安排部署今冬明春气象服务工作,有效防范灾害。

(2)有效预警,服务主动及时

2012 年 1 月 13 日 11 时,青海省气象台发布了黄南、果洛、玉树大部地区的雪灾蓝色预警。雪灾预警发布后,各级气象部门严密监测、跟踪天气的变化,加强积雪面积、积雪深度的不间断连续监测与分析,做好省、州级天气会商,做好预报预警服务工作。通过青海新闻综合频率和青海藏语频率广播、青海生活频道电视、青海气象信息网、人民网青海频道、中国天气网、青海省气象局综合信息管理系统等网站向社会发布预警信息,雪灾应急响应期间,手机短信共计发送暴雪、道路结冰、大风等各类天气预警信号 115 次,接收人数达 755.6 万人次。省气象局及各州局向当地党政部门报送决策服务材料 41 期(626 份)。

(3)适时启动应急响应,部门联动形成合力

加强气候趋势研判。1 月 13 日 11:20 启动青海省气象局雪灾Ⅳ级应急响应命令。玉树、果洛、黄南州气象局及各相关单位立即进入雪灾应急响应状态,州—县逐级启动本地区应急预案,并根据预案做好了对下级单位的指导工作。按照《青海省重大突发事件气象保障服务应急响应流程(试行)》(青气发〔2011〕18 号)要求,带班局领导和领班人员的手机保持全天 24 h 开通,严格执行 24 h 应急值班制度,主要负责人实行带班制度,同时各级气象台站加强了天气的监测、预报、预警及跟踪服务工作,并及时收集上报灾情。

进入应急响应的各单位,组织进行了全省应急响应期间的综合协调、通信传输网络系统保障、灾情调查和部门联防等工作,组织进入应急响应单位每天 9 时进行天气会商,并实行"零"报告制度。每日 16 时将应急响应情况上报中国气象局应急办和省政府应急办。2 月 2日 10:35,省气象局解除雪灾Ⅳ级应急响应。

1月13日,省气象局邀请农牧、民政和交通等相关部门,共同进行了重大天气会商,互相通报相关信息。1月20日,省政府组织省政府应急办、省民政厅、省农牧厅、省交通厅、青藏铁路公司等单位召开了联席会议,各单位及时互通灾情信息,气象防灾减灾联席会议制度的作用得到有效发挥。

5 社会反馈

10月份青海省局气候中心预测,今冬明春牧区雪灾风险较大。时任副省长邓本太做出批示:"请农牧厅抓紧安排部署今冬明春防灾保畜工作,月底前完成饲料调运,并对各地储备防范情况进行一次检查报政府,气象局做好降雪及气象灾害的监测预警预报工作,积极配合农牧部门做好各项防灾工作。"1月19日,根据气象局报送的气象信息,邓本太在《青海值班快报》上做出批示:"我省南部地区近期降雪过程已达到轻度雪灾气象标准,积雪将维持时日,后期还会有降雪天气,请各地及气象、农牧、民政、交通等部门务必高度重视,进一步加强防灾减灾工作,要密切关注天气演变并及时发布信息。根据各地成灾情况解决抗灾工作,并请省政府副秘书长张文华负责协调落实。"1月20日,在省政府组织召开的联席会议上,省政府副秘书长张文华要求气象部门加强与有关部门的联系沟通,密切监视天气变化,及时发布和上报天气信息;农牧厅根据气象部门监测的雪灾情况,及时向雪灾高影响地区紧急调拨饲草料。

6 思考与启示

(1)精心组织早预测

2011年汛期结束后,青海省气象局提早组织相关业务单位,对今冬明春青海省的气候进行预测,做出了"今冬明春我省牧区出现雪灾的风险较大"的结论。

(2)发现苗头早预警

降雪过程期间,青海省气象局组织各级气象台站严密监测、跟踪天气的变化,玉树州气象台和黄南州气象台分别发布了黄南南部和清水河地区暴雪蓝色或黄色预警信号。

(3)启动响应早应对

根据前期降雪和积雪监测情况,青海省气象台1月13日11时发布雪灾蓝色预警。根据天气实况监测和天气趋势预报,11:20青海省启动雪灾Ⅳ级应急响应命令,省气象局相关单位和部门及海南、黄南、玉树、果洛气象局立即进入应急响应。

(4)上下联动早服务

1月13日,青海省气象局根据前期天气实况,邀请了省农牧厅、省民政厅和省交通厅等相关部门,共同进行了重大天气的会商,互相通报相关信息。1月20日,省政府组织省政府应急办、省民政厅、省农牧厅、省交通厅、青藏铁路公司等单位召开了联席会议。

2012 年 5 月 10 日甘肃省岷县
特大冰雹、山洪、泥石流灾害气象服务分析评价

史志娟　杨　民

(甘肃省气象局应急与减灾处,兰州 730020)

摘　要　2012 年 5 月 10 日,甘肃省定西市部分地区发生大范围冰雹及强降雨,引发山洪泥石流灾害,造成了重大的人员伤亡和财产损失。针对此次天气过程,甘肃省气象局 5 月 9 日便制作发布了题为"10—12 日我省陇东南局地有大到暴雨 注意防范中小河流洪水和山洪地质灾害"的《重大气象服务专报》,预计 5 月 10—12 日,甘肃省将有一次明显的降水天气过程,并于 23:55 启动 II 级应急响应。

1　概况

受蒙古低压前部分裂南下的冷空气影响,青藏高原东部的低槽切变在东移过程中加强。由于湿度较大,大气层结处于不稳定状态,加之午后的热力作用,高原对流云发展旺盛,在冷空气、高原低槽及强对流云系共同影响下,2012 年 5 月 10 日 8 时—11 日 8 时,甘肃全省大部分地方普降小到中雨,其中定西、陇南、甘南、天水、平凉、庆阳、临夏等市(州)出现中到大雨,定西、陇南、甘南三市(州)局部地方出现暴雨。最大雨量出现在甘南州临潭县八角(71.1 mm),定西市岷县麻子川乡(69.2 mm),陇南市康县康南林场(65.7 mm)、阳坝(54.2 mm)、两河(53.1 mm)、三河(52.1 mm),陇南市文县中庙(52 mm)。另外在乌鞘岭、岷县、临夏、碌曲、卓尼等县出现冰雹,据调查岷县冰雹最大直径 40 mm,部分地区积雹厚度达 10 cm。

2　灾情及影响

大范围冰雹及强降雨,引发山洪泥石流灾害,造成了重大的人员伤亡和财产损失。截至 5 月 16 日 20 时,此次灾害共造成 53.86 万人受灾,因灾死亡 54 人,失踪 17 人,受伤 114 人;需紧急救助和转移安置人口 15.24 万人;农作物受灾面积 36905.77 hm²,其中成灾 26643.27 hm²,绝收 11183.97 hm²,毁坏耕地面积 2806.8 hm²;因灾死亡大牲畜 101 头、死亡羊 227 只;倒塌房屋 19697 间,严重损坏 41790 间,一般损坏房屋 51669 间。直接经济损失 71.09 亿元(详细灾情还在统计中)。

其中定西市受灾最严重。岷县、漳县、渭源县 3 个县的 33 个乡镇、41.22 万人受灾;因灾死亡 54 人,失踪 17 人,受伤 114 人;需紧急救助和转移安置人口 14.99 万人;农作物受灾面积 13368.7 hm²,毁坏耕地 2321.8 hm²;倒塌房屋 19543 间,严重损坏房屋 40489 间。

图 1　2012 年 5 月 10 日定西灾情图片

3　致灾因子分析

（1）历时短。主要降水时段为 3 h，主要集中在 5 月 10 日 17—20 时，而出现强冰雹的时间则更短。

（2）强度强。观测资料显示，受灾严重的麻子川乡在 10 日 18—19 时，1 h 最大降水量就达 42 mm，5 月上旬末出现这种情况在甘肃极为少见。

（3）突发性强。强降水 17 时开始，18 时就出现了灾情。

（4）局地性强。定西暴雨主要出现在岷县的麻子川。

（5）多灾种并发。雷电、短时强降水、冰雹、阵性大风同时出现。

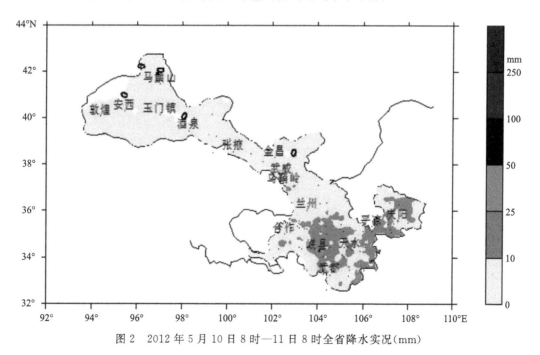

图 2　2012 年 5 月 10 日 8 时—11 日 8 时全省降水实况（mm）

表1　2012年5月10日17时—11日5时岷县区域站降水实况(mm)

站名	17—18时	18—19时	19—20时	20—5时
岷县气象站	0	1.9	1.8	7.6
西寨	2.6	1.9	1.7	15.6
清水	20.2	1.7	2	10.3
中寨	13.6	0.2	0.2	9.2
秦许	8.4	3.8	1.7	6
西江	9.2	0	1.5	8.7
麻子川(69.2)	5.4	42	10.6	11.2
茶埠(31.6)	12.1	4.2	2.8	12.5
蒲麻	0	3	3.3	12.4
闾井(20.9)	0	2.2	8.4	10.3
寺沟马烨林场	1.8	4.4	3.3	7.5

根据甘肃省定西市2007—2011年5年间自动站、区域站观测资料分析,5年间仅出现过13次1h降水量≥20 mm的情况(均出现在区域站)。其中,4次1h降水量≥30 mm,1次1h降水量≥40 mm。所有1h降水量≥20 mm的短时强降水均出现在6—8月份,以8月份为最多。2012年5月10日出现在定西的短时强降水(见表1,岷县麻子川、清水2站1h降水量≥20 mm,麻子川达42 mm),具有明显的极端性。

4　预报预警

此次天气过程,气象部门预报早、预警及时。详见表2。

表2　省、市、县灾害预报预警

省级指导预报及预警信号发布情况						
发布时间	5月8日17时	5月9日11时	5月9日17时	5月10日11时	5月10日15:16	5月10日17时	5月10日21:20
提前量	48 h	36 h	24 h	6 h	2 h	0~4 h	0~1 h
发布内容	甘南、临夏、定西、陇南、天水、平凉、庆阳等市州阴有小到中雨,局部地方有大雨。伴随降水过程,全省大部气温有所下降。受强降水影响,我省局部地方可能出现中小河流洪水和山洪地质灾害。	《重大气象服务专报》:"10—12日我省陇东南局地有大到暴雨注意防范中小河流洪水和山洪地质灾害"。	甘南、临夏、定西、陇南、天水、平凉、庆阳等州市阴有中雨,局部地方有大到暴雨。	临夏、定西、陇南、天水、平凉、庆阳等州市多云转阴有中雨,局部地方有大到暴雨。	发布甘肃省冰雹橙色及雷电黄色预警信号:甘南、临夏、定西、兰州等州市部分地方将出现雷电,并伴有短时强降水和阵性大风,局部地方有冰雹,请注意防范中小河流洪水和山洪地质灾害。	临夏、定西、陇南、天水、平凉、庆阳等州市多云转阴有中雨,局部地方有大到暴雨。	发布甘肃省暴雨蓝色预警信号:定西、甘南、天水、平凉、庆阳、陇南等州市局部地方降雨量将达50 mm以上,请注意防范暴雨引发的中小河流洪水和山洪地质灾害。

续表

定西市气象局预报预警发布情况				
发布时间	5 月 5 日	5 月 8、9 日	5 月 10 日 15 时	5 月 10 日 16 时	5 月 10 日 16：30
提前量	120 h	48 h、24 h	2 h	1 h	0.5 h
发布内容	10—11 日全市将出现一次明显降水天气过程。	全市阴有小到中雨，局地大雨。	《重大气象服务专报》：10—12 日我市局地有大到暴雨 注意防范中小河流洪水和山洪地质灾害。	定西市气象台发布 24 h 预报：全市中雨，局地大到暴雨。 岷县气象局发布 24 h 预报：全县阴有中雨，局地暴雨。	定西市气象台发布雷电黄色预警信号。

岷县气象局预报预警发布情况			
发布时间	5 月 10 日 16 时	5 月 10 日 16：50	5 月 10 日 17：12	5 月 10 日 19：30
提前量	1 h	10 min	20 min	0 h
发布内容	岷县气象局发布 24 h 预报：全县阴有中雨，局地暴雨。	岷县气象局发布雷电黄色预警信号：预计未来 6 h 内，我县部分地方有雷电，并伴有短时强降水和阵性大风，请注意防范。	岷县气象局发布冰雹橙色预警信号：预计未来 6 h 内，我县部分地方将出现雷阵雨冰雹天气过程，部分地方雨量可达暴雨。这次雷阵雨冰雹天气过程对我县大部分地方的农业生产、道路交通、人民生活带来不利影响，请相关部门做好部署，做好防御准备工作。	岷县气象局发布暴雨黄色预警信号：部分地方将出现 50 mm 以上的强降雨，请有关单位和人员做好防范准备。

注：岷县气象站观测 17：05 出现雷电，17：32 开始降雹。强降水从 17 时开始，暴雨预报预警提前量从 17 时开始计算。

5　气象服务特点分析

气象服务特点分析见表 3。

表 3　气象服务特点

应急响应时间节点	气象部门应急响应情况	各级政府应对措施
5 月 9 日	省气象局及天水、陇南市气象局制作并向当地政府呈送"10—12 日局地有大到暴雨 注意防范中小河流洪水和山洪地质灾害"的重大气象服务专报。	各级政府收到专报后，在政府门户网站转发，通报所辖市县区政府应急办。并要求国土、交通、水利、农业及林业等部门按照职责做好监测预警和防范工作。 省水利厅以明传电报形式，向各市州水利部门，转发《重大气象服务专报》，并要求各部门按照职责做好监测预警和防范工作。
5 月 10 日	定西市气象局制作并向当地政府呈送重大气象服务专报。	市政府收到专报后，在政府门户网站转发。

续表

应急响应时间节点		气象部门应急响应情况	各级政府应对措施
5月10日		兰州中心气象台,定西、岷县、陇南、天水、甘南、平凉、庆阳等市州县发布暴雨、雷电等预警信号。	各级政府将气象预警信号在政府门户网站转发,并通报所辖市县区政府应急办。 气象信息员在收到气象灾害预警信息后积极采取措施。第一时间通过广播、电话、串户通知等方式将灾害预警信息传播给农民。 天水市王锐市长针对市气象台发布的天气预报,对防汛工作进行了安排部署。预警信息逐级通知到农户。 时任陇南市委书记王玺玉、副市长曹承章收到气象预警信息后对灾害防御工作做出指示。 宕昌县县委、县政府及时组织山洪地质灾害易发区的新城子、沙湾一带的六个乡镇政府开展防范工作,对沿途河道上的作业人员、船只以及沿河村庄的人员做了撤离安排。 成县政府及时组织对鸡峰山崩塌区域人员进行了撤离,并通知各有关乡镇做好预防。
	23:07	23:01得到定西市气象局报告后,按照甘肃省应急响应工作流程展开工作,省气象局陶健红副局长立即向中国气象局应急办电话汇报相关情况。省局应急服务人员相继到位。	天水市清水县县委常委、副县长马利民带领县政府办、水务局负责人,冒雨深入县防汛办、国土局、住建局、永清镇和城区重点防汛地段,检查了防汛值班、防汛抢险物资储备、应急预案、防汛指挥系统等情况。
	23:10	张书余局长向时任副省长李建华汇报相关情况。	时任副省长李建华指示"请密切关注,及时报告情况"。
		定西市气象局启动暴雨气象灾害Ⅲ级应急响应。	
	23:50	上报重大突发事件报告:关于定西市岷县冰雹强降水造成多人伤亡的报告(初报)。	
	23:55	省气象局启动Ⅱ级应急响应。成立工作领导小组。	
5月11日	01:20	陇南市气象局启动Ⅱ级应急响应。	
	01:50	天水市气象局启动Ⅱ级应急响应。	
	02:05	向省委、省政府、省防汛办、省应急办、国土资源厅等各相关单位发送区域站雨情,呈送岷县应急气象服务专报第1期。	
	02:10	平凉市气象局启动Ⅱ级应急响应。	收到气象局应急响应命令后,平凉市政府04时向各县区拟发了相关通知,并在门户网上进行了发布,各部门立即进入应急响应状态。
		定西市气象局启动Ⅱ级应急响应。	
	02:51	张书余局长通过手机向中国气象局郑国光局长、沈晓农副局长汇报灾情和甘肃省应急服务。	
	03:50	定西市气象局朱国庆副局长带领相关业务人员奔赴岷县受灾现场进行灾情调查和服务。	定西市委、市政府启动抢险救灾应急预案。成立"5·10"冰雹暴洪灾害抢险救灾现场指挥部。气象局为成员单位。
	06:00	省局灾情调查组前往灾区。	
	06:30	向省委、省政府、省防汛办、省应急办、国土资源厅等各相关单位发布5—5时24 h雨情。	

续表

应急响应时间节点		气象部门应急响应情况	各级政府应对措施
5 月 11 日	06:55	张书余局长通过手机向时任副省长李建华汇报相关情况。	时任副省长李建华询问未来灾区的天气。
	06:58	张书余局长通过电话向中国气象局沈晓农副局长汇报相关情况。沈晓农副局长对此次预报服务工作给予充分肯定，并要求继续做好后续气象服务工作，及时总结上报预报预警服务情况。	省政府紧急启动三级救灾应急响应。 定西市政府启动Ⅰ级应急响应。 各县相应启动应急响应。政府主要领导赴灾区一线指挥工作。
	07:00	定西市气象局进入暴雨Ⅰ级应急响应状态。	
	08:00	向省委、省政府省防汛办、省应急办、国土资源厅等各相关单位呈送岷县应急气象服务专报第 2 期。	
	08:33	张书余局长通过电话向时任副省长李建华汇报相关情况。	时任副省长李建华指示要"加强雨情预报，以防大灾发生和灾情加深"。
	9 时—14 时	按应急预案，开展相关气象服务。按照省政府办公厅督查室要求，制作并报送"5·10"岷县特大暴洪灾害气象成因分析和气象服务工作总结。	省委副书记欧阳坚于中午 1 时紧急召集省委办公厅、省委宣传部、省委政研室、省民政厅、省国土资源厅、省建设厅、省水利厅、省农牧厅和省气象局等部门负责人参加会议，安排部署应急救灾有关工作。认真分析岷县遭受特大冰雹山洪泥石流灾害形成原因，研究提出今后防灾减灾的措施办法。
	14:05	向刘伟平省长秘书汇报最新气象信息。	
	14:45	省局解除甘肃省重大气象灾害（暴雨）Ⅱ级应急响应。	要求各级气象部门继续做好抢险救灾及灾后重建气象保障服务工作。

6　社会反馈

6.1　决策服务效果

5 月 12 日，省气象局局长张书余陪同省委书记、省人大常委会主任王三运和省委常委、时任副省长李建华现场查看了"5·10"岷县特大冰雹山洪泥石流灾害受灾情况。在听取了定西市、省气象局、省水利厅的有关工作汇报后，王书记对气象预警预报工作给予了高度评价和充分的肯定，反复谈到预警预报超前和基层工作扎实是这次灾害损失降低到最低程度的最重要的原因，认为这是在这次抵御自然灾害中积累的两条宝贵经验，需要在今后的工作中保持和发扬。5 月 13 日，在全省防灾减灾电视电话会议中，刘伟平省长高度肯定了气象部门在"5·10"岷县特大冰雹山洪泥石流灾害中的预报预警服务工作。刘伟平省长说乡镇在收到预警后组织了村民转移，减少了人员伤亡。李建华副省长在 5 月 10—13 日也指示气象部门，密切监视天气变化，做好气象预报预警和应急保障服务工作，并多次肯定气象部门的气象服务工作。

定西、陇南、甘南、天水、平凉等市（州）委、市（州）政府和岷县等县委、县政府也对当地气象部门在此次灾害性天气过程中的预报、预警服务作了肯定。

"5·10"特大冰雹山洪泥石流灾害抢险救灾工作组组长、时任国家民政部副部长孙绍聘在视察完岷县灾害现场后，高度评价了气象预报预警和气象信息员作用的发挥，指出：通过昨天的实地查看和走访受灾群众，普遍感觉气象部门提前发布预警预报信息，气象信息员及时传播预警信息并组织群众转移,有效避免了群死群伤,最大程度地降低了损失。

中国气象局局长郑国光、副局长沈晓农等领导同志在 5 月 11—13 日期间,也相继打电话指导甘肃省气象局加强"5·10"甘肃岷县特大冰雹山洪泥石流灾害的气象保障服务,并对甘肃省气象部门前期预报服务情况和气象应急保障服务给予肯定。

6.2 公众和媒体评价

由于此次暴雨过程关注早、预报准确、跟踪服务主动、预警及时,得到了社会公众、新闻媒体的好评。

7 思考与启示

7.1 成功经验

(1)"政府主导、部门联动、社会参与"的灾害防御机制是做好灾害应对工作的基础。根据气象部门提供的决策气象服务信息,各级政府积极组织相关部门做好灾害防御各项准备工作,气象信息员及时传播预警信息并组织群众转移,有效避免了成批人员伤亡,最大限度地降低了损失。

(2)规章制度、业务流程完善和执行规范是迅速应对突发灾害、做好预报、预警服务工作的前提。通过近两年的制度建设,甘肃省气象部门省、市、县三级均制定了本级《重大突发事件信息报送标准和处理办法》、《应急响应工作流程》、《服务总结报送标准和流程》,编印了《应急响应工作手册》,做到了短临预报、预警信号发布、灾情直报、重大突发事件报告、山洪地质灾害预报预警服务等业务流程上墙并严格执行,使得各级气象台站能够快速、规范地开展预报、预警服务工作。

(3)气象业务系统建设及各类业务试点工作的开展,是不断增强预报业务能力、提高预报准确率、加大预报、预警提前量的有力保障。通过几年的业务竞赛,推动开发了一系列本地化业务系统,并在全省各级气象台站进行推广、培训,大大提高了全省气象监测、预报、预警能力。2011 年在省、市、县三级投入业务使用的甘肃省短时临近监测预警平台和短时临近预报业务系统实现了雷达回波的实时监测和降水量估测,在此次强降水天气过程监测、预报、预警中发挥了较好作用。同时,通过精细化要素预报,山洪地质灾害防治精细化气象预报服务,省、市、县三级集约化天气预报业务流程调整试验,中小河流山洪地质灾害预报、预警试验业务等试点工作的开展,使甘肃省预报业务得到了长足发展。

(4)各级气象台站密切配合、联报联防是做好预报预警的关键环节。此次强降水天气过程发生前,天水市气象台根据雷达责任区职责,及时向岷县气象局通报雷达强回波情况,为岷县气象局发布暴雨预警信号发挥了关键的作用。

(5)重大建设项目的开展是提高气象灾害监测预警能力的有力支撑。通过实施山洪地质灾害防治气象保障工程、甘肃省气象灾害预警系统工程、山洪灾害防治县级非工程措施等项目建设,进一步提高了全省灾害性天气的监测能力。各类现代化气象监测手段,为精细化天气预报、预警服务提供了基础数据资料。

(6)气象预警信息迅速传播是避免群体人员伤亡的有效途径。手机短信、电视、网络、电子显示屏、村村响大喇叭等多渠道及时发布预报、预警信息,保证了预警信息在第一时间传送到各级决策用户、相关单位应急联络员、气象协理员、气象信息员和社会公众手中,提高了气象信息传播效率,扩大了信息覆盖面,有效避免了群体性的人员伤亡,最大限度地降低了损失。

7.2 存在问题及改进措施

加强气象灾害预警信号和避险知识的科普宣传。公众对突发性强降水天气灾害认识不足,不熟悉气象灾害避险常识,应对极端性天气及其次生灾害的能力较弱。气象部门将配合政府加强气象灾害预警信号和避险知识的科普宣传。

继续加强气象协理员与气象信息员作用的发挥。此次灾害过程中,大部分气象信息员在灾前都通过不同方式将气象灾害预警信息及时、广泛地传播给了广大群众,也采取了一定的避险防灾的手段。但是,也有少数气象信息员在气象灾害来临之前,防灾减灾的敏锐性不够,警惕性不高,甚至有的对气象局发布的天气预报、气象灾害预警信息有麻痹大意的思想,社会责任感不强,没有发挥出更好的作用。气象部门将进一步推动气象信息员队伍建设,完善信息员管理制度,调动信息员积极性。通过部门联动,完善与民政、国土、水利部门的信息员、救灾员等共享机制,积极发挥乡镇气象工作站、气象协理员与气象信息员的作用。

加强气象预报系统科技研发,提高预报准确率。此次灾害性天气过程具有历时短、强度强、突发性强、局地性强、多灾种并发等特点,防灾减灾工作难度大。气象部门要在深入开展预报、服务总结工作的基础上,不断加强气象预报系统科技研发,提高预报准确率。

加强多部门雨情监测资料共享建设。气象、国土、水利、环保、林业、农(牧)业、民航、交通等部门在全省都开展了雨情监测系统的建设。要在政府统一主导下,加快多部门自然灾害监测资料的共享系统建设,实现统筹集约,加强建设效益发挥。

继续完善农村气象灾害防御预警系统发布系统(村村响)建设。按照省政府和各市州人民政府签订的目标责任书,加快各市州农村气象灾害防御预警系统发布系统建设,促进试点县"村村响"建设。同时深入贯彻落实国办 33 号文件精神和省政府相关文件精神,建立重大气象灾害预警信息紧急发布机制,继续完善气象灾害预警信息发布"绿色通道",实现重大气象灾害预警信息快速全网发布。

2011 年 1 月—2012 年 5 月云南省
干旱过程气象服务分析评价

海云莎　赵宁坤　黄　玮

(云南省气象局,昆明 650034)

摘　要　2009 年以来,云南大部地区降水持续偏少,特别是 2011 年主汛期降水偏少明显,导致出现明显的夏秋冬春连旱。降水严重不足导致云南地下水位下降、土壤墒情降低、江河来水量减少甚至断流、库塘蓄水量严重偏少甚至干涸,全省城乡居民饮水空前困难,严重影响了全省工农业生产。云南省气象部门运用各种技术手段和方法,加强对干旱的监测、分析评估,及时开展预报预警工作,加强气象服务,适时开展人工增雨作业,全力以赴做好抗旱气象服务工作。

1　概况

2011 年汛期以来,云南省大部地区降水明显偏少。2011 年 6 月—2012 年 4 月,全省平均降水量为 739 mm,比历年同期偏少 243 mm,偏少幅度为 25%。其中滇中、滇东北和滇西北的东部大部地区降水偏少 30%～50%(图 1)。

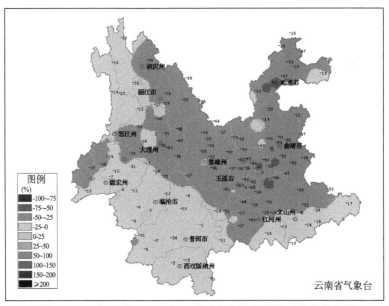

图 1　2011 年 6 月—2012 年 4 月云南省降水距平百分率分布图

2012 年以来,1—4 月全省仅出现 4 次全省性小雨天气过程,长期的晴朗少雨造成云南大部地区的气象干旱迅速发展。据综合气象干旱指数监测,1 月 31 日,全省仅有 30 个站点出现气象干旱,无重旱以上等级。到干旱最重的 4 月 4 日,全省共有 117 个站出现气象干旱,其中特旱 27 个、重旱 31 个、中旱 33 个、轻旱 26 个(图 2)。

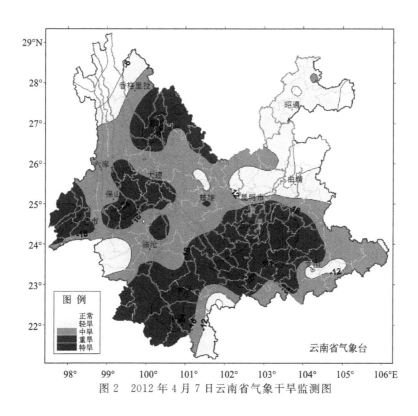

图 2　2012 年 4 月 7 日云南省气象干旱监测图

2　灾情及其影响

2011 年 6 月以来,云南大部地区降水持续偏少,主汛期降水偏少尤为明显,持续的少雨高温天气导致云南出现夏、秋、冬、春连旱,干旱最重的时期全省河道平均来水量较常年偏少 45%,有 592 条中小河流断流、721 座小型水库干涸,旱灾造成 928.54 万人受灾,518.81 万人、254.59 万头大牲畜出现不同程度饮水困难,因灾造成全省需救助人口 269.96 万人;干旱造成农作物受灾 1021.53 千公顷;林地受灾面积 132.82 千公顷(经济林受灾面积 74.43 千公顷),成灾 55.40 千公顷(经济林成灾面积 32.86 千公顷),报废 21.36 千公顷(经济林报废面积 13.67 千公顷)。2011 年 1 月—2012 年 5 月,全省因旱造成直接经济损失达 169.74 亿元,其中 2012 年 1—5 月直接经济损失 94.98 亿元(农业损失 57.95 亿元)。

3　致灾因子分析

3.1　冬春季节是云南的季节性干旱期

云南具有明显的季风气候特征,每年冬春季正处于干季(11—4 月),自然降水稀少,蒸发量大,极易发生气象干旱。

2011 年入冬以来,全省平均降水量总量偏少。2011 年 12 月—2012 年 4 月全省平均降水量为 90 mm,较常年同期偏少 31%,自然降水无法满足生产生活的需求,干旱范围迅速扩展。

3.2　大气环流异常

冷空气和西南暖湿气流的交汇影响是大范围降水产生的主要环流形势,由于云南位于青藏高原向东延伸部位的低纬高原地区,因此只有位置比较偏南的冷空气才会对云南的降水形势形成影响。2012年1月中旬后期以来,影响欧亚中高纬度地区的冷空气偏强,但由于冷空气位置比较偏北偏东,东亚中低纬度地区则主要受比较平直的西风气流控制,加上南支波动处于偏弱状态,不利于暖湿气流的输送,造成云南省处于干暖的西风气流的控制之下,天气持续晴朗少雨,温度偏高,导致旱情迅速发展。

3.3　近三年降水量持续偏少

2009年以来,云南省年降水量连续3年持续偏少,其中2009年和2011年全省平均的年降水量分别为1961年以来的最少值和次少值。2009年1月—2011年12月,全省降水累积距平为—528 mm,全省多年平均的年降水为1086 mm,即过去的3年云南省降水总量共偏少了大约半年的降水量,其中云南中东部地区更为严重,如昆明3年降水累积距平为—846 mm,而昆明多年平均的年降水为979 mm,即过去的昆明3 a总降水量大致仅为2 a总降水量。

4　预警预报发布情况

面对持续发展的严重旱情,云南省气象局各部门全力以赴做好抗旱应急气象服务工作。

一是2011年9月7日,云南省气象台按《云南省防汛抗旱应急预案》进入Ⅲ级应急响应,同年9月13日云南省防汛抗旱应急预案从较大级(Ⅲ级)提升为重大级(Ⅱ级),云南省气象局各业务单位、相关州市气象局立即进入Ⅱ级应急响应工作状态。

二是做好干旱和高森林火险的监测、预警。云南省森林防火指挥部与云南省气象局联合发布了高森林火险气象等级警报。干旱严重州(市)也先后发布了干旱红色或橙色预警信号。

5　气象服务特点分析

5.1　决策服务

(1) 抗旱气象服务部署严密

面对2011年初干旱及森林防火的严峻形势,云南省气象局3月4日下发了《云南省气象局关于加强当前森林防火及干旱气象服务工作的紧急通知》,4月20日再次下发了《关于切实做好森林防火气象服务工作的通知》。6月6日,云南省气象局召开电视电话会议,传达贯彻时任国务院总理温家宝在五省抗旱工作座谈会上的重要讲话精神以及郑国光局长对当前抗旱防汛气象服务工作的部署要求。8月17日,云南省气象局下发了《云南省气象局关于切实做好当前抗旱防汛和农业生产气象服务工作的通知》。9月7日,省气象台按《云南省防汛抗旱应急预案》进入Ⅲ级应急响应。9月13日,云南省防汛抗旱应急预案从较大级(Ⅲ级)提升为重大级(Ⅱ级),省气象局各业务单位、相关州市气象局立即进入Ⅱ级应急响应工作状态。针对全省气象干旱的严峻形势,云南省气象局多次派出工作组,实地调研旱情,指导旱区气象部门开展服务工作。

(2)科学预测,为抗旱争取有利时机

天气灾害来临前,气象部门率先而动。2011年2月,云南省大部地区升温迅速,部分地区平均最高气温打破了历史同期最高纪录,森林火险等级异常偏高,部分地区的旱情发展明显。2 月 28 日,云南省决策服务中心向省委省政府及相关部门报送了以"云南近期升温迅速、降雨稀少、风干物燥 未来森林火险等级升高、旱情加重"为题的《重要气象信息专报》(2011 年第 3 期),提请相关部门注意加强旱情监测及抗旱工作。6 月,针对云南省中东部地区降水偏少近 4 成的情况,向省委省政府及相关部门报送了《重要气象信息专报》(2011 年第 5 期),提出滇中及以东地区前期降水偏少,相关部门应注意合理安排用水,在开展防汛工作的同时,适时蓄水。省气象台的科学预测,为全省抗旱工作争取了有利的时机,受到了省委省政府的肯定。2011 年,云南省决策气象服务中心累计制作和报送干旱相关材料 361 份。

(3)快速响应,全力以赴为抗旱护航

进入 2011 年 9 月,云南省的干旱已影响到滇中及以东的 9 个州(市)、275.7 万人、142.3 万头大牲畜饮水困难。云南省防汛抗旱指挥部启动了Ⅲ级应急响应。为做好抗旱气象服务工作,省气象台于 2011 年 9 月 7 日 11:30 时启动Ⅲ级应急响应;9 月 13 日,将应急状态提升为重大级(Ⅱ级)。应急期间,云南省气象台各科室严格按照气象灾害应急响应工作流程做好各项工作,强化责任心,加强值守,杜绝一切责任性事故的发生,为抗旱服务保驾护航。

(4)密切关注旱情发展,任何时候不放松

进入 2012 年,降水持续偏少,干旱由夏、秋干旱发展为夏秋冬春连旱,云南省气象局密切关注旱情发展趋势,做好干旱监测、评估分析和气象服务等各项工作。2012 年 1—5 月,云南省气象局共制作决策气象服务材料 404 份,包括重要信息专报、专项服务材料、专题气象服务、专题天气预报、天气快报、灾情快报、农业气象专题材料等。2012 年 2 月 14 日,李纪恒省长在省气象台制作的题为《云南近期气象干旱严重,森林火险等级很高,人畜饮水十分困难》的决策气象服务材料上做出了重要批示。

5.2 专业服务

云南省气象部门全面加强农业干旱监测,云南省、市(州)、县各级气象部门及时派出专家组深入受灾一线调研旱情、搜集数据,积极做好灾情调查评估工作,为下一步开展抗旱救灾提供决策依据。云南省气象局积极发布农业生产预报服务产品,指导农业抗旱生产,共发布 CI 气象干旱监测 358 期、农业气象服务材料 279 期。其中:《干旱综合监测旬报》27 期,《关键期农业季节和生育期气象服务》13 期,《云南土壤墒情监测报告》38 期,《农业气象灾害监测评估预警》8 期,《云南特色作物烤烟相关气象服务》152 期,《农业气象旱涝监测及影响评价简报》3 期,其他干旱决策服务专题材料 38 期。

5.3 部门联动情况

面对干旱灾情,云南省气象局组织各级人工影响天气部门开展地面高炮、火箭人工增雨作业。根据《云南省应急抗旱地面人工增雨实施方案》,全力以赴抓好落实。2011 年 1 月 1 日—2012 年 6 月 20 日,全省有 16 个州(市)的 124 个县实施抗旱人工增雨作业,共作业 4743 点次,发射各型火箭弹 8951 枚,"三七"高炮弹 1.3 万发,开展飞机人工增雨作业 4 架次,飞行 13 h,对缓解云南省旱情、抑制森林火灾起到积极的作用。

特别是在 2012 年 3 月 2—4 日降水过程中,云南省气象部门积极部署,全方位开展人工增雨作业,在抗旱的关键时期取得了较好的社会效益,积累了更多的工作经验:

(1)提前预报,周密部署、多方支援,保障人工增雨作业有效开展。

2012年2月26日,云南省气象台提前预报了3月2—4日云南将有一次全省性降水天气过程。2月29日,云南省召开人工影响天气领导小组工作会。会议重点研究、协调飞机人工增雨作业开展的相关工作。会上,省林业部门提出,希望合作租用飞机,同时用于开展飞机人工增雨和森林灭火工作。

为实现地面、高空共同作业,云南省政府函请四川方面给予飞机增雨作业支持。四川省政府派出人工增雨作业飞机赴滇开展飞机增雨作业。

2月29日,中国气象局派出人工影响天气工作组,赶赴云南指导人工增雨抗旱服务工作。为加强云南抗旱气象服务工作,中国气象局针对云南旱区等地人工影响天气服务特点,专门制定了抗旱服务业务技术方案,并成立云监测分析组、模式预报组、信息收集组和外场指导组。

3月1日,云南省气象局以云南省人工影响天气办公室名义下发了"2012年云南飞机增雨作业技术保障方案",决定成立飞机增雨领导小组,下设综合协调组、气象预报及技术保障组、飞机增雨作业物资保障及操作技术组、后勤保障和宣传组,并明确省局各处室的工作任务和职责。

(2)抓住一切有利时机开展飞机增雨作业。

为最大程度增加降水,积极抓住有利天气过程时机,多次开展飞机增雨作业。3月2—4日,共实施飞机人工增雨4个架次,共飞行13 h,飞行区域包括干旱严重的昭通、曲靖、楚雄、昆明、玉溪、文山、红河等地,作业区普降小到中雨。

(3)多州市、高密度地面作业,为降水增量。

在云南省气象局人影工作组的指导和部署下,昆明、大理、保山、迪庆、怒江、楚雄、德宏、丽江、普洱、临沧、曲靖、红河、版纳、玉溪、文山15州(市)的105个县不分日夜,积极开展地面作业。3月2日—4日14时,全省共431个作业点实施抗旱增雨作业859次,发射炮弹和各型火箭弹4936发,燃烧烟条12根,作业效果明显。

(4)空中、地面齐作业,20万km²旱区受益。

这次过程中共有1027个乡镇出现降水,地面人工增雨作业受益区为5万km²,飞机人工增雨作业受益区为15万km²,总的受益区面积为20万km²。

(5)作业效果显著,多家媒体争先报道。

云南省多家媒体争先报道了本次降水天气过程、人工增雨情况及社会各界的评价。《生活新报》发表《李纪恒:下雨了,非常高兴》报道:昨天省内的降雨喜讯,也感染了远在北京的全国人大代表省委副书记、省长李纪恒。"一大早就知道云南终于下雨了,非常高兴,非常开心。"他说,"近期以来,云南省各级、各有关部门都在积极准备,时刻备战,一有条件,就马上实施人工增雨作业。要最大限度帮助群众解决生产、生活用水困难的问题。"新华社3月4日报道的《云南实施地空立体人工增雨作业缓解旱情》被100多家媒体转载。云南日报3月4日刊登《空中地面立体增雨 部分地区旱情稍有缓和》,云南电视台一套新闻频道4日19时35分在《云南新闻联播》播出。

6　社会反馈

云南部分地区连续3年发生严重干旱引发媒体热切关注,中央、地方新闻媒体纷纷报道。云南省气象局高度重视,采取切实措施加强云南旱情的新闻舆论引导工作,多次组织召开新闻发布会,向媒体发布新闻宣传通稿,加大气象科普宣传,取得良好效果。截至2012年6月12

日,接待中央和地方主流媒体采访 160 余批次;《人民日报》、新华网、中新网、《中国气象报》、中国气象网和地方主流新闻媒体发表抗旱气象服务文字稿件 300 余篇。政务信息被中央、国务院采用 5 篇,被省委、省政府政务信息采用 32 篇。

2 月 8 日,云南省气象局发布宣传通稿《云南近期气象干旱迅速发展》,向社会发布了旱情的监测实况及发展趋势。新华社昆明 2 月 9 日电《云南连续 3 年降水偏少 干旱不利影响增长》被 100 多家媒体转载和采用。《人民日报》2 月 9 日刊登《云南 144 万人饮水困难 发生严重干旱可能性较大》。云南电视台、《云南日报》、云南网等媒体分别刊播了稿件,对云南干旱的情况进行了科学的报道。

2 月 17 日,针对社会上对云南干旱成因的疑问,云南省气象局及时发布《云南干旱的特点及成因分析》宣传通稿,新华社昆明 2 月 18 日电《专家解析三大因素致云南干旱》被近 200 家媒体转载和采用。云南省内主流媒体纷纷报道气象专家对云南干旱的成因分析,正确引导全社会对云南干旱成因的科学认识。2 月 27 日晚,中央电视台《新闻 1+1》栏目播出专题报道《为什么干旱总在云南》,全面解读云南干旱成因。

针对广州日报的报道《云南大旱致损失 23 亿元 有人称因发防雹弹保烤烟?》,云南省气象局立即组织专家撰写《人工增雨防雹的科学问题》宣传通稿。《人民日报》2 月 29 日刊登《防雹弹不会导致干旱》。云南日报 3 月 2 日、3 日连续刊登了《人工增雨防雹对生态环境没有影响》和《气象专家:干旱与人工防雹无关》两篇文章。云南电视台新闻频道、都市频道以及地方多家媒体都对人工增雨防雹工作进行了科学宣传报道。

3 月 2—4 日,云南出现一次全省性降水过程,在中国气象局、四川省政府的大力支持下,云南省组织开展了飞机、地面人工增雨作业,影响区包括昆明、楚雄、曲靖等 9 个州市,影响区内普降小到中雨,局部大雨,作业效果明显。云南省气象局 3 月 3 日组织新华社云南分社、人民日报、云南电视台新闻频道和都市频道、《云南日报》、《春城晚报》等媒体记者现场采访飞机人工增雨,并发《云南省政府组织开展飞机人工增雨作业效果明显》宣传通稿。新华社昆明 3 月 4 日电《云南实施地空立体增雨作业缓解旱情》被 100 多家媒体转载和采用。《云南日报》头版刊登《久旱云南多地迎来春雨 空中地面立体增雨 部分地区旱情稍有缓和》。云南电视台新闻频道、云南电视台都市频道现场直播飞机增雨情况,为人工增雨缓和云南旱情营造了良好的舆论氛围。

7　气象服务分析

7.1　成功经验

(1)及时部署,快速反应,提前服务。面对 2011 年初干旱及森林防火的严峻形势,2011 年 6 月 6 日,云南省气象局召开电视电话会议,传达贯彻时任国务院总理温家宝及郑国光局长对抗旱防汛气象服务工作的重要精神,及时部署云南省局干旱气象服务各项任务。9 月 7 日,云南省气象台按《云南省防汛抗旱应急预案》进入Ⅲ级应急响应。9 月 13 日,云南省防汛抗旱应急预案从较大级(Ⅲ级)提升为重大级(Ⅱ级),省气象局各业务单位、相关州市气象局立即进入Ⅱ级应急响应工作状态。云南省气象局各部门积极主动地围绕党委、政府关注重点,科学研判抗旱形势,因地制宜、全力以赴地做好以抗旱和农业生产为重点的各项决策气象服务。

(2)密切关注旱情发展趋势,坚持做好抗旱气象服务工作。云南省气象局认真做好干旱气象跟踪监测服务,对抗旱各关键时期旱情及其影响做出客观、准确、及时的评估,及时启动应急响应。派出工作组实地调查灾情、指导当地抗旱气象服务工作。2011 年 8 月 10 日,孔垂柱副省长在省气象局主持召开"全省气象形势分析座谈会"。8 月 28 日,时任云南省委书记、省长秦光荣和省委副书记、省政府党组书记李纪恒分别率队到旱区调研,丁局长亲自参与调研。

(3)科学服务,精准预报支撑决策气象服务。2012 年以来,云南省大部地区降水一直偏少,加之连续 3 年干旱的积累,以及强降水过程的偏少,使得溪流、河道流量大幅减少,地下水位下降。2011 年的夏旱影响了滇中及以东地区工农业生产,使库塘蓄水严重偏少。为做好气象服务工作,云南省气象台制定了以抗旱服务为中心的工作制度,实行 24 h 应急值班制度,要求提高对抗旱气象服务的敏锐性和责任感,密切监视天气变化,全程做好干旱的实时监测、预警、滚动预报、业务监控、跟踪服务和影响评估等工作。根据天气系统的变化,及时组织天气会商,提供人工增雨作业条件,不放过任何一个有利的人工增雨作业机会。

(4)全面开展抗旱人工增雨作业。一是全力开展高炮、火箭作业。全省 16 个州(市)124个县都开展了抗旱人工增雨作业,共作业 4743 点次,发射炮(火箭)弹 8951 发,"三七"高炮弹 1.3 万发,作业效果明显,对缓解全省旱情、抑制暴发式森林火灾起到很好作用。二是积极协调保障抗旱飞机人工增雨作业。在四川省政府的大力支持下,四川人工增雨飞机赴云南开展跨区增雨作业,共开展飞机人工增雨作业 4 架次,飞行 13 h,20 万 km^2 旱区受益。

(5)加大宣传力度,扩大宣传范围,增强影响力。多次组织召开新闻发布会,向媒体发布新闻宣传通稿,加大气象科普宣传,取得良好效果。截至 2012 年 6 月 12 日,接待中央和地方主流媒体采访 160 余批次;《人民日报》、新华网、中新网、《中国气象报》、中国气象网和地方主流新闻媒体发表抗旱气象服务文字稿件 300 余篇。政务信息被中央、国务院采用 5 篇,被省委、省政府政务信息采用 32 篇。

(6)加强管理,决策气象服务组织形式有创新。为进一步规范决策气象服务工作,云南省气象局组织制定了《决策气象服务会商业务管理办法(试行)》,下发了《关于进一步规范决策气象服务工作的通知》,进一步明确了各单位决策气象服务的职责,明确决策气象服务材料制作分工和流程,确定了各单位的负责人和联系人,建立了《决策气象服务任务单》和《每周决策气象服务会商》制度。这些新型组织管理形式,理顺了部门内部上下沟通渠道,确保了省级和州市级信息一致,促进了决策气象服务质量和时效的提高。

7.2　存在问题

(1)CI 综合干旱指数不能很好地反映 2011—2012 年云南的干旱情况,在干旱服务中引起一些误会。

(2)省级有关部门间联动机制不完善,气象部门的预报、预警信息提供给政府及相关部门后,缺乏相关的反馈信息。

7.3　改进措施

针对此次服务过程中出现的问题,建议采取以下措施:

(1)结合各地实际情况,制定客观、科学的干旱监测指标;

(2)主动加强与相关部门沟通,完善联动机制;同时强化气象部门内部的联防和联动机制。

2012 年 6 月 17—29 日浙江省
梅雨天气过程气象服务分析评价

梁晓妮[1]　李瑞民[1]　阮小建[1]　胡　波[2]　李仁宗[3]

(1 浙江省气象服务中心；2 浙江省气象台；3 浙江省气候中心，杭州 310017)

摘　要　浙江省于 2012 年 6 月 17 日入梅，6 月 29 日出梅，梅雨期 12 d，期间共出现三轮强降雨天气过程。受梅雨期间的连续暴雨影响，浙江省出现较严重灾情，局部地区发生山洪、山体滑坡等次生灾害，造成一定人员伤亡和财产损失。此次天气服务过程中，浙江省各级气象部门早分析、早准备，加密会商，相互配合，较正确地预报了梅雨的出入梅时间以及梅雨期间内的 3 次降水过程，对保障人民生命财产安全、提供政府决策以及参与防灾减灾工作，都发挥了积极的作用。在这次过程的分析评价中获得了不少启发，也发现了一些问题，如短临监测能力有待提高、部门联动能力有待加强以及气象服务产品有待创新和丰富等，今后有待在这些方面改进气象服务工作。

1　概述

2012 年浙江于 6 月 17 日入梅，6 月 29 日出梅，梅雨期 12 d；期间共出现三轮强降雨天气过程，时段分别集中在 17—18 日、22—24 日以及 26—27 日(图 1，图 2)。梅雨期间(17 日 8 时—29 日 8 时)，全省平均累计雨量为 218 mm，各地市分别为：杭州 274 mm、舟山 244 mm、丽水 240 mm、绍兴 232 mm、宁波 227 mm、衢州 217 mm、嘉兴 213 mm、温州 195 mm、金华 190 mm、台州 179 mm、湖州 109 mm；全省有 42 个县(市、区)平均雨量超过 200 mm，其中 7 个县(市、区)超过 300 mm，最大为龙泉 336 mm，其次为萧山 335 mm；全省有 718 个乡镇雨量超过 200 mm，209 个乡镇超过 300 mm，28 个乡镇超过 400 mm，最大为萧山佳山坞达 577 mm。其中：

(1)17 日 8 时—19 日 8 时，全省平均雨量 92 mm，其中舟山 158 mm、绍兴 135 mm、宁波 128 mm、杭州 125 mm、嘉兴 121 mm，其余地市在 40～80 mm 之间；全省有 443 个乡镇雨量超过 100 mm，106 个乡镇超过 200 mm，10 个乡镇超过 300 mm，最大为萧山佳山坞 440 mm。

(2)22 日 8 时—24 日 20 时，全省平均雨量 72 mm，其中丽水 154 mm、衢州 108 mm、金华 83 mm、台州 72 mm、杭州 66 mm，其余地市在 50 mm 以下；全省有 259 个乡镇雨量超过 100 mm，48 个乡镇超过 200 mm，10 个乡镇超过 300 mm，最大为龙泉新蓬 381 mm。

(3)25 日 20 时—28 日 8 时，全省平均雨量 34 mm，其中杭州 76 mm、绍兴 52 mm、湖州 51 mm、宁波 48 mm、嘉兴 46 mm，其余地市在 40 mm 以下；全省有 350 个乡镇雨量超过 50 mm，50 个乡镇超过 100 mm，最大为临安天目山 193 mm。

此次梅雨过程来势迅猛，预报入梅当日即遭遇首场暴雨过程，而且三轮强降雨过程接踵而至，形势严峻，为此在整个梅雨期间，浙江省启动了两次应急响应业务。6 月 18 日 10 时，省气象局启动梅汛期气象业务服务Ⅲ级应急响应，当日绍兴市及其下辖的绍兴县、诸暨市、上虞市升级为Ⅱ级应急响应，杭州市萧山区升级为Ⅰ级应急响应，于 6 月 21 日 9 时结束。6 月 23 日 9 时第 2 次进入梅汛期气象业务服务Ⅲ级应急响应，6 月 28 日 9 时结束。

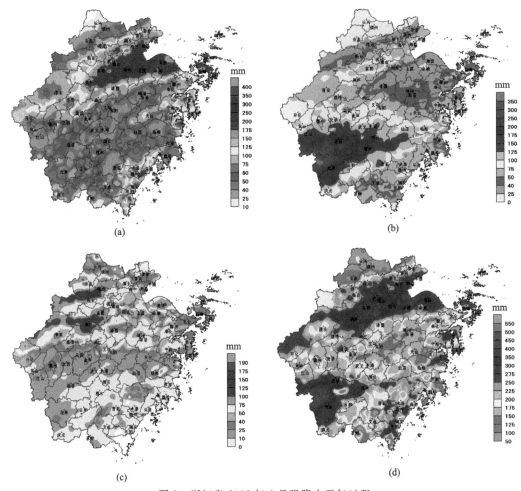

图 1　浙江省 2012 年 6 月强降水天气过程
(a)首轮强降雨;(b)第二轮强降雨;(c)第三轮强降雨;(d)梅雨期总雨量

2　灾情及影响

　　2012 年浙江省梅雨期虽短、总雨量也较常年略少,但由于前期降水明显偏多,入梅后又出现三轮强降雨天气,仍使全省水库、河网不断处于高水位运作。梅雨期间全省共有 50 余座大中型水库先后泄洪,部分小型水库和山塘溢洪;另外,持续的强降雨也导致部分地区引发山体滑坡、道路塌方、山洪、城乡内涝等次生灾害,农业也遭受一定损失。据省防汛部门不完全统计,截至 29 日 8 时,浙江省梅雨期间共造成直接经济损失约 17.6 亿元,死亡 1 人。

　　梅雨期间首场暴雨造成杭州、嘉兴、绍兴、丽水等市共 15 个县(市、区)43.25 万人受灾,紧急转移 2703 人,因洪涝灾害造成的直接经济损失 12.1 亿元,全省投入抢险人数 3.07 万人次,无人员伤亡。第二场暴雨全省有 12 座大型水库和 40 座中型水库水位超汛限,48 座大中型水库先后泄洪,部分小型水库和山塘溢洪,瓯江支流松阴溪出现较大洪水;丽水、衢州、杭州等地发生了山体滑坡、公路塌方等地质灾害,松阳县死亡 1 人;丽水市 6 个县(市、区)35.51 万人受灾,投入抢险人数 1.05 万人次,紧急转移 1.7 万人,因洪涝灾害造成直接经济损失 4.6 亿元。第三场暴雨造成杭州地区的临安、富阳、建德等市部分乡镇农田、道路受淹。

梅雨期连续降水和暴雨,对全省农业有较大影响。浙江省杨梅正处于成熟采摘期,连续强降水,会造成杨梅异常落果,果实水分多,品质变差易腐烂,采收困难,采摘后不易存储;双季早稻处于孕穗抽穗期,连续降水,不利于抽穗扬花,会降低结实率,造成减产;对桃、梨、葡萄等夏季水果也不利。低洼的大田排水困难,积水严重甚至发生涝害,大田作物和大棚蔬菜瓜果长时间受淹,对生长不利,尤其是蔬菜瓜果容易腐烂、死亡甚至绝收,造成重大损失。

3　致灾因子分析

(1)入梅迟、出梅早,但平均日降雨强度较强。2012 年浙江省于 6 月 17 日入梅,6 月 29 日出梅;与常年梅雨相比,入梅偏迟 5 d,出梅偏早 9 d,梅雨期偏短 14 d。但根据梅雨代表站资料统计,2012 年浙江省总梅雨量比常年略少,不过日平均降雨量可达 20 mm 左右,强度属较强。

(2)入梅天气形势较复杂,首场暴雨来势猛。入梅后,浙江省同时受到梅雨锋及 2012 年第 4 号台风"古超"和第 5 号热带风暴"泰利"外围云系的影响,首场暴雨便来势汹汹。有 51 个乡镇出现 2 次以上小时雨量超过 30 mm 的记录,最多为萧山佳山坞达 5 次;31 个乡镇 1 h 雨量超过 50 mm、12 个乡镇 3 h 雨量超过 100 mm;绍兴县和上虞市 17 日降雨量破历史 6 月最大记录。

(3)雨带南北摆动,强降水区域分布较均匀。2012 年梅雨期浙江省共出现三轮强降雨天气,梅雨带在浙江省上空先后呈"北、南、北"摆动,强降雨中心(100 mm 以上区域)分别位于浙东北及沿海部分地区、浙西南地区以及浙西北部分地区;梅雨期浙江省累计雨量在 100~300 mm 的区域约占全省面积的 75%,300 mm 以上约占 18%,几乎覆盖全省。

(4)前期降雨偏多,防汛形势严峻。2012 年浙江省的降雨明显偏多,1 月以来全省平均雨量 1149 mm,比常年多 35%,为近 60 年第三多,洞头、玉环、温岭、永嘉、北仑、上虞、余姚、慈溪 8 个县(市、区)为第一多。鉴于前期雨量偏多,入梅后雨量大,导致江河水库水位较高,土体饱和,因此梅雨期的强降水天气极可能引发山体滑坡、泥石流、山洪、内涝等次生灾害。

4　预报预警

4.1　预报预警准确性

针对梅汛期的 3 次降水过程,全省各级气象部门密切监视天气变化,加强会商分析,浙江省气象台基本上都做出了较准确的预报,每次过程基本能够提前 3~5 d 进行预报,并且能够准确地进行全省预警信息发布工作。针对第一次过程,省气象台于 6 月 17 日 21:15 发布暴雨黄色预警信号,18 日 06:30 升级为暴雨橙色预警信号,18 日 16:25 更新为暴雨黄色预警信号,18 日 21:05 解除暴雨黄色预警信号。针对第二次过程,省气象台于 6 月 22 日 17:05 发布暴雨黄色预警信号,23 日 9 时更新暴雨黄色预警信号,24 日 06:10 起解除暴雨黄色预警信号。梅雨期间,浙江省共发布了各类预警信号 211 次,其中发布暴雨橙色预警信号 53 次、暴雨红色预警信号 18 次。每一次过程,浙江省气象台都能够准确把握天气动态,随着天气的变化适时发布和更新预警信号,即不报空,也不漏报,服务准确到位。

4.2 预报预警及时性

由于梅汛期的几次暴雨天气过程常常表现为突发性、集中性,而仅靠常规短期预报还很难严密跟踪天气形势的变化,因此需要加强雷达、短临的服务,为此省气象台增发了 9 期短临预报、开展雷达联防 11 次,在 3 h,甚至 1 h 的时效内争分夺秒地通报实况和预报信息,预报预警服务能够随着天气的动态演变获得及时的更新和调整。

4.3 预报预警发布传播

通过各种渠道和手段向省政府、机关、媒体和公众发布预警信号。如通过电话、传真、邮件等向电视、电台发布预警信号信息,通过短信、声讯、浙江卫视、浙江之声电台、浙江交通之声电台、中国气象频道(浙江应急)、浙江气象官方微博以及网站飘窗等各个出口直接面对公众传播预警信息,确保预警信息覆盖面最大化,其中通过浙江天气网等网站发布市县暴雨等相关预警信号 376 次。

整个服务过程中,单位领导极其重视、高度负责,各岗位服务人员一丝不苟、认真尽职,确保服务过程严密通畅、不出一丝一毫的差错。预警信号发出之后,服务人员还必须监督预警信号的播出情况,如收听广播信息、观看电视信号挂出情况等,并与相关负责人保持联系,切实做到让预警信号传递出去。

2012 年,中国气象频道(浙江应急)还发挥了特别突出的作用。中国气象频道(浙江应急)自 2012 年元旦开播以来,首次迎来梅雨服务,值班人员加强值班监控,及时制作更新暴雨实况监测和预报预警信息,为浙江的电视观众提供优质服务。梅汛期应急频道共先后发布暴雨橙色预警信号 1 次,发布暴雨黄色预警信号 4 次,取消暴雨黄色预警信号 2 次;发布强热带风暴消息 1 次;热带风暴消息 1 次;滚动播出 11 个地市最近 1 h 天气实况信息 288 次;播出本地化节目 312 次。

5 气象服务特点分析

5.1 气象服务情况

5.1.1 决策服务

针对连续暴雨天气,决策服务科高密度制作决策服务产品,进行无缝服务,整个过程共发布了十份服务材料。在 6 月 16 日发布第一次暴雨过程的气象信息内参"明天起我省自南而北降雨增多,我省将于明天入梅,17—18 日主要降雨在中南部",18 日继续发布内参"本周我省处于梅汛多降水期,18—19 日和 22—23 日全省仍有明显降雨",材料明确指出了浙江省第 2 次强降水过程出现在 22—23 日,25 日又发布重要气象报告"今天夜里开始我省将迎来梅雨期第 3 场暴雨天气过程"。总体来看,2012 年浙江省气象台对梅汛期的 3 次暴雨过程都进行了及时准确的预报服务,决策服务产品具有针对性强、服务重点突出、服务周密恰当等特点。

5.1.2 公众服务

全省各级气象部门通过电视、广播、网站、报纸、短信、声讯、电子显示屏等各种渠道发布暴雨及其灾害防御建议等各类气象服务信息。梅汛期期间,累计共发送相关短信 47 次(含彩信),共发送动态信息短信近 1.5 亿条,内容涵盖预报预警、热带风暴消息、预警信号、防御指南和监测实况等。

每小时更新杭州实况信箱,共计 288 次,杭州市和全省预报每 3 h 更新一次,共计 96 次。

声讯信箱累计拨打次数 172132 人次。浙江天气网、浙江天气手机气象站等相关网站服务点击率达 543 万人次。通过各级气象多媒体显示屏更新气象信息 485 条,及时通过腾讯和新浪微博发布信息 332 条,被转发 1052 次,粉丝总数超过 8 万人。

中国气象频道(浙江应急)24 h 滚动发布信息,制作播出本地化节目 312 次。此外,通过设在省气象台的浙江交通之声电台广播播发信息 180 条次,进行专家现场连线服务 7 次。

5.1.3　专业气象服务

通过省政府政策性农业保险办公室向各农保成员发送入梅信息和天气预警短信;制作发布农业气象专题分析和专题农用天气预报,向省农业厅、统计局、林业厅、粮食局等有关部门发送。制作发布《水情监测报告》2 期。

应急响应期间,先后给港航、水库、电力等 39 个专业用户共发送《重要气象信息》15 次,并在 30 个专业网站上更新浙江省入梅信息、最新降水实况和预报信息,累计对专业用户进行电话、传真、邮件服务 729 次;每日给全省六大水库制作 24、48 h 面雨量预报,共计 12 次,经检验,预报结果都比较正确;给 6 大水库电话服务 12 次。根据汛情,及时为各水库用户制作水库流域面雨量预报,提前为水库提供强降水过程重要气象信息,与电力部门加强沟通,密切关注水情,精心会商库区雨量预报,为电力部门水库水位科学调度提供有力依据,使电力部门防汛与发电两不误。

5.1.4　部门联动

省气象局加强对部门联络员的气象信息服务,分别于 6 月 16 日、18 日、19 日向 29 个部门联络员发布入梅、降水实况、台风消息等信息。应急响应期间,进入应急响应的各市县累计向气象协理员、信息员发送手机短信 100769 条次,向各级部门联络员发送信息 38462 条次。各地气象协理员、信息员积极投入到气象防灾减灾工作中,累计已向各地气象部门反馈天气实况、暴雨影响和灾情等实时信息 481 条。

通过浙江卫视和公共新农村频道及时发布省国土厅和省气象局联合制作的地质灾害预报图,先后发布地质灾害预警信息 8 次,提醒公众积极应对和防范可能出现的危险。

5.2　气象服务分析

5.2.1　准确的预报预警服务,为防灾减灾保驾护航

针对浙江省 6 月 17 日以来的三次强降水天气过程,全省各级气象部门严密监测、加强会商,3 次过程都能够提前准确地进行预报,为政府和相关部门早部署、早防范争取了时间。

5.2.2　多渠道多角度的服务,为政府决策提供依据,为获取信息提供方便

省气象局及时、主动提供决策气象服务,服务手段多样化,服务产品具有预报准确、针对性强、发布频率高等特点,省气象局决策服务及时为省委、省政府制定正确防御措施提供科学依据,取得很好的社会效益。公众服务方面,气象部门利用各种渠道发布梅雨期相关信息,更是在网站、微博等平台及时更新天气实况,使公众能随时随地获取信息,并提醒各类相关服务资讯,如梅雨期防霉变、情绪防抑郁等。

5.2.3　积极主动服务,为部门联动架起桥梁

22 日以来,浙江省出现了梅雨第二轮降水过程,浙西南地区连续 3 d 出现大到暴雨,局部大暴雨。针对这一天气过程,服务人员做到了早准备、早服务。在 18 日,值班人员就根据最新预报信息给水库发布重要气象信息,及时为各水库用户制作水库流域面雨量预报,明确指出 22—23 日浙中南库区有强降水,并致电各个水库了解目前水位情况,特别关注乌溪江、紧水滩等水库这次强降水过程。并在天气过程中,积极主动为相关部门提供服务,20—26日每日对浙中南水库进行跟踪服务,为乌溪江、紧水滩水库泄洪调峰的科学调度提供气象保障服务,并取得实效;增加水库及省电力公司中调的电话服务7次;期间,与电力部门加强沟通,为电力部门水库水位科学调度提供有力依据,使电力部门防汛与发电两不误,社会效益和经济效益双丰收。

5.2.4　关注公众需求,改进服务内容,打造信息高速平台

在进入梅汛期之前,服务人员就适时调整了WAP网站、浙江天气网的相关功能,丰富浙江天气网实况监测信息,最大程度地满足网民的实际需求。

在浙江天气手机气象站对应的"近期实况"栏目中增加了城市面雨量的显示,以提供更为详尽的地市面雨量的信息;在浙江天气网对应的"现在天气"栏目中,替换了页面顶部原来单一的小时雨量、温度、风力实况图显示模块,取而代之的是更为详尽、多样化产品的降水、温度、风力及能见度的实况信息模块,并附上了各实况所对应的自动站资料信息的排名情况,图文并茂,既有总体又有细节,这样就能更直观地表达所要描述的气象要素信息。

5.2.5　抓住时机,上下联动,及时获取第一手资料

从入梅的前一天就开始报道即将入梅的消息,并在入梅第一天奔赴杭州滨江区火炬大道积水最严重路段,报道城市内涝情况。第三轮强降雨期间,特别关注报道杭州河堤坍塌事件,该新闻除在中国气象频道播出,还被推荐到中国天气网首页。此外还积极关注报道钱塘江航运、降雨对洗车业的影响等新闻。

同时积极与各地市气象影视中心沟通,做好各地市梅汛期影响。制作上传了如台州暴雨导致多处路段塌方、入梅以来的第三轮强降水浙江长兴部分农田被淹、温州暴雨引发山洪、黄岩永宁江大闸开启全力排涝以及台州多地农作物受淹等新闻。

组织人员积极向中国天气网提供反映浙江梅雨影响的图片新闻。共有《今天浙江部分地区大到暴雨　需注意防范地质灾害》、《浙江局地仍有大到暴雨　需防范地质灾害》、《浙江未来3d仍有大到暴雨　需加强防范》、《浙江48座水库泄洪　今夜将迎梅雨期第3场暴雨》、《浙江多座大中型水库水位超汛限　今明天仍有大到暴雨》、《浙江持续强降水汛情总体平稳　降雨已明显减弱》等9篇新闻稿被中国天气网"气象要闻"栏目采用,内容涵盖应急响应期间持续强降水天气对浙江省的大中型水库水位、汛情及人民生活的影响、相关预报信息及防范措施等。新闻报道及时,内容丰富,得到中国气象频道和中国天气网好评。

6　社会反馈

6.1　决策服务效果

6.1.1　各级领导的批示、指示和要求

根据浙江省气象局6月17日提供的决策服务产品,18日时任省委书记赵洪祝批示"我省这次降水范围广,雨量大,持续时间长,容易造成洪涝灾害。要高度重视,严密防范,尤其要采取有力措施,防止山洪、山体滑坡等灾害,确保人民群众生命财产安全";时任省长夏宝龙批示:"入梅第一天我省即普降暴雨、大暴雨,雨情、雨势严峻,全省各地要高度重视、迅速组织做好梅雨防御工作,特别是降雨比较集中的钱塘江中下游和环杭州湾地区要密切关注、监视水雨情,及时做好应急响应各项部署。"同日,省防指召开防御梅雨灾害视频会议,省委常委、时任副省

长葛慧君参会并作重要讲话。

6 月 19 日下午,全省防汛防台工作汇报会召开。时任省委书记赵洪祝在讲话中充分肯定气象工作,并指出:近年来,气象部门工作积极主动、认真负责,为气象防灾减灾工作提供了重要的决策依据。根据气象部门的监测和预报,刚入梅就遭遇了强降雨和台风的影响,加上 2012 年前期降水明显偏多,防汛防台形势严峻,并对进一步加强气象预报预测预警提出了要求。

6 月 26 日上午,时任副省长王建满及省政府副秘书长陈龙、谢济建一行,赴省气象科技业务楼检查指导气象工作时,充分肯定了气象部门的工作,并指出:当前浙江省已进入主汛期,气象部门要按照省委、省政府部署,一如既往地保持为地方经济建设服务的好传统,继续发挥好气象预报在防灾减灾抗灾中的作用,确保 2012 年平安度过主汛期。

6.1.2　中央和地方政府应对灾害天气所采取的措施

6 月 18 日,浙江省防汛办于 18 日上午启动了防汛Ⅲ级应急响应;19 日上午将防汛Ⅲ级应急响应调整为Ⅳ级。

6 月 21 日,国家防总发布"关于强降雨防范工作的紧急通知"。

6 月 21 日,省防办发布"关于切实做好当前防汛工作的通知"。

6 月 21—28 日,省防办连续发出 3 次通知,要求各地切实做好当前防汛工作,并维持防汛Ⅳ级响应。

6 月 25 日,省防办发布"关于进一步做好梅汛期强降雨防范工作的通知"。

6.2　公众评价

6 月 16 日,通过各渠道向公众宣布 6 月 17 日浙江省入梅,其中微博宣布入梅的信息被转发 91 条。

在整个梅汛期期间,气象部门以各种方式向公众发布相关信息。其中微博以跟踪发布降水分布图、雷达信息等实况类信息为特色,第一时间传递雨情变化、天气演变,引起网友广泛关注。其中 6 月 18 日第一次降雨过程的一条实况信息被转发 83 条,并有网友回复写到"请关注降水变化"、"及时快捷,不错";6 月 22 日发布的暴雨黄色预警被转发 50 条,信息覆盖近万人。

网友对此次暴雨过程非常关注,在微博的留言和回复中不乏"又下雨了,又有地方要塌方了,请关注!"、"又是大暴雨,大家一定要做好'防洪'工作。"等信息,也有网友进行险情通报"赤寿多处出现险情了,尤其是梧桐源沿线村庄,老防洪堤摧毁上百米了。转发微博,注意防范了。"网友的大量关注和转发,让气象部门恳切的叮咛和提醒变成提高自我防范意识、增强自救能力的有力呼喊,最终筑起防灾减灾的高墙大坝。

6.3　媒体评价

服务人员每天向省级 3 家报纸媒体提供今明天气预报、全省各地市及长江三角洲 2 d 天气要素预报,共 36 次,其中还提供气象素材稿件共计 8 篇,及时、丰富、翔实的气象素材和新闻通稿被多家报纸、网站和电视采用、转载,并获得记者和媒体的普遍肯定和好评。在网页中搜索"2012 浙江梅雨"有近万条相关信息,信息覆盖面大,不仅包括预报、天气形势的报道,也有梅雨期疾病、灾害防护和生活类信息。

浙江第一新闻网"浙江在线"打造梅雨季专题网页《浙江入梅大雨倾城,打好防汛抗洪战役》。其中滚动最新报道 26 篇,如《义乌 600 多座山塘水库全部处于高位运行》、《浙江公路因暴雨损失 3000 万 尚有 9 条农村公路在抢修》等,第一时间通报各地最新汛情 120 余篇,还有《请留意杭州城区六大积水点,下次大雨绕着走》等便民资讯 40 余篇,从政府视角到百姓关注、从行业影响到市井生活、从天气变化到灾情通报,多角度、全方位地记录梅雨期的点点滴滴。浙江卫视相关报道有《梅雨季第三波暴雨来袭:杭城一夜暴雨如注》和《暴雨引发洪水,各地紧急营救被困人员》等,通过影像资料更生动地记录了梅雨期的生活。

气象部门通过与媒体的共同合作,公众能够更方便地了解获知此次梅雨的天气、预报、灾害防御和各类资讯,取得了良好的社会效应。另外,各地网友踊跃发文,用文字和视频讲述“梅雨生活”,在诸多论坛、博客等有大量链接和转载。

7 思考与启示

(1)提高强对流天气的监测能力及气象精细化预报服务能力

强对流天气监测是一个非常重要的业务环节,要进一步加强各类重要天气监测信息的共享机制,及时与强对流可能发生的地区进行信息沟通,提高联防能力。这就要求进一步发挥气象现代化建设成果的作用,积极推进精细预报业务发展;进一步加强气象科技支撑,建立数字化、网格化、无缝隙的气象预报产品体系,为防汛抗洪提供针对性、网格化的气象服务,增强对灾害性天气的监测预报预警能力。

(2)提高预警预报发布时效

对于雷雨大风、冰雹等突发气象灾害,短临服务表现出了灵敏及时的特点,然而目前预警能力还十分有限,因此,要从提高突发气象灾害预警的时效入手,加强短临预报预警系统建设,尽早判断识别影响区域和突发气象灾害的类型,不断提高预报能力,延长预警时效。

(3)提高与媒体沟通能力,加强舆论引导谋划能力

实事求是向社会普及气象部门的预报能力;在舆论宣传中保证上下一致、口径统一;正确引导媒体关注视角、加强沟通合作;充分发挥气象部门的“消息树”、“指令枪”作用,汇集社会各部门的资源和力量共同面对气象灾害。

(4)加强气象灾害科普宣传,提高公众防灾自救能力

利用各种媒体和手段加强气象防灾减灾公益宣传,唤起全社会对防灾减灾工作的高度关注,提高广大群众对气象灾害的科学认识和防灾减灾意识,增强防灾避灾、自救互救能力。进一步充分发挥基层气象防灾减灾体系的作用,加强对气象协理员、信息员队伍的管理,及时开展气象协理员培训,努力提高业务素质,积极发挥他们在气象预警信息接收传播、气象灾害情调查、自动气象站抢修维护等方面的重要作用。同时要努力提高针对气象协理员、信息员的气象服务能力。

(5)充分了解需求,丰富气象服务产品

目前,存在着气象服务产品种类少、针对性不强、不能很好满足各行各业对气象服务的需求等亟待解决的问题。各行各业受气象条件影响程度不同,这就需要进一步加强与服务对象的沟通与合作,把常规气象预报与专业服务需求结合起来,深化开发专业气象服务产品,更好地为相关行业提供防灾减灾气象保障服务,提高防灾减灾成效。

2012 年 7 月 12—20 日湖南暴雨天气过程气象服务分析评价

董子舟[1]　刘甜甜[1]　许　霖[2]　赵　辉[3]　尹　婷[1]　罗红梅[1]　刘珺婷[1]

(1 湖南省气象服务中心；2 湖南省气象台；3 湖南省气候中心，长沙 410007)

摘　要　2012 年 7 月 12—20 日，湖南全省平均降水量 142.2 mm，较历年同期偏多 198%，为 1951 年以来历史同期第 3 位；降水南少北多，降水大值区主要位于湘西、湘西北地区；暴雨过程导致张家界、常德、泸溪等 20 个县(市)达到洪涝标准，其中宁乡、凤凰、冷水江等 10 个县(市)达到中度洪涝标准，吉首、怀化、临澧、石门 4 个县(市)达到重度洪涝标准。在这次暴雨过程中，湖南省气象部门预报准确，预警信息发布及时，及时启动应急状态，积极联系媒体，加强部门联动，使得暴雨过程灾害性影响控制得当，社会各界和广大民众对气象服务给予了高度评价。本报告通过详细调研，深入分析暴雨过程中预报预警、应急决策、信息发布等主要环节的工作及效果，总结此次暴雨过程气象服务经验教训，为重大气象事件气象服务工作提供一定的参考和借鉴。

1　概述

2012 年 7 月 12—20 日，湖南全省平均降水量 142.2 mm，较历年同期偏多 198%，为 1951 年以来历史同期第三位；各站累计降水量在 11.6(蓝山)～308.8 mm(临澧)之间，石门、临澧、冷水江等 9 个县(市)刷新建站以来历史同期最高值。全省降水分布不均，南少北多，降水大值区主要位于湘西、湘西北地区(图 1)。与常年同期相比，除湘南局部地区正常或偏少之外，其余大部分地区偏多 100%～200%，湘西、湘西北部地区偏多 200% 以上。

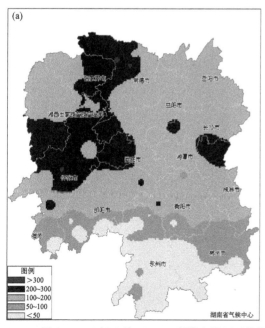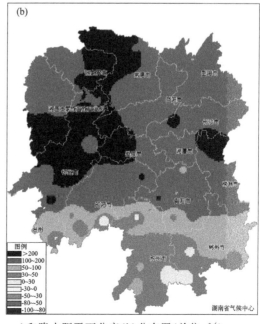

图 1　2012 年 7 月 12—20 日降水量(a)(单位：mm)和降水距平百分率(b)分布图(单位：%)

7月12—20日的强降水过程,全省共出现56站次暴雨,24站次大暴雨,1站次特大暴雨(图2);岳阳、韶山、衡阳等69个县(市)累计降水量超过100 mm,其中张家界、株洲、凤凰等20个县(市)累计降水量超过200 mm,吉首、怀化、临澧、石门4个县(市)累计降水量超过300 mm。全省最大日降水量为211.5 mm(怀化,16日)。

此次过程致使张家界、常德、泸溪等20个县(市)达到洪涝标准,其中宁乡、凤凰、冷水江等10个县(市)达到中度洪涝标准,吉首、怀化、临澧、石门4个县(市)达到重度洪涝标准(图3)。

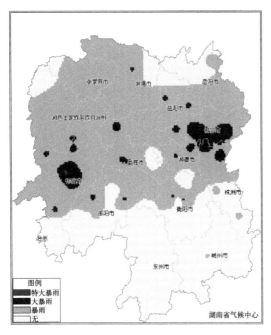 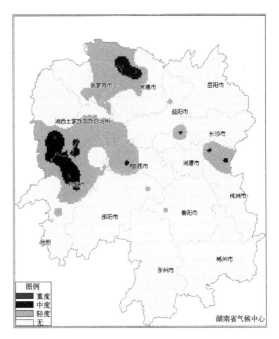

图2　7月12—20日强降水暴雨落区分布　　　图3　7月12—20日强降水过程气象洪涝分布

2　灾情及影响

2.1　灾情概述

此次强降水过程有效缓解了前期晴热高温天气带来的不利影响,全省前期的气象干旱得到缓解或解除,充沛的降水有利于水库蓄水,为后期抗旱工作提供了有利条件。但由于过程强度大、持续时间长,强降水引发的暴雨洪涝、水位上涨、城市内涝等对省内农业、水利、交通等行业造成了严重影响。据省民政厅统计,截至19日,强降水共造成常德、怀化、邵阳、自治州等12个市州81个县(市、区)370.36万人受灾,因灾死亡1人,紧急转移救助人口24.89万人,农作物受灾面积超过20.28万公顷,房屋倒塌受损超过1.3万间,直接经济总损失超过27.87亿元,其中农业经济损失13.11亿元。

2.2　气候影响

(1)缓解旱情

7月20日综合气象干旱指数监测结果(图4)表明:全省有15县(市)出现气象干旱,其中新宁、祁阳、冷水滩3个县(市)达中度等级,全省无重度以上干旱。与7月10日的监测结果相比,干旱县(市)减少 28 个(图 5),其中中度以上等级减少 20 个。受 7 月 11—20 日强降水过程影响,湘西北、湘西南、湘中地区气象干旱得到缓解或解除。

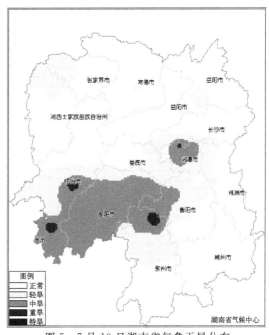

图 4　7 月 20 日湖南省气象干旱分布　　　　　　图 5　7 月 10 日湖南省气象干旱分布

(2)影响水情

受 7 月中旬降雨影响,湘水部分支流、资水干流下游出现超警水位,沅水干流中下游及东南洞庭湖全面超警。其中主要干流控制站超警的有:资水桃江站于 18 日 02:30 出现洪峰,水位 39.63 m(警戒水位 39.20 m),超警 0.43 m,洪峰流量 4610 m³/s;沅水干流桃源站 19 日 12:00,洪峰水位 44.66 m,超警 2.16 m(警戒水位 42.50 m),洪峰流量 19400 m³/s;沅水干流常德站 19 日 16:38,洪峰水位 40.10 m,超警 1.10 m(警戒水位 39.00 m),洪峰流量 18400 m³/s;洞庭湖区南嘴站 20 日 21 时,洪峰水位 35.17 m,超警 1.17 m(警戒水位 34.00 m),洪峰流量 9920 m³/s;洞庭湖区沅江站 21 日 3 时,洪峰水位 34.53 m,超警 1.03 m(警戒水位 33.50 m)。

此外,强降雨过程中常德、益阳、岳阳、怀化、自治州、娄底、张家界 7 个市(州)有 1233 座水库一度溢洪,发生各类险情 324 处。

3　致灾因子分析

短时降水冲蚀能力强,加之前期省内出现了持续高温少雨,地表疏松,抗冲蚀能力弱,为山洪、泥石流、滑坡等提供了物质来源和动力基础,是山洪、泥石流、滑坡等灾害的重要诱因。加之本次过程中强降水落区反复出现的湘西山区本来就是地质条件较差的地质灾害易发区、多发区,致使部分山区出现多处山体滑坡、山洪等灾害。如娄底新化境内因强降水影响,造成 12 万人受灾,发生山体滑坡和崩塌 810 余处,紧急转移 6400 人,倒塌房屋 210 间。

本次过程降水强度大,部分地区受到强降水的反复袭击,造成土壤含水能力和承灾能力明显下降,地表水汇集速度加剧,致使部分低洼地区形成积涝。本次强降水过程中,不少村庄、城镇都出现了积水,对交通、居民生活造成影响,部分人员被迫转移。如娄底新化 7 月 16 日 2400 余人短时遭洪水围困,梅镇、上渡办等城镇内涝严重,570 个门面进水,天华南路、城西路、工农河、清华幼儿园、交警大队、检察院等处水淹达 1.0 m 左右。

强降水落区的社会经济发展水平较低,特别是部分反复受强降水影响的地区在湖南西部相对贫困地区,建筑陈旧,承灾能力和抗灾能力都弱,导致部分房屋倒塌,给人民生命财产造成重大损失。

强降水伴有的雷电、大风等是致灾的一个重要原因,加重了灾情。根据沅江市民政局和市气象局的灾情综合统计,7 月 12—16 日,沅江市漉湖渔业三队张怡生家一池乌醴遭雷击,大约七亩面积,约 2 万尾,受灾 10 万元左右。

因前期持续高温少雨,河湖水位走低,为降水的下泄提供了良好的条件,这对避免出现流域性洪水起到了重要作用。

4 预报预警

4.1 预报预警准确性

7 月 11 日,发布《重大气象信息专报》,预计 11 日晚—12 日湘西北受中低层切变影响,有小到中等阵雨或雷阵雨,局部大到暴雨,其他地区多云到晴天;13 日副高东退南落,中低层切变位于湘北一带,受其影响,湘西北、湘北有强降水发生,部分大到暴雨,局部大暴雨;14—15日切变线转为东北—西南向,并有所南移,湘中及以北部分大到暴雨,局部大暴雨;16—17日随着副高西进北抬,湘西北仍有较强降水发生;过程雨量湘中以北 80～150 mm,局部可达 200 mm 以上,其他地区 40～60 mm。

15 日滚动预报:16—17 日随着副高西进北抬,湘中及以北仍有较强降水发生;18—19 日湘中以北有辐合存在,这些地区仍有阵性降水发生。

实况是 7 月 11 日 14 时开始,省内自北向南出现一次强降雨天气过程。11—13 日,强降水主要出现在湘西北、湘北地区;14 日,强降水南压至湘中偏南一带;15—19 日,强降水北抬到湘中及以北地区。从整个过程来看,提前 1～7 天准确预报了逐日的强降水天气,在落区预报方面,除 14 日预报强降水出现在湘中及以北,而实况出现在湘中偏南外,其他时段落区预报准确。在预报暴雨开始时间上略偏迟,预报是 11 日晚,实际开始时间是 11 日 14 时。

4.2 预报预警及时性

7 月 9 日,湖南省气象台发布《气象专题汇报》,指出:"12 日副热带高压开始减弱南退,可影响到湘西北地区;13—16 日副高进一步东撤南落,受高空低槽和中低层切变共同影响,全省有一次较强降水天气过程",提前两天对此次过程进行了预报。

7 月 12—20 日,针对全省 14 个地市,先后发布的预警信号均有 1～6 h 左右的提前量。

4.3 预报预警发布传播

过程期间,每日通过湖南气象网站、中国天气网湖南省级站、官方气象微博、手机短信、12121 声讯电话方式发布最新天气预报及气象灾害预警信号。

7 月 12—20 日,电视天气预报节目中共发布强降水天气消息 2 期、地质灾害气象预警信息 6 期、暴雨监测 7 期、暴雨防御 4 期、强降雨天气实况和未来天气趋势字幕 10 批次。

7 月 12—20 日,向全省防汛责任人、中小学校安全责任人、交警指挥人员及气象信息员发布暴雨橙色预警 177 县次、暴雨红色预警 157 县次、暴雨黄色预警 78 县次;大风黄色预警 5 县次;地质灾害预警 10 县次;雷电橙色预警 77 县次,共 504 县次,1917686 人次。向全省防汛责任人、中小学校安全责任人、交警指挥人员及气象信息员发布天气实况 8099798 人次;向社会公众发布重要天气消息 10255936 人次。

5 气象服务特点分析

在本次强降水天气过程中,湖南省气象部门全力做好监测预报预警服务工作,加强部门联动,拓宽预报预警发布途径,为政府决策和群众自救发挥积极作用。

5.1 滚动预报 及时预警

自 7 月 9 日发布《气象专题汇报》,截至 7 月 19 日,湖南省气象局针对本次过程共发布决策服务材料 10 期,其中《重大气象信息专报》1 期、《气象专题汇报》5 期、滚动的《气象专题预报》6 期。各类决策服务材料均在第一时间报送省委、省政府及有关部门,同时通过大喇叭、广播、电视、报纸、网络、手机短信和气象信息咨询电话等方式告诉广大社会公众。

在强降水发生前,湖南省气象台均及时发布了暴雨和雷电等灾害预警信号;11 日 14 时—19 日 15 时,湖南省气象台共发布各类暴雨预警信号 138 次,其中暴雨红色预警信号 36 次 79 县次、橙色预警信号 75 次 185 县次、黄色预警信号 27 次 80 县次。

时任湖南省气象局局长祝燕德 11 日晚通过短信向省委、省政府相关领导汇报了本次过程的预报预警信息,各分管领导"一对一、人跟人"开展决策气象服务。

5.2 分区应急 靠前服务

随着强降水落区的演变,省内气象部门分区域、分时段启动气象灾害防御应急Ⅲ级响应。12 日、13 日、15 日分别启动湘中以北地区、湘西南及湘中地区、湘东南地区突发性气象灾害(暴雨)Ⅲ级应急响应;全省各级气象部门严格按照Ⅲ级应急响应工作流程做好应急响应工作,省气象台实行业务岗位 24 h 领导带班和双岗值班。

5.3 部门联动 共战暴雨

湖南省气象部门加强了与国土、水利、电力和农业部门的联合会商,与国土部门联合发布《地质灾害气象预警》,为农业部门提供《为农气象服务专题》,向电力部门提供有针对性的水库调度和安全防御工作气象建议。

5.4 积极拓宽发布渠道

湖南气象网及时更新发布预报预警信息,深度报道公众最关注的气象话题,及时上线《2012 盛夏强降雨湖南气象服务专题》,集中向公众呈现最新气象预警预报、各地气象服务情况、气象监测数据及产品、应急常识、气象灾害防御等;自 2011 年汛期开始,先后在腾讯、新浪开通天气微博,实现气象预警天气微博同步更新;建立与媒体日常合作和应急联动机制,以网站天气新闻为基础,借助地方媒体延伸气象预警,宣传气象防灾减灾和气象科普知识。

过程期间,湖南省气象局与网络报刊媒体展开充分合作,在《湖南日报》《潇湘晨报》《三湘都市报》《长沙晚报》、人民网、中国日报网、新华社湖南频道、中国气象局网、中国天气网、新气象网等媒体上发稿 53 篇。

6 社会反馈

6.1 决策服务效果

早在 7 月 8 日,湖南省气象台台长黎祖贤就向省电力部门通报了 12—17 日盛夏强降雨天气过程的预报信息,电力部门给以预报信息高度信任,及时调整水火电的出力配置,迅速加大水电出力。

省防指 7 月 9 日根据预报信息,提前调度湘西北几座大型水库,11 时五强溪、凤滩水电站满负荷发电,水位分别从 101.1 m、198.67 m 下降到 12 日 16 时的 97.75 m、193.16 m,柘溪水库通过发电消落了 3 m 多水位,及早腾库迎洪,为后期有效地蓄水创造了较大的经济效益。

省气象台加密与湖南省地质灾害应急中心的会商,13—19 日共联合发布 6 期《地质灾害气象预警消息》。据了解,这次强降雨过程中,根据气象预报预警、雨情和水情信息,全省各级政府及基层气象信息员通力合作,及时将群众转移出危险地区,将灾害影响降至最低。

7 月 16 日,在应对此次暴雨过程的关键时期,时任湖南省省委书记周强来到湖南省气象预警中心检查指导防汛工作,对气象服务做出高度评价:"及时准确的预警预报发挥'千里眼'和'顺风耳'的作用,成为湖南近年来防汛抗灾胜利的重要因素之一。这次强降水过程,气象部门预报及时准确,为省委省政府和各级各部门提前应对强降水提供了重要的依据。"

6.2 公众评价

过程期间,通过电话回访预警用户,均表示预警信息及时准确,对当地应对暴雨灾害起到关键性指导作用。

会同县高椅乡红光村村主任伍永发回复:"这两天雨下得大,公路路面有几处被洪水冲毁,交通出现中断,几百亩稻田受淹,多处房屋倒坍,出现大面积山体滑坡。收到预警信息后提前做好准备,通知群众转移,暂未造成人员伤亡。"

会同县高椅乡邓家村书记邓喜森回复:"昨天雨势比较大,暴雨对公路的损坏严重,冲坏了多处路基路面,出行不方便,倒塌房子十多间,养殖业、稻田有大面积严重损失,经济损失几百万,已组织群众转移,暂无造成人员伤亡。"

气象热线越来越受到民众信赖,17 日 14:50 接到长沙用户陈凯电话求助,其位于怀化麻阳县隆家堡乡下街的家中受灾严重,因地势低洼,洪水已淹没一楼,家中只有母亲一人,附近还有十来户人家,都被困在三楼,希望气象部门能与当地相关负责人联系,前往其家中帮助并实施救援。客服人员立即与该乡乡长滕树华联系,并反映该情况。滕乡长表示,当地受灾严重,目前洪峰正在过境,水位有明显回落,从当天上午 8 时开始当地干部及相关人员已组织群众有序转移,并承诺立即派专人前往该用户家中查看并解决问题。工作人员随后转告求助人,受到用户感谢。

自 2011 年汛期在腾讯和新浪开通天气微博以来,受到广大公众的青睐,众多微博粉丝频频转发、留言。7 月 16 日,株洲市市政处养护中心留言:随时关注,及时处置,严阵以待。7 月 18 日,北京现代湘潭九城留言:请往这几个方向出行的朋友,随时注意天气和路况,小心防范,安全行车。网名为"蜗在火辣的脚都"留言:现在来看,关注天气也能救命。

6.3 媒体评价

此次湖南强降雨天气过程,受到各大主流媒体的广泛关注,《潇湘晨报》记者表示:"我收到了很多预警信息,觉得预报很及时,气象部门服务到位、预测准确。"

　　湖南卫视记者评价:"气象部门对待媒体坦率、大度。这次暴雨过程气象局预报得很准确,气象专家也很积极配合采访,及时向公众答疑解惑。"

7　思考与启示

　　对于持续时间较长的强降水天气过程,预报能力不足。此次过程持续了 8 d,但是由于数值预报的准确性随着时间的增加可信度减少,加上湖南地形的复杂性,预报员过分依赖数值预报造成预报持续时间较长的天气过程时,准确度降低。尤其在转折性天气的预报上,时间把握不足。因此,加快预报业务技术改革、进一步提高预报服务能力刻不容缓。

　　在有限的条件下,气象部门对社会民生的服务能力成为业务能力的有效补充。此次过程的避灾、防灾、减灾工作中,加强气象服务的敏感性,对气象信息发布渠道、发布速度的提升起到了至关重要的作用。湖南省气象部门通过网络、电话、电视、广播、手机短信等多种途径,多渠道全力发布气象预警预报,全省各级政府及基层气象信息员通力合作,及时将群众转移出危险地区,全省无一起人员伤亡事故发生。同时,电力部门根据预报及时调整水火电的出力配置,迅速加大水电出力,湘西北几座大型水库满负荷发电,及早腾库迎洪,创造了较大的经济效益。

2012 年 7 月 21—25 日海南省
台风"韦森特"天气过程气象服务分析评价

胡玉蓉　宋琳琳　罗　辉

(海南省气象局应急与减灾处,海口 570203)

摘　要　2012 年 7 月 21—25 日,受 2012 年第 8 号热带气旋"韦森特"(以下简称"韦森特")影响,海南省的海南岛及西沙永兴岛出现了强降水,其中永兴岛的过程降水集中在 22—24 日,雨量达 340.2 mm;海南岛的过程降水集中在 23—24 日,共有 51 个乡镇自动站的雨量超过了 100 mm,最大雨量出现在海口市东营镇,达 291.7 mm;海南岛四周沿海普遍出现 6 级、阵风 7~8 级的大风,最大阵风出现在西沙永兴岛和三亚鹿回头公园,达 9 级(23 m/s)。

在"韦森特"影响期间,恰逢海南省三沙市成立大会暨揭牌仪式(以下简称"三沙市揭牌仪式")紧张筹备之际。面对防灾减灾及重大活动气象服务的双重考验,海南省气象局提前发布准确预报,及时开展预警服务,启动应急响应机制,加强与相关部门联动,全方位开展气象服务工作,圆满完成了三沙市揭牌仪式气象服务保障重任,也使热带气旋带来的损失降到了最低程度,获得了省委省政府的高度认可。

本报告充分分析了在"韦森特"和"三沙市揭牌仪式"服务过程中的天气监测、预报预警、决策服务、应急联动、保障服务等方面的工作、效果及存在的问题、拟解决措施,认为海南省气象局在预报预警信息发布、决策气象服务等方面取得了显著成效,可为重大活动及气象灾害服务提供参考和借鉴。

1　概述

2012 年 7 月 20 日 08 时,位于菲律宾以东洋面的热带云团发展为热带低压,21 日 23 时,加强为 2012 年第 8 号热带风暴"韦森特";23 日 10 时加强为台风;24 日 04:15 在广东省台山市沿海地区登陆,登陆时中心风力为 13 级,随后迅速减弱;25 日上午 8 时在广西境内减弱为低气压,对海南省的影响结束(见图 1)。

"韦森特"具有以下特点:一是移速多变。"韦森特"的移向以西北偏西路径为主,但不同阶段移速多变。在加强为热带风暴之前,移速偏快,平均时速在 25 km 以上;从热带风暴到台风阶段,移速极慢,平均时速小于 5 km,后期移速稳定在 15 km 左右。二是登陆前持续加强。热带低压进入南海东部海面后强度缓慢发展,12 h 后在东沙群岛南部海面加强热带风暴"韦森特",此时强对流云区偏向中心的西南方。由于南海上空西南季风强盛,越赤道气流较强,同时垂直风切变减小,"韦森特"继续加强,云系结构逐渐趋于对称完整,23 日 10 时加强为台风(中心附近最大风速 33 m/s)。此后,在向广东沿海靠近的过程中,"韦森特"仍不断加强,登陆前 5 个小时中心风力 13 级,风速达到 40 m/s,并维持到登陆后 3 h。三是内核环流小,云系范围大。在最强阶段,"韦森特"的 10 级大风范围半径只有 100 km,海南岛四周海面测得过程最大平均风速 16.6 m/s(7 级)。另外,"韦森特"云系范围大,外围对流发展旺盛,其中心距海南岛 400 km 左右时,海南岛北部、西部就有多条对流云带影响,造成局地暴雨到大暴雨,因此这些地区累积过程雨量较大。

　　受"韦森特"和西南季风共同影响,22 日 08 时—25 日 08 时,西沙永兴岛出现了 340.2 mm 的过程雨量(见图 2)。

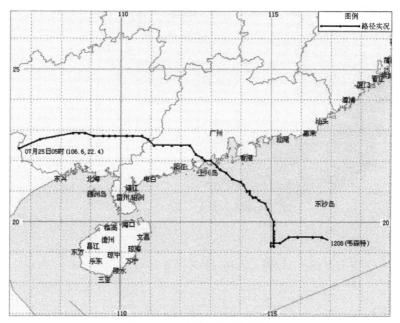

图 1　"韦森特"移动路径图

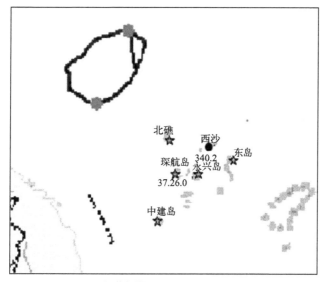

图 2　"韦森特"期间西沙群岛降水量图(7 月 22 日 08 时—25 日 08 时)

　　23 日 08 时—25 日 08 时,海南岛西部、北部和南部局部地区也出现强降水,据乡镇自动气象站资料统计,7 月 23 日 08 时—25 日 08 时,全岛共有 51 个乡镇雨量超过 100 mm,其中有 2 个乡镇雨量超过 250 mm,最大为海口市东营镇,达 291.7 mm(见图 3)。

　　本岛四周沿海普遍出现 6 级、阵风 7~8 级的西南风,西沙永兴岛、三亚鹿回头公园分别测得 9 级的最大阵风。

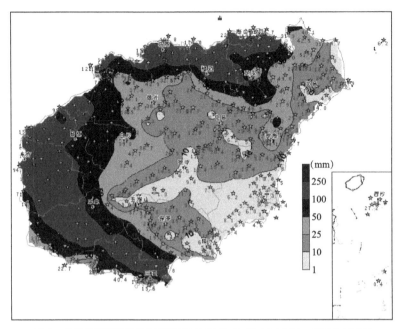

图3　"韦森特"海南岛过程降雨量图(7月23日08时—25日08时)

2　灾情及影响

据调查统计,受"韦森特"袭击,全省受灾区域主要集中在临高县、定安县、澄迈县、琼海市、陵水县,受灾人口35912人,农作物受灾面积0.18万 hm²,全省经济损失达0.49亿元。

"韦森特"给海上交通带来了较大影响。7月22日18时—25日05时,海事部门下达停航令;琼州海峡所有客滚船全部停航,粤海铁客列停运,过海车辆及旅客出行受阻;23—24日,海口美兰国际机场部分出港航班被取消,进港航班延误;三亚凤凰国际机场大量航班延误或取消;海南岛东环高铁部分列车停运。全省共27600艘渔船提前回港避风。

"韦森特"给西沙永兴岛带来了明显的风雨天气,影响了三沙市揭牌仪式会场筹备工作的进度,正式揭牌日比原定计划推迟了1 d。

3　致灾因子分析

本次过程造成灾情的主要原因是受热带气旋"韦森特"外围环流和西南季风的共同影响,海南出现强降水及大风天气。22日20时—23日20时,西沙群岛附近海面聚集了浓厚的对流云团,并出现了大暴雨到特大暴雨、持续风力6~7级、阵风8~9级的恶劣天气。由于风雨强,能见度小,导致原定23日傍晚前来永兴岛准备参加"三沙揭牌仪式"的飞机航班不得不推迟。23日08时—25日08时,海南岛北部、西部和南部陆地的降水明显增强,过程雨量达100~300 mm,加上海上大风的共同影响,使琼州海峡交通受阻,部分市县农田被淹,养殖业遭受破坏,城市道路出现积水等不同程度的灾情。

4　预报预警

7月16日,在向省委、省政府及省"三防"等决策部门报送的《重要气象信息专报》中,省气象台做出了"本周将有热带气旋在西太平洋洋面上生成,并于 20 日前后移进南海,23—24 日影响西沙和本岛"的初步预报;7 月 20 日 17 时,预测分析认为菲律宾东部的热带低压未来对海南岛及西沙将造成较大影响,开始发布热带低压消息;21 日 13:00 省气象局启动热带气旋Ⅳ级应急响应;随后根据"韦森特"移动路径、强度、影响区域的变化,及时变更台风预警级别、热带气旋应急响应级别,直至 25 日 08 时影响结束(见表 1);市县气象局也及时发布不同级别的暴雨、雷电等预警信号;全省气象部门做到提前预报、及时发布预警信息和启动应急响应机制,通过多种渠道全方位开展气象服务。

表 1　海南"韦森特"过程气象预报预警情况一览表

预报、预警时间		预报提前量	预报、预警内容	应急响应启动时间及级别
7 月 16 日		7 d	本周将有热带气旋在西太平洋洋面上生成,并于 20 日前后移进南海,23—24 日影响西沙和本岛。	
20 日 17 时—21 日 23 时		3 d	20 日 17 时开始发布热带低压消息:今天上午在菲律宾以东洋面上生成的热带低压,未来 24 h 前后可能发展为热带风暴,21 日进入南海东北部,并提醒在此海面作业和过往的船只及时回港避风。	
			热带低压消息 10 次(20 日 17 时、20 日、23 时、21 日 05 时、08 时、11 时、14 时、17 时、20 时、23 时)。	21 日 13:00 省局启动热带气旋Ⅳ级应急响应机制
22 日	05 时—17 时	24 h	05 时发布热带风暴蓝色预警:南海热带低压昨晚 11 时加强为今年第 8 号热带风暴"韦森特",预计 23 日夜间到 24 日上午在广东阳江到海南陵水一带沿海地区登陆。	
			热带风暴蓝色预警信号 5 次(22 日 05 时、08 时、11 时、14 时、17 时发布)	22 日 09:00,省局提升为Ⅲ级应急响应
	20 时	9 h	20 时发布台风黄色预警:热带风暴"韦森特",今天下午 5 点钟加强为强热带风暴,预计 23 日夜间到 24 日上午在广东阳江到海南万宁一带沿海地区登陆。	
23 日	11 时		台风黄色预警 5 次(22 日 20 时、23 时、23 日 05 时、08 时、11时)	23 日 11:00,省局提升为Ⅱ级应急响应
	14 时		14 h 布台风橙色预警:强热带风暴"韦森特",今天上午 10 点钟已加强为台风,预计 24 h 内强度继续加强,将于 23 日下半夜到 24 日中午在广东台山到徐闻一带沿海地区登陆。	
24 日	05 时		发布台风橙色预警:今天凌晨 04:15 前后,台风"韦森特"在广东台山市沿海地区登陆,预计 24 h 内向西偏北方向移动,强度逐渐减弱。	
			发布暴雨黄色预警:未来 24 h 内,本岛北部大部地区将出现 100 mm 以上降水,西部大部地区将出现 50 mm 以上降水。	
	11 时		台风橙色预警 7 次(23 日 14 时、17 时、20 时、23 时、24 日 05 时、08 时、11 时)	
	14 时		变更为台风蓝色预警:强热带风暴"韦森特",已于今天 13 点钟减弱为热带风暴,预计未来强度继续减弱。	
	17 时		发布台风蓝色预警:热带风暴"韦森特"今天 16 点中心位于广西玉林市境内,预计强度继续减弱。变更为暴雨蓝色预警:未来 24 h 内,本岛北部、西部和南部沿海地区将出现 50 mm 以上降水。	24 日 21:30,省局变更为Ⅳ级应急响应

预报、预警 时间		预报 提前量	预报、预警内容	应急响应启动 时间及级别
25 日	08 时		台风蓝色预警 6 次(24 日 14 时、17 时、20 时、23 时、25 日 05时、08 时)	25 日 08:00 省局终止应急响应
	11 时		变更为热带低压消息,影响结束	
省气象台共发布低压消息 11 次,热带风暴蓝色预警 5 次,台风黄色预警 5 次,台风橙色预警 7次,台风蓝色预警 6 次,暴雨黄色预警 2 次,暴雨蓝色预警 1 次。市县气象局共发布暴雨红色预警信号 4 次,暴雨橙色预警信号 9 次,雷电橙色预警信号 8 次				共响应 91 h

5　气象服务特点分析

5.1　预报时间明显提前,重大活动的气象服务精细化程度有效提高

7 月 16 日省气象台做出的初步预报,比原定 17 日开始提供的"西沙专项天气预报"服务提前了 1 天,比 24 日三沙市正式揭牌日提前 8 d 做出了准确预报。17—24 日,每天为省委省政府及相关部门滚动发布《西沙专项天气预报》,内容包括全省陆地、海洋未来天气趋势及海口市、西沙永兴岛当天及第 2 d 天气情况等,并根据这些部门的需要随时提供预报服务。

根据省气象台提供的"21 日海口多云,午后有雷阵雨,偏南风 3～4 级;22 日西沙永兴岛多云有阵雨,西到西南风 5 级"的天气预报,载有首任三沙市委书记、三沙市委领导班子成员、三沙市第一届人民代表大会代表以及参加三沙市揭牌仪式工作人员的客轮,于 21 日 19:30 从海口秀英港出发,一路乘风破浪,于 22 日 13 时顺利抵达西沙永兴岛,使 7 月 23 日上午举行的三沙市第一届人民代表大会第一次会议如期举行。

但"韦森特"22 日 17 时加强为强热带风暴后,永兴岛上狂风大作,暴雨如注,船只无法再航行。省委派出近 20 名工作人员,23 日 02:40 乘飞机飞往永兴岛,但飞机抵达西沙上空后盘旋了一个多小时,最终因不具备降落条件返航。直至 24 日凌晨,海口、西沙永兴岛一直风雨交加,从 24 日早上 6 时起,省委、省政府了解永兴岛天气情况的电话不断打到省气象局,指明省领导态度坚定,要克服一切困难,抓住安全飞行时机,及时赶赴西沙永兴岛,确保揭牌仪式如期举行。为保障往返海口至西沙永兴岛飞机的飞行安全,省气象局指示省气象台和西沙气象台加强监测、预报,密切关注台风"韦森特"动态,及时做出精准的短临预报供有关部门决策。当省台于 24 日 6:30 做出"24 日 9 时起天气开始好转"和"9—10 时飞机可以降落"的决策服务意见后,省领导当机立断,参加揭牌仪式的省部领导及其人员立即登机出发,上午 9—10 时,3 架飞机陆续在永兴岛降落;24 日上午 10:15 经受了 3 d 风雨洗礼的三沙市,终于迎来灿烂的霞光;10:32 在雄壮激昂的中华人民共和国国歌声中,三沙市成立大会暨揭牌仪式正式开始,至10:58 圆满结束。谈起天气与三沙市揭牌的巧合时,许多人感叹:这是个奇迹;三沙市首任市长肖杰评价说"天衣无缝",并在揭牌仪式结束后,亲自前往西沙气象台,对气象部门提供的保障服务给予充分肯定和感谢。

5.2　加强决策气象服务和部门联动

继 7 月 16 日报送《重大气象信息快报》后,7 月 17—24 日,省气象局为"三沙市揭牌仪式"制作了《三沙专项天气预报》8 份,20—24 日,共制作有关"韦森特"的决策服务材料 6 份。通过

纸质报送、网络、传真、预警决策短信平台等多种渠道发布决策气象服务信息。对送达相关领导的重要决策服务材料除送纸质材料外,另增发手机短信提醒及时查收,确保其发挥有效作用。另外加强与省"三防"、林业、水利、旅游等部门的联动,共同做好对"韦森特"的防御工作(见表 2)。

表 2　海南"韦森特"过程决策气象服务及部门联动情况一览表

时间	决策服务重点	政府决策	部门联动
20 日	《重要气象信息快报》1221 期:热带低压将于 21 日进入南海东北部海面,提醒在此海面作业和过往的船只及时回港避风		各部门坚守工作一线
21 日	《重要气象信息快报》1222 期:热带低压今天上午进入南海东北部海面,强度将继续加强,逐渐向广东中西部到本岛东北部海面靠近,23—24 日对海南有较大影响。	下午时任副省长陈成致电省"三防办",对防御工作做出特别指示:要立即通知渔船回港避风,做好港内安全管理,防止渔船顶风出海,确保全省渔船渔民防风安全。做好水库工程防洪调度,确保水库度汛安全,尽最大努力减少灾害损失。	22 时,省"三防"总指挥部启动防台风Ⅳ级应急响应。
22 日	《重要气象信息快报》1223 期:热带低压已加强成为热带风暴"韦森特",并将于 23 日夜间到 24 日上午在广东阳江到海南陵水一带沿海地区登陆,23—24 日对本岛和西沙群岛有严重影响,提醒海上作业船只迅速回港避风。	上午省委书记罗保铭、省长蒋定之做出指示,要求把渔船渔民安全和水库安全放在重中之重的位置来抓好,确保防风安全。省水务部门对水库工程进行了巡查检查,消除隐患,特别是对正在除险加固的水库,要求所有施工队伍全部坚守岗位,落实措施,积极应对,确保度汛安全。海事部门下达停航令:琼州海峡所有客滚船全部停航。	07:30,省"三防"总指挥部启动防台风Ⅲ级应急响应,全省进入防御热带风暴的紧急状态。10 时,全省 27264 艘渔船全部提前回港避风。下午省旅游部门对易发生山洪、泥石流、山体滑坡等地质灾害区域及涉海、涉水、涉山旅游景点进行了排查,全面完成游客安全疏散工作,确保广大游客的安全。
23 日	《重要气象信息快报》1224 期:台风"韦森特"将于 23 日下半夜至 24 日白天在广东台山到海南文昌一带沿海地区登陆,对海南陆地有中等影响,全省的防范重点放在海上船只的安全,另外要加强对中小型水库的安全防范工作。	09:30,省"三防"办召开会议,省气象局汇报了"韦森特"的预报意见,时任副省长陈成再次做出防台部署。	17:00,省"三防"将防台风Ⅲ级应急响应降为Ⅳ级。
	《重要气象信息专报》1250 期:本省将受台风"韦森特"影响,其中 23—24 日将有一次严重的风雨过程。	下午省委常委做出重要批示,要求气象部门高度重视,密切关注,重大情况及时通报。	省各部门坚守工作一线
24 日	《重要气象信息快报》1225 期:"韦森特"虽然已经登陆,但仍然西行靠近我省,今明两天对我省仍有风雨影响,提醒有关部门继续加强防范。		
17—24 日	每日滚动发布《三沙专项天气预报》:全省陆地、海洋未来天气趋势及海口市、永兴岛当天及第 2 天天气等。	省委省政府、三沙市政府根据天气及时调整揭牌仪式筹备工作。原定 23 日正式揭牌改为 24 日。	相关部门坚守工作一线

6　社会反馈

6.1　决策服务效果

在"韦森特"影响期间,省气象局较为准确地预报了"韦森特"的移向、强度、风向风力、降雨落区和量级,共发布台风、暴雨、雷电等各类预警 47 次,启动并维持不同级别热带气旋应急响应命令 91 h,发送决策服务材料 258 份。认真参加省"三防"组织的防台会议,及时汇报"韦森特"最新动向和预报信息,在《重大气象信息快报》决策服务材料上获得省委省政府有关领导的批示 3 次。全省市县气象局获得地方政府领导在决策服务材料上的批示共 12 次,地方政府根据气象预报预警和服务材料印发通知共 17 次,召开紧急会议共 18 次,部分市县政府领导亲临气象服务一线指导工作。尤其是西沙气象台对"三沙市揭牌仪式"成功的气象服务保障,还获得了三沙市政府及驻军领导的充分肯定和当面感谢。

6.2　公众评价

海南省气象部门通过电视、广播、报纸、互联网、"12121"咨询电话、传真、手机短信、电子显示屏等渠道发布关于"韦森特"的各类预报预警信息(见图 4),全方位开展面向政府、公众及专业用户的各项气象服务。

从全省满意率调查结果来看,90%以上的公众对气象服务的评价比较高(见图 5)。全省 19 个市县中(包括三沙市),有 14 个市县 80%或以上的公众收到预警信息后采取了相应的应对措施(见图 6)。

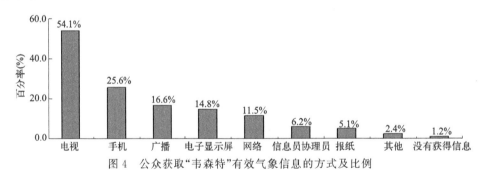

图 4　公众获取"韦森特"有效气象信息的方式及比例

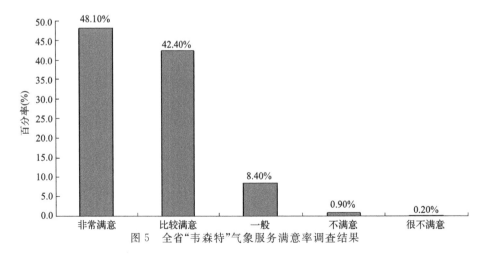

图 5　全省"韦森特"气象服务满意率调查结果

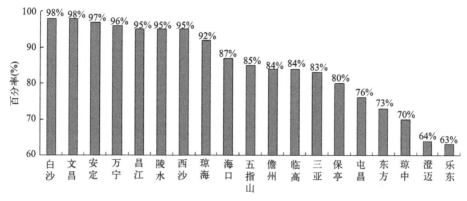

图 6　海南省各市县公众收到"韦森特"预警信息后采取措施的比例

6.3　媒体评价

全省气象部门认真做好对"韦森特"服务的媒体宣传工作,省气象台及时召开新闻发布会,第一时间向各界媒体提供新闻稿件,发布最新预报及风雨实况,使有关预报预警信息得到快速全面的报道,传播效果良好。在省气象台、西沙气象台提供的专项预报、现场气象服务保障下,不仅确保了"三沙市揭牌仪式"筹备工作的按期进行,同时认真做好全省防台工作,对此南海网、海南日报、旅游卫视、凤凰卫视、新闻联播和上海东方卫视等各大媒体均从不同的角度正面宣传和报道了全省气象部门对"韦森特"以及南海气象保障的突出贡献和重要作用。

7　思考与启示

省气象局圆满完成了 2012 年第 8 号台风"韦森特"以及"三沙市揭牌仪式"的气象服务保障工作,为今后应对灾害性天气、重大活动的气象保障服务积累了成功经验。但在服务过程中,也发现了决策服务材料接收监控不到位、全省预警信息发送速率较低、与省决策部门应急响应级别有差异等问题,值得思考与总结。

7.1　准确预报、科学合理的预警是做好重大活动及气象灾害应对服务的基础

有重大活动并有灾害性天气影响时,气象部门提前做出准确预报并及时发布科学合理的预警信息,是各级决策部门准确部署的基础。在对"韦森特"的预报过程中,省气象台加强监测,提前 7 d 发布了西沙群岛附近海面将受台风影响的准确预报,较早发布热带低压消息,及时发布各级台风预警,其中短期预报对"韦森特"强度和路径的变化以及对全省强降水落区、海面大风做出了较准确的预报。提前 48 h 发布了海南岛及西沙永兴岛强风雨预警信息,为省委省政府及时部署防台工作、调整"三沙市揭牌仪式"各项筹备工作的日程起到了关键性的作用。省气象台根据天气演变趋势和实况,及时建议相关市县气象局发布预警信号,为各地政府、有关部门的应急联动、防灾避险工作、服务保障也起到了积极的指导作用。

"韦森特"登陆广东后向西北方向移动,强度迅速减弱,距离海南省陆地较远,造成全省降水量预报略偏大。今后将加强对台风路径和强度的研究,以提高对风雨落区、影响强度和时间的准确预报。

7.2 满足不同层次的服务需求是做好重大活动及气象灾害应对服务的关键

　　面对台风"韦森特"以及备受瞩目的"三沙市揭牌仪式"的双重气象服务任务,省气象局在思想上始终保持高度重视,根据不同的服务需求,确定不同的服务重点。对"韦森特"从全省防灾减灾的服务角度出发,为政府、公众和专业用户全方位提供各类预报预警信息。对"三沙市揭牌仪式"的保障服务以提供及时精准的短时临近预报为主。省气象局原定 17 日起为省委省政府制作《三沙专项天气预报》,但 16 日省气象台提供的《重要气象快报》中,提到 22—23 日将有热带气旋影响西沙,对三沙市揭牌仪式活动可能产生影响,省气象局立即通过传真向省委省政府有关部门告知这一重要信息;19 日根据天气演变趋势,省局领导当机立断决定把每天 17时传送的《三沙专项天气预报》提前到上午 10 时,为省委省政府决策和部署提供充足的时间,并调整对"三沙市揭牌仪式"组委会有关领导决策服务短信的内容,在原计划预报海口市、西沙永兴岛 24 h 天气情况的基础上增加未来天气趋势预测,使领导根据天气变化及时调整决策部署;随着"韦森特"的逼近,进一步加强与组委会的联系,主动通过传真、转发手机短信、电话解答等方式提供最新的气象信息,在每期的决策服务材料中都提出防御重点和建议。整个服务过程层次分明、重点突出。

　　随着社会经济的发展,各部门对重大活动的气象服务保障需求日益增多,对精细化服务的要求日渐提高,省气象局将紧跟海南发展步伐,不断拓展气象服务新领域,掌握重大活动的特点和服务需求,充分发挥气象服务的社会经济效益,促进气象服务全方位、多层次协调发展。

7.3 加强预报预警信息监控、提高信息发送率有助于提升气象服务效果

　　在此次服务过程中,海南省各级气象部门认真做好电视、广播、网络、报纸、电子显示屏、手机短信和"12121"语音电话等多种渠道的气象预报预警信息发布及监控工作。但在"韦森特"影响之初,由于常规的决策服务材料送达时间与有关部门的分发时间错位,出现了省领导不能及时掌握天气动态,向省气象局主动询问预报信息的情况。王春乙局长非常重视这一问题,两次组织相关部门召开办公会,协调解决决策服务材料分发过程中存在的问题,及时调整材料制作和报送时间,确保省级领导能及时得到各类有效的气象服务信息;同时,对省委省政府领导、各相关单位责任人的预警短信组进行了名单、发送时间、发送内容的更新,并要求加快推进气象预警信息管理平台的建设,切实加强对各类气象信息发布的监控管理,提升气象服务效果。

　　目前,省气象局已分别与移动、联通、电信、有线电视等运营企业签署了《海南省重大气象灾害预警信息全网发布合作协议》,当即将受到或遭遇重大气象灾害影响时,通过有线数字电视和手机短信实现了面向所有用户的全网发送,但信息发送速率却较为有限。为此,省气象局将联合省应急办,组织海南移动、联通、电信三大运营商等有关单位,于 8 月 16 日召开气象灾害预警信息发布及传播座谈会,重点解决手机短信预警信息发送速率较低的问题,争取灾害性天气来临前,公众可以在最短的时间内通过手机短信接收到预警信息,最大限度地争取时间做好灾害防御工作。

7.4 充分发挥气象部门在灾害性天气和重大活动中的"发令枪"作用

　　在 23 日 11 时—24 日 21:30 长达 35.5 h 内,省气象局一直持续响应台风Ⅱ级应急响应级别,全力做好气象服务工作。而本次防御过程中,省"三防"总指挥部启动的全省防台风

应急级别最高为Ⅲ级,23 日 17 时变更为Ⅳ级应急响应。但根据天气实况,23—24 日,是全省降水最为集中、强度最大的时候。不同部门应急响应级别的差异,在某种程度上反映出气象部门提供的预警信息还没有充分发挥出"消息树"的作用,应急响应联动机制还有待健全完善。

　　省气象部门将进一步加强与决策部门及相关单位的交流、联系,努力提高精细化预报的准确率,进一步完善"政府主导、部门联动、社会参与"的气象灾害防御工作机制,提高气象服务的社会影响力,充分发挥预警信息在灾害性天气和重大活动中"发令枪"的作用,为防灾减灾做出应有的贡献。

2012 年 7 月 21—29 日广东省
台风"韦森特"天气过程气象服务分析评价

翁向宇　彭勇刚　蔡　晶　李晓琳　陆立凡　汪　瑛　翟志宏

(广东省气象局,广州 510080)

摘　要　2012 年第 08 号台风"韦森特"(VICENTE)7 月 21 日 23 时在菲律宾以东洋面生成,24 日 04:15 在广东江门台山市赤溪镇登陆,其后西北行,12:30 从广东信宜进入广西,25 日移入越南。"韦森特"给广东省带来了狂风暴雨,造成全省 91.5 万人受灾,8 人死亡,3 人失踪,直接经济损失 15.2 亿元。广东省各级气象部门高度重视"韦森特"的动向,坚持 24 h 严密监视,准确预报预警,预警信息发布提速扩面,受到社会各界的好评。根据气象预警信息,省府应急办、省防总、省民政厅、省国土局、省教育局、省广电局等部门积极联动,提前做好防御,尽可能地将我省损失降到最低限度。

1　概述

2012 年第 8 号台风"韦森特"(VICENTE,名字来源于美国)的热带低压于 7 月 21 日 23 时在菲律宾以东洋面生成;22 日 17 时加强为强热带风暴;23 日 10 时加强为台风;24 日 04:15 在江门台山市赤溪镇登陆,登陆时中心附近最大风力 13 级,达到 40 m/s。登陆后向西北偏西移动,9 时在新兴境内减弱为强热带风暴,12 时 30 分从信宜进入广西境内并减弱为热带风暴,23 时在广西南宁境内减弱为热带低压;25 日早晨移入越南北部,14 时在越南北部境内减弱为低气压。

2　灾情及影响

据广东省民政厅报告,"韦森特"造成珠海、江门、汕尾等 13 市 42 县(区、市)91.5 万人受灾,因灾死亡 8 人(珠海 5 人;佛山 1 人;肇庆 2 人)、失踪 3 人(汕尾),紧急转移安置 15.5 万人,农作物受灾面积 62 千公顷,倒塌房屋 1393 间,直接经济损失 15.2 亿元。

3　致灾因子

特点:"韦森特"是 2012 年登陆广东省最强的热带气旋,具有"路径曲折、近海加强、风大雨强"的特点。其中,"韦森特"靠近陆地期间,强度快速加强,23 日 05—10 时(5 h 内)从强热带风暴(25 m/s,10 级)加强到台风(33 m/s,12 级),并在登陆前 5 h 继续加强到 40 m/s(13 级)。

风雨情况:受其影响,广东省沿海和海面均出现了 11～13 级的大风,其中上川岛镇录得最大阵风 46.4 m/s(15 级)。珠江三角洲、云浮、肇庆等地陆地风力也达到 6 级阵风 8 级。

　　7 月 23—28 日,全省共有 43 个县(市)出现暴雨以上降雨。暴雨站点平均降雨量 157.1 mm,大暴雨落区主要集中在珠江三角洲和粤西地区,分别为南海、恩平、深圳、顺德、上川岛、台山、中山、斗门、四会、鹤山、新会、珠海等 12 个站,1 个站出现特大暴雨(上川岛),暴雨的可能影响区域有 8.57 万 km², 占全省面积的 47.8% 以上。出现 100 mm 以上大暴雨的区域有 1.69万 km², 占全省面积的 9.4% 以上。全省平均雨量 135.2 mm,最大累积雨量达 557.7 mm。全省最大时雨量出现在上川岛(7 月 25 日 07 时,79.3 mm);全省最大日雨量也出现在 25 日的上川岛,达 263.9 mm(图 1)。

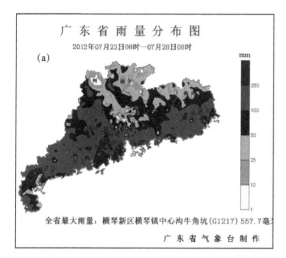

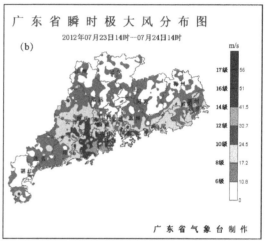

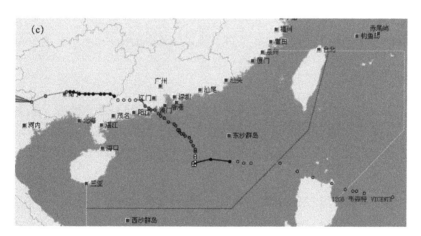

图 1　(a)7 月 23 日 08 时—28 日 08 时全省雨量;(b)7 月 23 日 14 时—24 日 14 时瞬时大风;
(c)"韦森特"路径图

　　水位情况:24 日凌晨,珠江口一带潮位站全线超过警戒潮位,个别站点出现接近历史实测最高潮位,沿海出现 138～241 cm 的风暴增水,其中,珠海金湾区三灶站于 24 日凌晨 03:20 出现 271 cm 实测最高潮位,接近历史实测最高潮位,重现期为 200 年一遇,过程最大增水241 cm。

4　预报预警

在中央气象台的指导下,广东省各级气象台站准确做好预报,及时通过发布预警、警报信息。省市气象台一直坚持台风将于 24 日正面袭击本省,登陆范围定在珠海到徐闻之间的沿海地区。

暴雨预报:22 日起预报"受热带气旋影响,广东省有大雨到暴雨降水过程"。23 日预报"23—26 日,广东大部有暴雨,其中南部有大暴雨局部特大暴雨"。25 日预报"25—27 日广东大部仍有持续性强降水"。并在全国会商时明确提出过程总降水量为 400~600 mm,与实况基本一致。

从"韦森特"热带低压生成以来,省气象台共发布消息、警报 18 次,其中 20 日 11 时发布第一份热带低压消息,22 日 05 时发布第一份热带风暴警报,共提供一小时、半小时增播稿件 30 次。省市气象台及时升挂沿海风球讯号,电白到吴川最高挂台风信号 4 号风球,宝安到阳江挂台风信号 5 号风球;及时升级台风暴雨预警信号,其中,23 日 16 时挂台风红色预警信号,24 日 10 时挂暴雨红色预警信号。

"韦森特"及其后期季风槽影响期间,全省各市县共发布台风预警信号 230 站次,其中台风红色预警信号 6 站次;发布暴雨预警信号 260 站次,其中,暴雨红色预警信号 16 站次;发布雷雨大风蓝色预警信号 100 站次。其中江门市气象部门共发布台风预警信号 33 站次(其中,红色 3 站次),暴雨预警信号 33 站次(其中,红色 5 站次)。

江门台山市(台风登陆地区)在 21 日 16:25 在全省率先发布"台风白色预警信号",21 日夜间江门市气象局启动台风三级内部应急响应,23 日升为台风一级内部应急响应。22—23 日江门市各地先后升级台风预警信号,沿海的台山、新会和恩平等地均发布了台风红色预警信号;针对降水逐渐明显,江门市部分地区发布了暴雨红色预警信号。

5　气象服务特点分析

在这次台风及其残留云系造成的暴雨过程服务中,广东省各级气象部门监测到位,预报准确,预警、应急响应及时,决策服务主动,预警传播迅速,部门积极联动,与媒体充分沟通,使得各大媒体对这次强对流天气过程做了正面宣传报道,气象部门的工作获得公众的肯定。

5.1　决策服务

从 7 月 20 日"韦森特"热带低压刚形成那天起,全省各级气象部门每天一次或多次为当地党政部门提供气象服务材料,局领导及时将最新台风动态汇报省(市)领导,并积极参加当地防台会商会议。7 月 20 日,省局向省级党政部门提供题为"菲律宾以东洋面生成热带低压,明日进入南海后趋向我省沿海"的《重大气象信息快报》。21 日夜间,发布快报的题目为"今年第 8 号热带风暴'韦森特'生成,将严重影响我省请迅速做好防御准备",省防总据此启动了防风Ⅳ级应急响应。23 日再次指出,预计"韦森特"将于 23 日夜间到 24 日上午在深圳到湛江之间沿海地区登陆,最大可能在台山到阳江之间沿海地区登陆。受其影响,我省沿海风力将逐渐加大到 10~12 级;23 日夜间至 26 日,广东大部有暴雨,其中南部有大暴雨局部特大暴雨。台风登陆后 15 min 内,省气象局及时将台风在台山市赤溪镇登陆的信息通过《重大气象信息快报》报送省委省政府,同时电话通知省府应急办。

　　"韦森特"影响期间,全省气象部门共提供《重大气象信息快报》《天气报告》《台风灾害评估》等决策气象服务材料近 448 份,发送决策短信近 297 万人次,其中,23 日 15 时—24 日 14 时,省气象台每小时制作一份《最新天气情况》发送到省委总值班室、省府总值班室、省三防指挥部,还专门派员驻省三防指挥中心参与台风应急值班。

　　针对此次过程中降雨时间长、雨量大的情况,广东省局积极做好山洪地质灾害试验业务。期间"山洪地质灾害气象预警"系统运行正常,预警产品能及时到达基层市局,并在全国会商、省内会商上使用。潮州、肇庆(含新兴县气象局)、深圳、茂名等市县局依据该系统及时做好决策服务,并发布了相关预警。如,24 日,肇庆市局发送短信:【肇庆地质灾害专题预报】预计受台风"韦森特"影响,今天本市南部 8～9 级、阵风 10～11 级的大风仍将持续。今天到 26 日,本市各地将有持续性强降水,部分地区有大暴雨。各地山区有可能发生 3～4 级地质灾害。请有关部门密切注意,并做好防灾工作。(肇庆市国土局和肇庆市气象局联合发布 2012 年 7 月 24 日 9 时)

5.2　公众服务

　　广东省各级气象部门及时通过电视、电台、应急气象频道、手机短信、电子显示屏、12121、气象专业网站、微博、报纸、小区广播、传真等手段和气象信息员等渠道向社会发布预警信息。各种传播渠道服务情况如下:

　　短信服务:全省共发布各类服务短信 1.52 亿人次,其中预警短信 481 条,发布 6634 万人次。"韦森特"登陆前(22—23 日)省气象局联合省政府应急办通过移动、联通、电信运营商向湛江、茂名、阳江、深圳、珠海、中山、江门、云浮市的市民发送应急提醒短信 2 条,受众约 4600 万人次。短信内容为:"台风'韦森特'将于 24 日凌晨到中午正面袭击我省,23—26 日全省大部分地区有狂风暴雨,请做好防御工作。"

　　23 日 15 时,江门市联合市政府应急办全网发布应急短信:"江门市应急办、气象局提醒:台风'韦森特'将于 24 日凌晨到中午登陆粤中西部,可能正面袭击台山,23—26 日全市大部分地区有狂风暴雨,请防御。"

　　12121 电话服务:12121 信箱更新次数为 124 次,全省拨打量共计 19.22 万人次。

　　网站:网站专题更新 187 次,广东气象网访问量 4.8 万次。

　　广东天气微博:共发布相关预报及科普信息 75 条,新浪微博关注用户 53.1 万,腾讯微博关注用户数 122.6 万。首次与省政府官方微博@广东发布 建立沟通联动机制,并积极与广东省政务微博圈成员单位积极互动。加强与腾讯的沟通合作,其中互动微博【台风"韦森特"将携狂风暴雨正面袭粤】,以及通过 QQ 新闻弹出框、向 5400 万 QQ 本地用户推送台风最新信息等服务效果良好。

　　常规电视节目:22 日起,广东卫视、广东电视台、南方电视台、广州台 34 主频道、广东珠江频道等各频道采用重点天气字幕、雨量图、卫星云图、视频素材等多种形式,第一时间为观众提供台风、暴雨最新情况和防御指引,服务产品既权威又易懂、易用。

　　应急气象频道:以常规本地化节目、紧急插播危险天气特别报道(准直播节目)、增播预警信号宣传片、双行走马字幕、屏幕挂角等多种方式相结合,提供"韦森特"及其后期暴雨的最新动态和防御指引。期间,共播出台风、暴雨、雷雨大风预警信号宣传片 135 次。

　　电视、电台采访:各级气象专家共接受电视采访 98 次,共发布新闻稿 241 份。在台风服务期间,省局每天下午三时举行媒体通气会,全面向媒体通报台风信息。

　　茂名海洋广播电台:广东茂名海洋广播电台(频率3360)从20日开始发布台风位置、动态及影响;21日23时起开展每小时一次的加密广播"韦森特"的最新动态。

5.3　应急联动

　　根据《广东省气象灾害应急预案》有关规定,广东省于7月21日22时启动气象灾害(台风)Ⅲ级应急响应;23日08时,升为台风Ⅱ级应急响应;23日15时,升为Ⅰ级应急响应,全省各市县先后启动应急响应。根据防灾重点的转变,24日17时,将台风Ⅰ级应急变更为暴雨Ⅲ级应急响应,28日08时结束暴雨Ⅲ级应急响应(图2—图5)。

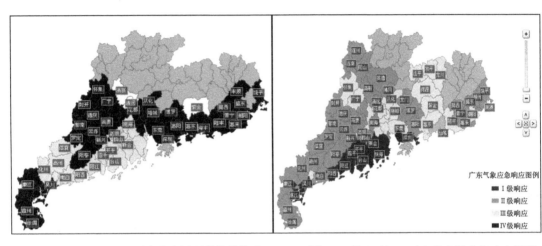

图2　7月23日15时全省台风预警信号情况　　　　图3　7月23日16时全省台风应急响应情况

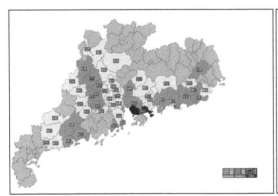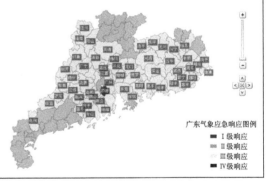

图4　7月25日14:30暴雨预警信号情况　　　　图5　7月25日14时全省暴雨应急响应情况

　　根据气象部门应急情况,广东省防总于21日23时启动防风Ⅳ级应急响应,22日16时提升为Ⅲ级应急响应,23日13时提升到Ⅱ级应急响应,25日08时结束应急。省国土资源厅22日下发通知,要求做好"韦森特"强降雨期间地质灾害防范工作。广东省教育厅向全省教育部门转发气象预警信息,紧急通知要求做好防御"韦森特"及其带来的暴雨等灾害天气工作。省民政厅23日12时启动救灾预警响应。省农业厅发出通知,要求各有关市农业部门全力部署防御工作,尽量减少灾害损失。省政府应急办公室电话抽查、督办各有关市政府值守情况,要求进一步加强值班工作,确保及时报送相关信息。省防总多次下发通知,强调要按照省主要领导同志重要批示(指示)精神,做好各项防御工作。

6　社会反馈

6.1　决策服务效果

省委、省政府领导多次在决策气象服务材料中作批示,其中,7 月 22 日,时任中共中央政治局委员、广东省委书记汪洋在省气象局报送的题为"今年第 8 号热带风暴'韦森特'生成,将严重影响我省请迅速做好防御准备"的《重大气象信息快报》2012 年第 70 期上批示,要求"严阵以待,做好防范工作"。

省局坚持将珠江口作为防御重点,在决策服务中强调要做好台风正面袭击珠三角的准备。台风登陆点台山市虽然遭遇狂风暴雨,但是由于防风措施落实,责任到位,在台风正面登陆过程中无一人伤亡,将损失降到最低程度。刘昆副省长在台山现场检查工作时充分肯定了气象部门的预报服务工作,对中国气象局检查组组长毕宝贵说:"感谢你们,感谢你们准确的预报,及时主动的服务,刚才省气象局许永锞汇报了未来天气的降雨情况,替我感谢省气象局、感谢中国气象局!"并在省气象局 7 月 25 日报送的《广东气象信息》(2012 年第 20 期)上批示:本次"韦森特"台风得以得力应对,最大限度减少人民群众生命财产损失,群众自防自救效果好是重要经验,而这要靠及时的信息发布。中国移动广东公司、中国联通广东公司、中国电信广东公司及腾讯公司在抗灾过程中,体现企业的社会责任,发布信息 9700 万条,对 5400 万 QQ 用户推送信息,信息发布覆盖广泛,为抗灾工作提供了信息支撑,我代表省人民政府、三防指挥部表示衷心的感谢,期望按照汪书记、小丹省长批示,认真总结,发扬成绩,以利再战。

6.2　公众服务效果

受"韦森特"及其残留云系的影响,广东省出现狂风暴雨。由于提前发布预警,及时启动应急,各有关部门积极联动,提前做好防台措施。使得广东省灾害经济损失降到了最低程度。"韦森特"来临之前,全省 14 个沿海市做到"两回一停"(渔船 100% 回港、渔排人员 100% 上岸、休闲渔船全部停止作业),5.1 万艘渔船全部回港避风,1.9 万名渔排人员全部安全上岸。

期间,省局联合省政府应急办通过移动、联通、电信运营商全网向 4600 万受灾地区市民发送应急提醒短信,此举受到社会认可,相关报道被人民网、搜狐等各大网络媒体转载,网民普遍做出肯定的评价。

7　思考与启示

7.1　成功经验

在应对台风"韦森特"的气象服务过程中,广东省各级气象部门反应及时,热带低压生成后立即开展动态监控和预报预警服务;应对快,关键时刻启动了台风Ⅰ级应急响应,根据防灾重点及时将应急变更为暴雨应急响应;预警传播效能高,不但通过常规发布渠道,还专门联合腾讯、省政府等部门通过官方微博互动、转载、新闻弹出窗口等方式扩大预警信息覆盖面。总结成功经验如下:

领导重视,部署强化防台措施到位。中国气象局和省委省政府领导高度重视。中国气象局郑国光局长 23 日下午和夜间在台风登陆前的关键时刻通过视频会商系统安排部署防台防汛气象服务工作。中央气象台 22 日以来每天上午、下午和晚上举行全国台风"韦森特"天气会商指导广东省台风预报服务。中央气象台台海中心为做好台风定位指导工作,及时了解广东省海上浮标站和石油平台的天气情况,加强定位精度,在国家气象信息中心和省气象信息中心的配合下通过广东省气象台精细化预报平台(SAFEGUARD)实现台风信息共享。

时任省委书记汪洋和省长朱小丹、副省长刘昆就"韦森特"的预报服务工作做出重要批示。在省委省政府的坚强领导和科学决策部署下,各级党政周密部署,深入一线,有效布控,将台风造成的影响和损失降低到最低,取得台风虽强却伤亡极少的佳绩。

全省各级气象部门坚持"一把手"坐镇指挥。许永锞局长、各市局局长每天到气象台值班一线参加全国、全省天气会商。许永锞局长每天通过电话(或短信)将最新台风信息向省领导汇报,提出防御建议,并在 7 月 22 日晚 10 点和 23 日上午全国天气会商结束后,就做好"韦森特"预报服务工作对全省各级台站两次进行部署并提出六点要求。一是高度重视。要有高度的责任心和敏感性,全力保障人民群众生命财产安全。二是密切监视。各级台站切不可掉以轻心,要严密监测,加强值守班,加强联防。三是快速反应。及时发布台风、暴雨等预警信号。四是做到家喻户晓。尽可能通过各种传播渠道,将预报、预警、台风动态和防御知识传播给公众。五是准备应对口径。各单位主要领导要及时掌握台风最新信息,做好应对媒体的准备工作。六是做好总结。

海上观测系统逐步完善,新装备在台风的定位、定强、动向监测中发挥了重要作用。海上番禺石油 301 平台自动气象观测站设置处在"韦森特"的移动路径上,为台风的定位、定强提供及时而准确的支持,而且该平台完备地记录到"韦森特"经过时气压变化漏斗曲线、风向逆转等典型台风特征。另外"韦森特"进入南海后一度出现长时间停滞,其重新起动时间成为防御中要考虑的重点,此时通过距"韦森特"150 km 范围内的石油平台气象站传回的每分钟数据,实现了对台风的实时监控,准确监控到了"韦森特"重新起动的时间,为防台部署工作提供了有力支撑。

广州区域数值预报系统(Grapes 模式)发挥重大作用。此次过程,广州区域数值预报系统(Grapes 模式)准确预报出台风在南海停滞打转、登陆点以及对广东的风情雨情影响。在国内外多家数值预报中,是唯一一家提前 24 h 报出台风停滞和转向的,并提前 48 h 准确预报出了登陆点位于珠江口西侧的台山附近沿海地区。在该数值预报系统强有力的支撑下,广东省气象台多次强调要将登陆点和防御重点放在珠江口及以西的沿海地区,并提出要做好大风大雨大浪防范的建议。全省各级气象部门及时发布台风和暴雨预警信号,为全省部署防台抗台工作赢得了宝贵时间。

气象信息发布大幅提速扩面,力争台风预报预警信息家喻户晓。在对"韦森特"的服务过程中,广东省气象局除原有的信息发布方式外,进一步创新与腾讯公司的合作,通过 QQ 新闻弹出框向 5400 万广东 QQ 用户推送最新台风预警信息,借助 QQ 庞大的用户群优势,大幅度扩大了预警信息发布的覆盖面。

考虑到"韦森特"将是今年登陆广东省的最强台风,省气象局向省政府应急办书面汇报"韦森特"将对广东省造成严重影响,务必高度重视,并恳请应急办牵头协商电信运营商全网发送应急提醒短信。省政府应急办高度重视,逐一向三大运营商致电,落实短信发布事宜。7 月 22—23 日,在移动、联通、电信三大运营商的大力支持下,给受台风影响的有关市县手机用户全网发送台风应急提醒短信,受众达 4600 万人次。

在防御台风"韦森特"期间,电信运营商、腾讯等企业在人民生命财产受到威胁时表现出的勇于担当的社会责任感,实实在在地践行了"厚于德、诚于信、敏于行"的新广东精神。

7.2 存在问题及改进措施

海洋和山区的综合观测能力亟需加强。虽然海上石油平台在本次对"韦森特"的定位、定强中发挥了重要作用,但目前海洋观测站的数量仍然太少,离形成完备的监测覆盖能力差距较远,限制了海洋气象服务能力的提升。另外,位于粤西山区的云浮新兴里洞镇自动站 7 月 23—24 日录得全省最大雨量,但由于 24 日早晨当地大面积停电,一度无法上传数据。重大天气过程中,山区往往受灾严重,在重大灾害天气造成的通讯、电力中断的情况下,观测系统还缺乏应急通信手段来获取重要数据,需进一步加强对灾害应急观测手段的研究和建设。希望中国气象局在"平安海洋"、"平安山区"以及其他项目建设中进一步加强海洋气象、山区气象的观测能力建设。

需进一步深化与各部门之间的有效联动。尽管省气象局启动气象灾害应急响应后,各部门按照《气象灾害应急预案》都做出相应联动,但除了省防总、民政等部门有信息反馈给省气象局外,其余各部门的联动情况了解较少,只能通过有关网站搜集资料。广东省气象局将参照香港天文台与各部门的联动模式,积极探索在发布气象灾害预警时与多部门的联动,切实提高全社会的综合防灾减灾能力。

需尽快发挥应急气象频道独特的作用。由于广电部门的限制,"韦森特"影响期间,除广州、深圳市外,广东省其他地区的应急气象频道都无法播出。广大公众失去了了解台风信息的一个重要途径,对扩大预警信息发布覆盖面和提高社会防灾减灾能力具有不利影响。希望中国气象局协助广东省政府加强与广电总局协调沟通,解除广电部门对应急气象频道的限制播出。

2012 年 7 月 30 日—8 月 1 日山西省晋城强降雨天气过程气象服务分析评价

陈虎胜　马朝鹏　李毓富

(晋城市气象局,山西省晋城 048026)

摘　要　2012 年 7 月 30 日—8 月 1 日,山西省晋城市出现了入汛以来最强的一次降雨过程,全市平均降雨量 72.4 mm,其中最大降雨量出现在泽州县金村镇(区域站),为 285.9 mm。在此次强降雨过程中,晋城市气象局预报准确,预警信息发布及时,全市应急处置启动早,部门联动响应快,社会各界主动参与,使得强降雨过程并未对人民群众的生产生活造成很大影响,社会各界和广大公众对气象服务工作给予了较高评价。

1　概述

2012 年 7 月 30 日 20 时—8 月 1 日 11 时,受西南暖湿气流与弱冷空气的共同影响,山西省晋城市出现了入汛以来最强的一次降雨过程,大部分地区达到暴雨量级,局部地区还达到了大暴雨甚至特大暴雨,陵川县夺火乡部分村庄夹降冰雹,地面积雹厚度达到 7 cm 以上。据全市 5 个国家气象站与 116 个区域气象站的雨情监测资料显示:有 1 个站过程雨量超过 250 mm,6 个站达到 200～250 mm,16 个站达到 100～200 mm,50 个站达到 50～100 mm。降雨时段主要集中在 7 月 30 日 23 时—7 月 31 日 6 时。

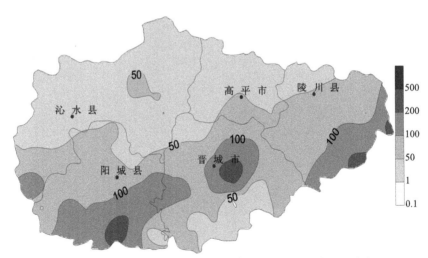

图 1　晋城 2012 年 7 月 30 日—8 月 1 日强降水天气过程全市雨量分布图

2　灾情及影响

由于降雨量大且降水时间集中,导致低洼地段积水,河水暴涨、洪水泛滥,道路桥梁被冲毁、厂房民房进水,农作物被淹、牲畜家禽被冲走,灾害损失严重。据晋城市民政局最终的灾情

统计结果,全市因灾共造成直接经济损失 32173 万元。其中:

(1)受灾乡镇、人口情况:此次灾情共涉及城区、开发区、泽州、阳城、陵川等 5 个县(区)的 33 个乡镇 290 个村 7.4 万人;倒塌房屋 739 间,损坏房屋 2780 间,房屋进水 2850 余户;因灾死亡 3 人。直接经济损失 6700 万元。

(2)农业受灾情况:冲毁农田面积 9970 亩,地埝 145 km;农作物受灾面积 10.92 万亩,成灾面积 7.36 万亩,其中绝收 2.35 万亩;大棚受灾 257 栋,损毁 218 栋;鸡、羊、牛等禽畜伤亡 4247 只(头),损毁饲料 12400 千克;干果经济林受灾 0.5 万亩。直接经济损失 5100 万元。

(3)公路受灾情况:暴雨洪水冲毁桥梁 5 座、路基 89.37 km;路面 126.81 km;冲毁护坡 16 处、3000 m²;挡墙 631 处、109762 m³;造成塌方 1275 处、220132 m³。直接经济损失 9997 万元。

(4)水利设施受灾情况:暴雨洪水冲毁堤坝等水利设施 115 处。直接经济损失 3200 万元。

(5)企业受灾情况:全市有兰花集团、天泽煤化工集团、春光热电公司、物产集团、风源食品公司、市建筑总公司、市医药材公司、市晋龙油脂公司、粮油食品公司等 9 家国有企业及市百纺公司、恒益五交化有限公司等 35 户中小企业受灾。因车间进水、房屋塌陷等原因损失 5112 万元。

(6)市政设施受灾情况:客运东站环路与 207 国道衔接处因积水桩基、园林树木损坏;红星东街延伸段道路工程、文昌西街道路工程、建设北路道路工程、凤台街人行道拓宽工程、红星东街道路工程、兰花路道路工程、红星西街道路工程等 33 处市政重点工程因洪水冲刷受损严重;16 座公厕工程、150 万 m² 供热工程因灾遭到不同程度的损坏。直接经济损失 2064 万元。

3　致灾因子分析

此次强降雨天气,出现三个中心区域,一是城区北石店—晋城市区—泽州县金村,由于地处城乡接合部,加之晋城市区地势北高南低,强降雨导致低洼地带积水严重,洪水泛滥,导致交通中断,市政设施被冲,仓厂房、民房进水严重;二是阳城县东冶—蟒河—河北,三是陵川县夺火—马圪当—锡崖沟,这两个强降雨中心由于地处山区,沟壑纵横,强降雨后造成山洪暴发,导致河水暴涨,洪水泛滥,道路被冲,农田被淹。

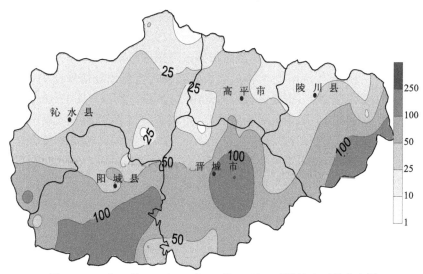

图 2　2012 年 7 月 30 日 11 时—7 月 31 日 6 时晋城市雨量分布图

4 预报预警

4.1 预报预警准确性

早在 7 月 20 日,晋城市气象台在《7 月下旬天气预报》中就预报"旬末有大雨,局地有大到暴雨"。7 月 30 日早上,市气象台做出"受冷暖空气共同影响,预计 7 月 30 日—8 月 2 日全市有大到暴雨,部分乡镇可能出现大暴雨,强降水主要集中在 7 月 30 日夜间—7 月 31 日夜间"的预报。

从过程预报准确率来看,本次过程落区预报区域与实况出现区域的相符程度达到 75%,落区预报强度与实况强度相符程度达到 50%,正确预报出该次天气过程的提前时间达到了 10 d,6 h 站点预报准确率 TS 评分达到了 75%。

4.2 预报预警及时性

7 月 20 日,晋城市气象台在《7 月下旬天气预报》中预报出"旬末有大雨,局地有大到暴雨"后,晋城市局结合"7·21"北京特大暴雨的经验教训,于 7 月 24 日下发了《关于进一步强化灾害性天气监测预警 以高度政治责任感做好主汛期气象服务工作的紧急通知》,要求全市气象部门全力以赴做好"七下八上"主汛期预报服务工作。

7 月 30 日早上,市气象台做出"7 月 30 日—8 月 2 日全市有大到暴雨,部分乡镇可能出现大暴雨,强降水主要集中在 7 月 30 日夜间—7 月 31 日夜间"的预报后,立即向晋城市局领导作了汇报。上午一上班,局领导就分别向时任市长王清宪和分管副市长茹栋梅呈送了"我市将迎来入汛以来最强降水"的《重要气象报告卡》,王市长、茹副市长都及时做出了重要批示,各县、市、区人民政府与市直各有关部门严格按照批示精神,认真组织防汛准备。

7 月 30 日上午,市气象局召开了重大天气过程新闻发布会——《我市将出现入汛以来最强降水过程》,向市防汛部门和电视台、电台、《太行晚报》《太行日报》、晋城在线共 5 家新闻媒体介绍了 7 月 30 日—8 月 2 日晋城市将出现的强降水及其可能产生的影响。新闻发布会后,市气象台、专业气象台分别通过手机短信、大喇叭、电子屏、电视、电台、报纸等各种渠道发送预报服务。

7 月 30 日 20 时,市防汛抗旱指挥部根据市气象台提供的最新天气预报,立即组织召开了全市紧急防汛电视电话会议。时任市长王清宪出席会议并对全市的防汛工作作了周密的安排部署。会后,全市各有关部门立即投入了全面防御强降雨的行动中。

7 月 30 日 21:45,随着雨势的增大,市气象台发布暴雨蓝色预警信号;7 月 31 日 01:05,随着雨量不断增加,雨势继续增大,市气象台发布暴雨红色预警信号;7 月 31 日 01:32,市气象灾害应急指挥部启动了气象灾害暴雨Ⅲ级预警命令,市气象局随即启动了气象灾害暴雨Ⅲ级应急响应命令,全市气象部门进入应急响应工作状态;7 月 31 日 04:50,市气象台继续发布暴雨红色预警信号;7 月 31 日 07:50,市气象台解除暴雨红色预警信号。在此期间,各县市气象局结合当地的降雨情况相继发布了暴雨蓝色、红色预警。

本次强降雨过程预警发布时间的平均提前量为 1~3 h。

4.3 预报预警发布传播

7 月 30 日、31 日市气象台分别发布暴雨蓝色、红色预警信号后,市气象台、专业气象台分别通过手机短信、大喇叭、电子屏、电视、电台、报纸、网站等各种渠道向服务用户、气象信息员与社会各界发送预报服务。降水开始后,市局与各县局通过手机短信平台除了及时发布预警信号外,还每小时发布一次雨情信息。

5　气象服务特点分析

　　从此次强降雨预报服务整个过程来看,气象部门的预报、预警、应急服务基本到位,服务效果显著,尤其表现在决策服务的逐步跟进、气象预警的更新调整等方面。

　　(1)决策气象服务逐步跟进,有始有终,全力保障政府应对。市气象台提前 10 天(7 月 20 日)对这次强降雨做出中期预报,当时仅考虑了"大雨,局地大到暴雨"的提示性预报,并未涉及精确的降水量。7 月 30 日早上在《重要气象报告》里明确"我市将迎来入汛以来最强降雨过程,预计 7 月 30 日—8 月 2 日全市有大到暴雨,部分乡镇可能出现大暴雨,强降水主要集中在7 月 30 日夜间—7 月 31 日夜间",对强降水的强度、落时都作了比较准确的预报。随着时间的推进,决策服务材料中暴雨预报的落时和强度更加明确,市防汛抗旱指挥部及相关部门对暴雨应对防范的调动力度、投入力度也相应跟进。根据气象部门提供的暴雨预报,市防汛抗旱指挥部于 7 月 30 日首先发布紧急通知,要求全市相关部门做好强降雨天气的应对工作。30 日 20时,时任市长王清宪主持召开了全市紧急防汛电视电话会议,根据最新天气预报对全市的防汛工作作了安排部署。会后,全市各有关部门立即投入了全面防御强降水的行动中。7 月 30 日21 时—31 日 8 时,晋城市气象局有关领导、行政值班人员与预报值班人员一起坚守预报服务工作岗位。市气象台每小时为市防汛抗旱指挥办公室传真一次降水量,并通过短信平台向政府部门、防汛部门各级领导及相关人员报告最新雨情。7 月 31 日上午,市气象局业务科下发紧急通知,要求各业务单位立即组织技术力量深入灾区调查、了解灾情,并做好灾后各项气象服务保障工作。8 月 1 日 09:36,晋城市气象局解除了气象灾害暴雨Ⅲ级应急响应命令,同时要求全市气象部门继续做好后期监测预报、预警等气象服务工作。8 月 5 日,组织完成了本次灾情的《气象灾情评估报告》并及时进行了上报。

　　(2)根据暴雨发展过程及时调整预警级别,提升预警服务的及时性和精细化程度。此次强降雨过程中,市气象台根据雷达监测情况和降水实况,及时发布并升级预警信号,使得政府部门、能够根据预警信息及时跟进,有效联动。7 月 30 日 21:45,在各地降雨开始 1 个多小时后,随着雨势越来越大,市气象台及时发布暴雨蓝色预警信号;7 月 31 日 01:05,在部分测站雨量超过 50 mm 后,根据雨势情况,市气象台立即将暴雨预警信号由蓝色直接升级为红色;7 月 31 日04:50,在部分测站雨量超过 100 mm,雨势仍然不减的情况下,市气象台继续发布暴雨红色预警信号;7 月 31 日 07:50,随着雨势的减缓,市气象台解除暴雨红色预警信号。

6　社会反馈

6.1　决策服务效果

　　强降雨过程期间,根据气象部门提供的逐阶段决策气象服务信息,市防汛抗旱指挥部于 7月 30 日发出了大暴雨防御紧急通知;30 日 20 时,时任市长王清宪亲自组织召开全市紧急防汛电视电话会议,对薄弱环节进行了重点部署和强调;灾害发生后,市公安、武警、消防、水利、城建等部门紧急行动,疏散撤离危险地段群众,加快积水严重道路和房屋排水,许多干部群众也纷纷自发行动起来,加入到疏通下水道、排除积水的队伍中来;7 月 31 日凌晨 4 时,王清宪同志率领各有关单位领导及相关人员第一时间赶赴城区中后河、水陆院等受灾一线现场察看汛情,指挥防汛抢险工作;凌晨05:30,王清宪同志在市防汛指挥部再次召开紧急会议,对当前防汛抢险工作进行再强调、再安排、再部署;7月31日上午,市委书记张九萍同志率领市民政局等相关部门人员,亲赴本次洪涝灾害较为严重的泽州县金村镇现场指挥防汛抢险工作,并慰问受灾群众生活,同时指示各级各部门要高度重视、及早准备,加强防范,全力以赴做好防灾救灾工作。8月1日,市防汛抗旱指挥部抽调水利、城建、交通、国土、民政等相关部门人员组成3个工作组,分赴各地了解灾情,查找隐患,指导防汛工作,严防次生灾害发生,确保人民群众生命财产安全。

此次强降雨天气过程,全市气象部门共向市、县政府领导呈送《重要气象报告卡》、《重要气象信息》5次,被批示5次;同时在过程中主动通过电话、传真、短信等渠道及时向政府领导、防汛部门发布预警、报告雨情,地方政府根据气象预报预警和服务材料印发明传电报通知2次、地方政府根据气象预报预警和服务材料召开紧急会议2次、政府部门根据气象信息采取措施后安置人员转移222人,全市上下齐心协力、积极防范、有效应对,将本次暴雨灾害造成的损失降到了最低,收到较好的效果。8月1日下午,阳城县县长王晋峰在县委常委会上专门对阳城局的预报服务工作进行了表扬。

6.2　公众评价

此次强降雨天气过程结束后,晋城市气象局通过电话问询的方式,对20名社会公众进行了服务情况调查。调查结果如表1所示。

表1

公众获取有效气象信息方式	电视	广播	报纸	网络	手机	电子屏	信息员协理员	其他	没有获得信息
每种方式对应的比例(%)	30	10	0	10	10	10	15	5	20
收到预警信息后是否采取措施	采取	未采取							
各项对应比例(%)	60	40							
对气象服务满意程度的评价	非常满意	比较满意	一般	不满意	很不满意				
各项对应比例(%)	10	50	30	5	5				

从表1可以看出,社会公众对此次强降雨天气的气象服务工作基本满意。认为一般、不满意、十分不满意的主要是由于未及时获取预报预警信息。由于主要降雨时段出现在夜间,广播、电视、报纸、网站等媒体无法对外发布预警信息,而移动、联通、电信等通信运营企业也没有全网发布预警。

6.3　媒体评价

此次强降雨天气过程由于预报比较准确,7月30日上午又及时召开了新闻发布会,市内各大媒体对气象预报情况的提前了解和得知,也都给予了正面报道。

7月31日、8月1日《太行日报》头版关于此次强降水的报道

7　思考与启示

7月30日—8月1日晋城强降雨过程的气象服务对于全市气象部门应对极端天气过程具有重要的参考价值,其中有许多方面值得思考与总结。

(1)准确的天气预报是做好气象灾害应对服务的基础。

气象服务是否成功与天气气候预报预测的准确程度密切联系。此次强降雨过程,虽然在降雨的量级上不是很准确,但无论是从预报的时效还是从预报的滚动订正来看,都提供了较好的服务。因此,应该进一步加强强降雨预报技术的研究,以提高强降雨落区、落时和强度的预报水平。

(2)科学合理的预报预警信息发布是做好突发气象灾害应对服务的关键。

预报预警发布的最终目的是要为防灾减灾提供依据,提高社会效益和联动效应,而不是单纯追求预报预警发布时间的提前量。多年气象服务经验表明,由于晋城市特殊的地理条件与气候特点,预报预警发布过早,难以保证准确,效果不佳;发布过晚,又会影响采取防御措施的及时性。晋城市暴雨预警的有效发布时间应在6 h以内,最佳在1~3 h以内。因此,市、县气象部门在今后进行防灾减灾气象服务中,一方面要加强市县会商,确保预警信号发布步调一致,另一方面还要根据当地政府、相关部门的应急响应能力和联动速度,科学地掌握预报预警发布的节奏和时机,使预报预警信息在政府组织防灾避险工作中发挥最大作用。

(3)跟进天气发生发展过程、及时调整应对措施是做好气象灾害应对服务的重要环节。

气象预报服务过程一般分为天气过程前、过程中和过程后三个阶段。在强降雨天气发生过程中,实况监测、加密会商、预报预警及时升级、信息快速发布是突发强降雨应急服务取得成功的重要环节。本次强降雨天气过程中,晋城市气象部门无论是在过程前的预报、还是过程中的预警与雨情通报或者是过程后的灾情调查评估与后续服务保障,都做到了有始有终,多次得到了政府领导和有关部门的表扬与好评。由此可见,面对突发强降雨的威胁,气象部门要从单纯重视"过程前"的预报服务模式向关注"过程中、过程后"的跟踪式预报服务模式转变。要根据实际情况,做到过程前、过程中和过程后预报服务的无缝衔接,特别要做好短时临近预报与滚动更正预报。

(4)气象部门与媒体、通信运营商间密切联系是做好气象灾害应对服务的有力保障。

此次强降雨过程,全市气象部门通过部门内部的手机短信平台共为决策人员、气象信息员等发布预警短信3176条,而且由于是夜间,也没有通过广播、电视、网站等媒体对社会发布,仅仅是通过30日白天召开的重大天气过程新闻发布会,向市防汛部门、电视台、电台、《太行晚报》、《太行日报》、晋城在线等新闻媒体介绍了7月30日—8月2日晋城市将出现的强降水及其可能产生的影响。市政府已经在协调各有关部门就突发公共事件预警信息发布工作进行规范,有望实现气象灾害预警信号在广播、电视、网站的随时插播,以及通过移动、联通、电信等三大通信运营商全网发布。因此,气象部门要抓住这一有利契机,进一步加强与社会媒体、通信运营商的沟通联系,健全合作机制,保障气象监测、预报预警、科普信息和宣传报道的及时发布,进一步赢得社会各界和广大公众对气象部门应急服务工作的理解和支持。

(5)有针对性和指导性的防御建议是做好气象灾害应对的科学指南。

近年来,突发强降雨造成灾害现象频发,面对突发强降雨的威胁,有针对性和指导性的暴雨防御建议,有助于提升决策用户、城市生命线部门、社会媒体和公众应对暴雨引发灾害的能力。近年来,陵川县气象局的气象服务工作在全县名声大振,就是因为他们的预报准确、产品丰富,更重要的是他们的防御建议非常人性化,而且针对性、指导性都很强。在这次强降雨过程中,他们的服务更是得到了政府部门和社会各界的好评。因此,气象部门在发布预报预警的同时,应该细化和深化防御建议。随着突发灾害性天气的临近,建议决策部门提前部署,不断提高突发灾害性天气的防范的调度和投入力度。

2012 年 8 月 7—8 日上海市台风"海葵"天气过程气象服务分析评价

张　静

(上海市公共气象服务中心,上海 200030)

摘　要　受 2012 年第 11 号热带风暴"海葵"(以下简称"海葵")本体影响,2012 年 8 月 7 日 20 时—8 日 20 时上海市普降大暴雨,其中鲁迅公园最大 229.3 mm,宝山区上大附中次之 223.3 mm。全市 11 个标准测站日平均降水量为 127.9 mm,位列 1961 年以来受台风影响的强降水第 4 位。其中,嘉定单站日降水量为 205.6 mm,为该站 1961 年以来历史次高值。此次"海葵"台风引起的全市性单日大范围暴雨是近 30 年来仅次于 2005 年 8 月 7 日"麦莎"台风日平均最大降雨量 (128.9 mm)。

受"海葵"影响,本市最大风力 8~10 级,沿江沿海地区和长江口区 10~12 级,洋山港区大于 12 级。

在"海葵"影响过程中,上海市气象局预报准确,预警信息发布及时,全市应急处置启动早,部门联动响应快,社会媒体全勤投入,市民主动参与,使得"海葵"影响过程并未对上海城市运行造成很大影响,社会各界和广大公众对气象服务和城市应急管理给予了高度评价。本报告通过一线调研,深入分析了"海葵"影响过程中致灾因子、预报预警、气象服务特点分析、社会反馈等主要环节的工作及其效果,认为针对"海葵"影响过程,"海葵"台风的预报服务上海市气象局采用了许多新的方法、新的手段,取得了较好的预报服务效果和社会效果,在气象预报服务领域迈出了可喜一步,可以为大城市气象灾害预警和应急服务提供参考和借鉴。

1　概述

2012 年第 11 号热带风暴"海葵"于 8 月 3 日 8 时开始编报。8 月 8 日凌晨 03:20 登陆浙江象山,然后继续向西北移动,速度缓慢。7 日半夜至 8 日,"海葵"对上海市带来严重的风雨影响,本市普遍出现大暴雨,其中虹口区鲁迅公园整个过程雨量 246.2 mm 为最大。

受"海葵"本体影响,8 月 7 日 20 时—8 日 20 时上海市普降大暴雨,其中鲁迅公园最大 229.3 mm,宝山区上大附中次之 223.3 mm(见表 1)。11 个标准测站全市日平均降水量为 127.9 mm,位列 1961 年以来受台风影响的强降水第 4 位。其中,嘉定单站日降水量为 205.6 mm,为该站 1961 年以来历史次高值。此次"海葵"台风引起的全市性单日大范围暴雨是近 30 年来仅次于 2005 年 8 月 7 日"麦莎"台风日平均最大降雨量(128.9 mm)。

受"海葵"影响,本市最大风力 8~10 级,沿江沿海地区和长江口区 10~12 级,洋山港区大于 12 级,具体各站最大阵风见表 2。

表 1 8月7日20时—8日20时各站累积雨量情况(单位:mm)

鲁迅公园	宝山区 上大附中	闸北区 大宁灵石公园	黄浦区 人民公园	普陀区 长寿公园	嘉定区 永盛路	闸北区 闸北公园	浦东新区 陆家嘴	普陀区 甘泉公园	静安区 襄阳公园
229.3	223.3	222.7	210.0	206.9	205.6	199.1	197.6	193.8	189.7
徐家汇 蒲西路	宝山区 友谊路	青浦区 外青松路	浦东新区 锦绣路	浦东南汇 拱极东路	闵行区 莘浜路	松江区 南青路	奉贤区 金海路	金山区 杭州湾大道	崇明区 一江山路
143.7	105.5	104.6	158.4	107.7	97.9	160.4	153.2	114.0	55.7

表 2 8月7日20时—8日20时各站最大阵风(单位:m/s)

小洋山 气象站	余山岛	小衢山	海湾751 基地	吴泾通海路	吴淞	洋山三期	三甲港	下三星	滴水湖
43.5 (14级)	40.3 (13级)	39.8 (13级)	38.5 (13级)	36.1 (12级)	34.7 (12级)	34.5 (12级)	33.4 (12级)	33.0 (12级)	33.0 (12级)
崇明区 一江山路	嘉定区 永盛路	宝山区 友谊路	青浦区 外青松路	浦东新区 锦绣路	浦东南汇 拱极东路	闵行区 莘浜路	松江区 南青路	奉贤区 金海路	金山区 杭州湾大道
22.0 (9级)	21.4 (9级)	20.5 (8级)	25.2 (10级)	19.8 (8级)	21.3 (9级)	19.8 (8级)	22.0 (9级)	27.2 (10级)	29.2 (11级)

2 灾情及影响

"海葵"影响期间,上海市发生两死七伤的意外事故,共紧急转移 37.4 万人,全市共有近 400 条段马路积水;受淹农田 8 万余亩,倒伏树木 3 万余棵,其中行道树 1 万余棵;电力部门接到停电报修企业 5291 家、居民 9.2 万户;浦东、虹桥两大机场共取消航班 782 余架次、铁路停运约百班次。

3 致灾因子分析

强台风"海葵"具有生命史长,强度强,短时强风雨持续时间长,以及高风暴潮等特点。

生命史长:"海葵"从生成到加强,到影响东部沿海已经历时 6 d,给东部沿海带来风雨影响从 6 日上午开始到 9 日有 3 d 之久。

强度强:"海葵"自 3 日 8 时生成,6 日 5 时加强为强热带风暴,6 月 16 日加强为台风,7 日 14 时加强为强台风,直到 8 日 4 时再次减弱为台风,8 日 16 时减弱为强热带风暴,强度为台风和强台风的维持时间整整 48 h。

风雨持续时间长:受"海葵"影响,8 月 6 日 20 时—9 日 6 时,浙江中北部、安徽南部、江苏南部、上海降雨 100～250 mm,浙中北东部地区和浙西北局部、安徽南部和江苏西南部局地有 260～380 mm,浙江宁波、台州、湖州、杭州及安徽黄山等局地达 400～537 mm。

风暴潮强:8 月 6 日上午至 9 日上午,江苏省盐城市到浙江省温州市沿海出现了 50～330 m 的风暴增水,上述岸段内的镇海、乍浦、澉浦潮位站于 8 日凌晨出现了超过当地警戒潮位 30 cm 以上的高潮位。

4　预报预警

4.1　预报预警准确性

受"海葵"外围环流影响,预计 7 日下午到夜间"海葵"本体将对本市带来严重的风雨影响,影响最显著的时段出现在 7 日半夜到 8 日。由于"海葵"登陆后仍处于大陆高压和海上副高之间的弱环境场中,引导气流偏弱,导致其移速缓慢,对本市的风雨影响持续时间较长。

上海中心气象台 6 日 17 时发布上海市台风消息。

6 日 14 时发布本市台风蓝色预警信号。

7 日 08:45 发布上海市台风警报,10 时升级台风蓝色预警信号为台风黄色预警信号,15 时升级为台风橙色预警信号,17 时发布上海市强台风紧急警报。

8 日 11:02,发布暴雨橙色预警信号;11:30,升级为台风红色预警信号。

4.2　预报预警及时性

根据预警发布情况,服务平台 8 月 4 日制定了 1211 号热带气旋的专题服务策划方案;8 月 5 日开始向市委、市府及相关部门发布专报、专题;8 月 5 日 17 时发布上海市台风消息,网站、电视、电台等启动信息发布工作。

上海市气象局于 8 月 6 日 9 时启动气象灾害Ⅲ级应急响应。8 月 7 日 8 时,提升为气象灾害Ⅱ级应急响应的命令。8 月 7 日 17 时提升为Ⅰ级应急响应的命令。

4.3　预报预警发布传播

预报预警发布传播主要通过以下三种手段。

4.3.1　部门联动

在发布各类专题、专报、预警和早通气短信后,通过传真、早通气短信、电话沟通等及时联系市防汛指挥部、市应急办、市联动中心、市建交委、太湖防总、上海铁路局、上海海事局、民航华东地区管理局、东海渔政、市电力公司、市农委、市教委、市民防办、市绿化局、市房管局、市交通港口局、太湖流域管理局、市民政局、市旅游局、市新闻办、市消防局等多个城市运行联动部门,直接通报情况、未来趋势并了解相关反馈信息。

4.3.2　公众服务

服务平台通过传真、电视、东方明珠移动电视,微博、手机智能终端 app(爱天气 WiSH)等多种渠道向社会公众发布最新台风相关信息及防御指引。网站及时报道更新各类新闻信息、气象实况类信息。声讯电话承担专家、热线、信箱、用户短信服务。广播电台在保证日常每天 4 次直播连线的同时,另加播连线数次。

4.3.3　新闻媒体

首席服务官接受了上海电视台新闻坊、移动电视、新华社等媒体记者关于台风"海葵"动态的采访,连线交通电台、东广电台天气栏目滚动播报;上视新闻综合频道的夜线约见,首席服务官和台风所专家对市民关心的情况进行了细致分析。

召开了两次新闻发布会,邀请沪上电视、报刊、网站等多家主流媒体记者参加,向公众发布台风的动态信息和灾害防御指引。

5　气象服务特点分析

5.1　"海葵"台风服务预案策划分析

　　汛期上海市气象局实行每天决策服务例会制度,设立决策气象服务小组,决策首席服务官负责重大气象服务的策划和实施工作,为"海葵"台风预案的制定,并按照服务预案开展预报服务提供了机制保障。

　　8月4日,在"海葵"台风生成的第2天,根据预报,"海葵"台风有可能对东部沿海地区造成影响,决策首席服务官从决策服务、公众服务、服务会商、响应状态、现场观测、应急状态等方面进行了初步策划。以后每天决策服务首席针对"海葵"可能对上海的影响着重在内部工作方案、决策服务、公众服务、媒体宣传四个方面进行滚动修改完善,每个预案都在决策例会上进行了讨论,确认后形成预报服务的任务。预案为"海葵"台风规范化、流程化气象预报服务起到了积极作用。这在以往的预报服务的基础上迈出了很大的一步。但是预案的制定和修正、预案的效力、预案的执行、预案的监督等许多细节存在许多值得思考的地方,主要表现在以下几个方面。

5.1.1　预案的制定和修正

　　(1)预案的制定。"海葵"预案的制定虽然相关业务人与参与了一些讨论,主要是由决策首席完成,这种个体策划,对于像"海葵"台风这样可能对上海造成影响、政府部门可能采取措施的重大服务预案的策划显然力量薄弱一些,重大预案的策划需要了解市决策层的政策、市联动部门的防灾能力、气象局预报服务的思路、预报的多种可能性、气象局各部门的工作状态等信息。只有较全面地掌握了这些信息,才能更好地分析需求、评估影响,并制定切实可行的预案,这就需要发挥集体智慧进行集体策划。

　　对可能影响本地的台风预案策划应有一个团队支撑,气象局各部门应设立重特大日常气象预报服务预案策划人机制,在遇重特大气象预报服务时由决策首席服务人员负责召集参与预案的策划。

　　(2)预案的修改。预案的修改是一个连续、滚动的过程,在天气实况、预报、需求发生重大变化时,预案需及时进行修正。在"海葵"台风服务的预案更新上与以往的服务预案更新相比有了显著提高,但是,预案的及时修改与整个预报服务的要求还是有较大的差距,在今后的台风预报服务中仍需要加以提高。

5.1.2　预案的效力

　　预报服务预案的效力是整个预案的核心内容,只有预案具备了一定的效力才能成为合法的大家必须共同遵循的行动规范,这一点在目前预报、服务、探测三体分离的情况下尤为重要。

　　(1)预案的效力的合法地位。在《上海市气象局决策气象服务业务规范化管理规定》中没有明确地对服务预案的效力进行规范,由于"海葵"台风预报服务预案缺少预案效力,所以执行上必然会打折扣。事实上,目前的预案是形式和执行并存的情况。

　　为了能使服务预案有合法地位,职能部门需制定相应的制度,保证预案作为各部门共同遵循的行动指南。

　　(2)预案的可行性和权威性。台风预报服务预案是整个气象局按流程步调一致、协同作战的行动指南,所以,预案必须具有可行性和权威性,可行性和权威性的体现可以通过每日的决策例会实现。

决策例会应对预报服务预案逐项进行审定、签发。参加者都应对预案进行审定,特别是针对各自的部门能否按预案执行提出意见。决策首席修改、完善,形成具有气象局决策层共识的预报服务预案,并由值班局长签发。

5.1.3 预案的执行

"海葵"台风预案的执行是整个预案链中问题较突出的一个环节。例如,

(1)改变预案执行的通报制度。由于天气、需求的变化,局领导层、决策气象服务工作小组召集人需要改变服务方向时,应及时修改服务预案、及时通报各部门。

(2)改变预案执行的上报制度。各部门在执行预案过程中遇到问题,需要改变预案的应及时上报决策气象服务工作小组召集人,经决策气象服务工作小组召集人同意,方可改变,并进行预案修正、通报。

(3)台风紧急事件的处置。遇台风紧急事件可在通报值班局领导、决策气象服务工作小组召集人后先期处置。

5.1.4 预案执行的监督

"海葵"台风预案执行过程中的折扣发生在各个环节,除了上述的预案制定、预案效力等原因外,缺乏监督也是其中的原因之一。像台风这种根据不同情况制定的预案的执行,需要建立包括相关职能部门和决策首席服务人员的监督,才能较好地保证不折不扣地执行。

5.2 "海葵"台风服务决策服务分析

发布《重要气象信息市领导专报》,增加了向市委常委、市长、副市长、市府秘书长以及副秘书长的直送,6 日起启动 3 h 一次《台风快报》,这种全方位、高密度的预报服务满足了各级政府防台抗灾的需求,为政府部门从容决策防台抗灾提供了充分的依据。

5.2.1 预报不确定性的服务

今年上海气象局在决策服务中大量启用了不确定性分析,应该说不确定性分析为各级政府防台抗灾决策提供了灵活的、多选择的准备,取得了较好的效果和反响。但是有两个方面的问题在预报服务中仍需注意:

(1)台风路径、影响主导意见必须明确。不确定性分析实际上就是各种可能性分析,在可能性较多的情况下,主要意见的主导作用往往容易削弱。在"海葵"台风影响期间发布的 11 期《重要气象信息市领导专报》都是按照主导预报意见和不确定性两部分预报的,但是主导预报意见有时候也掺杂了较多的不确定性,模式分析较多,气象台预报不突出,往往会导致用户的误解。

(2)服务的解释必须到位。应该说不确定性分析是预报服务较好的一种形式,但是一种新的服务形式往往也给用户带来不适应,这就需要服务来弥补这一使用初期的不适应,实质上这也是气象服务的主要内涵之一。

气象服务人员对预报不确定性的把握是进行台风不确定性服务的重要环节,这一方面需要气象服务人员具有深厚的预报底蕴,另一方面需要相应的机制来保障,预报人员和服务人员共同确定预报的确定性和不确定性的底线。服务应该对相关决策部门交底,把确定性和不确定性讲透,让决策部门理解不确定性的真正含义,理解气象部门预报不确定性的用意,进而真正为决策者所掌握。

5.2.2 预报服务的合理安排

目前台风决策服务产品有专报、专题、快报等。服务时机有预案指定和有临时增加的、有时会出现内容差别不大接连进行决策服务的情况,造成决策部门忙于处理。

针对上述情况,临时决策服务应纳入决策服务预案,根据需求进行一体化设计,合理安排决策服务的时机和频次。

5.3 "海葵"台风专家解读分析

上海市气象局 2012 年推出专家解读业务,围绕"海葵"台风首席服务人员组织、策划、协调了 21 人次的专家解读。针对市民关注的热点通过电视、广播、网络进行了全方位的深入解读,充分发挥了台风领域权威专家权威性和知名度,在社会上引起了很好的效果。

5.3.1 专家解读的深度分析

专家解读的灵魂是专业性和权威性,怎样才能体现专业性和权威性呢?关键的时间、关键的地点、关键的节点、关键的声音是体现专家解读价值的重要因素。以下四个方面需要专家解读:

(1)政府防台决策会议不确定性解读。政府防台决策会议是气象服务最关键的地点,需要最关键的声音,应该启动专家解读。

(2)联动部门重要防台会商。联动部门重要防台会商涉及防台抗灾的具体措施制定和落实,是台风气象服务的重要环节之一,应启动专家解读来解决联动单位需求。

(3)新闻媒体深度台风报道。新闻媒体深度台风报道往往是集关键的时间、关键的地点、关键的节点、关键的声音于一体的解读,往往对社会的影响非常大。上海电视台"新闻夜线"的专家解读较为成功,取得了较好的社会影响。

(4)重大台风事件释疑。重大台风事件的解读是最关键的节点,需要权威的专家发出权威的声音来解释人们心中的疑惑、来平息事态的发展。

5.3.2 专家解读的常态化

台风专家解读可以实现常态化,统一策划,统筹资金,制作系列专家解读节目,利用上海天气网等载体向社会发布,让市民更全面、更深入地了解台风,真正掌握防台减灾的知识。

6 社会反馈

上海市气象局通过传真、电视、广播、电话、网站、微博、短信、电子显示屏、东方明珠移动电视,手机智能终端 app(爱天气,WiSH)应用推送等多个渠道、多种手段发布台风蓝色预警信息。电视、公交地铁移动电视等媒体通过电视屏幕显示预警符号和相关防御指引的滚动字幕,电台及时进行广播。气象部门根据实时信息,就全市天气情况进行及时通报。各区县同时会根据本区域的具体天气情况进行预警信号发布。启动专家解读机制,向公众及媒体就"海葵"的动向、上海的风雨影响做详细的介绍。

6.1 决策服务效果

发布《重要气象信息市领导专报》,内容涉及热带气旋动态、预警信号、风雨情况、建议提示等内容,同时增加了向市委常委、市长、副市长、市府秘书长以及副秘书长的直送。6 日起《台风快报》3 h 一次。共发布专报、专题各 11 期、台风快报 9 期(3 小时一次)。

市防汛指挥部于 6 日 14:15 发布防汛防台蓝色预警信号,7 日 10:10 防汛防台黄色预警信号,15:10 防汛防台橙色预警信号,8 日 11:35 防汛防台红色预警信号;共向 50 个部门发布《专题气象报告》;与应急联动中心、建交委、应急办、农委、海事局、民航进行电话联动沟通,与农技中心就台风对农业生产的影响进行会商。首席服务人员值守应急联动中心。上海体育局全民健身运动改期;上海铁路局暂停发售往宁波等方向列车车票;市里涉及撤离转移人员 37.4 万。给市建交委每小时发 S32 申嘉、S4、沪嘉三条高速风力实况。海葵有效的决策及联动气象服务得到了市领导及各委办局的好评。

6.2　公众评价

在本次服务中,增加电视直播、电台连线、电视滚动字幕、微博、网站新闻。在公交、楼宇、地铁三大平台播出与首席服务人员实时电话连线节目,发布台风影响本市最新情况;移动电视滚动播出,如最新气象预警、防汛防台最新指示等;制作《防台风常识》《台风防御指引》《防汛防台安全提示》等栏目,提高了社会市民应对台风影响的防御意识,减少了人民财产损失。

6.3　媒体评价

台风期间,服务平台提供新闻稿件,早晚提供一份最新台风信息以及对媒体的口径,总共接待媒体 20 多家。启动台风专家解读值班制(记者采访、电台直播、电视直播《夜线约见》),举行新闻发布会。共接受电视采访 28 次、电台连线 42 次、报纸采访 72 次、华风影视连线 10 次、东方明珠移动电视 12 次、增加电视直播 20 档,8 日一天平均 45 min 一次、网站新闻 158 篇、上海天气网 6—8 日点击率约 124 万、电视滚动字幕 18 次(不包括预警信息)、微博 344 条(86×4)(1 h 一次)、投诉电话仅 2 个(预警解除慢了)、专家热线电话 580(包括从投诉电话打进来的咨询电话)、新闻发布会 2 次。媒体评价反馈良好。

7　思考与启示

预案和策划的可行性:提供了重要的参考和科学的依据,快速的反应和逐一的落实确保了服务的准确性,也增强了服务的效力。

技术分析的预见性:台风影响虽有不同的气候背景,但是服务背景相似,准确的预报依然是决策、服务成功的关键。

"海葵"直接影响上海地区,防汛抗台形势严峻,部门联动的多元性也成为服务工作中的重点。

群众有麻痹思想,接收到相关信息后是否能正确防御,微博类的贴身互动有很强的即时性,增强了气象科普,也有助于提高群众防御台风等气象灾害的意识。

相关的防灾法规的建立,通过电视、电台等途径向社会发布预警信号,指导全社会按照法定的应急措施防御灾害,这是我国香港地区和国外一些发达国家所采取的做法,有值得借鉴之处。

总而言之,"海葵"台风的预报服务上海市气象局采用了许多新的方法、新的手段,取得了较好的预报服务效果和社会效果,在气象预报服务领域迈出了可喜一步。下一步将在预案策划、不确定性服务和专家解读等方面继续实践、完善。

2012 年 8 月 3—9 日浙江省
强台风"海葵"天气过程气象服务分析评价

王　颖[1]　梁晓妮[1]　李瑞民[1]　雷　俊[1]　胡　波[2]　李仁宗[3]

(1 浙江省气象服务中心;2 浙江省气象台;3 浙江省气候中心,杭州 310017)

摘　要　2012 年第 11 号台风"海葵"8 月 8 日 03:20 在浙江省象山县鹤浦镇沿海登陆,并先后穿过宁波、绍兴及杭州北部和湖州南部等地,给浙江省造成严重损失。在应对此次台风过程中,领导高度重视,预报预警及时,快速启动应急响应,按照"以人为本,无微不至,无所不在"的气象服务理念通过多渠道、多途径、多措并举地开展服务,并对政府、媒体、公众对此次台风气象服务的评价和反馈进行了整理,从中获得了许多有益的启示。同时,也发现服务过程中的一些问题和不足之处,在今后的工作中需不断改进、完善,气象服务必须与时俱进,最大限度地发挥服务的实效性。

1　概述

2012 年第 11 号热带风暴"海葵"于 8 月 3 日 08 时在日本冲绳县东偏南方向约 1360 km 的西北太平洋洋面上生成,随后快速向西北偏西方向移动,5 日 17 时发展为强热带风暴,移速减慢,6 日 17 时发展为台风,7 日 14 时发展为强台风,8 日 03:20 在浙江省象山县鹤浦镇沿海登陆,登陆时强度为强台风,中心气压 965 hPa,近中心最大风力 42 m/s(14 级);"海葵"登陆后强度缓慢减弱,并先后穿过浙江省宁波、绍兴及杭州北部和湖州南部等地,于 8 日 20 时离开浙江省进入安徽省境内,之后在皖南一带停滞少动,强度继续减弱,9 日 23 时对其停止编报。

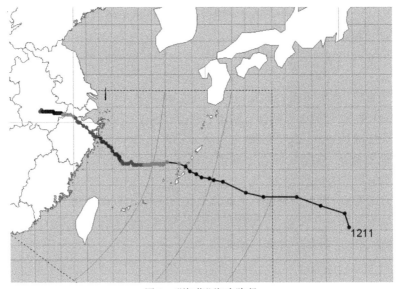

图 1　"海葵"移动路径

1.1 "海葵"生命史特点

(1)生成纬度较高,海上无阻挡。"海葵"生成后不久其纬度超过北纬 25 度,并一直向西北偏西方向移动;进入东海后,先偏西后西北方向移动,直奔浙江。

(2)前期移速快,后期移速慢。"海葵"前期在副高南侧的偏东气流引导下,移速较快,基本上为每小时 20～30 km;5 日下午起副高南侧引导气流逐渐减弱,其移速减慢为 10～15 km。

(3)登陆时强度强。"海葵"6 日 17 时发展为台风,7 日 14 时发展为强台风并维持 12 h,在登陆浙江省沿海时强度仍为强台风。

(4)影响时间长,影响范围广。"海葵"后期移速较慢,且登陆后强度缓慢减弱,并深入安徽南部,对浙江省风雨影响时间较长;另外"海葵"螺旋云带完整、云系覆盖广,先后对浙江、上海、江苏、安徽、江西等省(市)造成不同程度的影响。

1.2 风雨实况

(1)大风持续时间长,范围广,强度强。浙江省沿海自 7 日 07 时开始出现 12 级以上大风,至 8 日 16 时共持续了 33 h,14 级以上大风持续了 24 h,最大为东矶 56.0 m/s(16 级)、大陈 53.0 m/s(16 级)、石浦 50.9 m/s(15 级);杭州湾及太湖出现 10～12 级大风,持续近 24 h;内陆平原地区 6 日下午至 8 日陆续出现 8～10 级大风。

(2)累计雨量大,分布较均匀。6 日 20 时—9 日 08 时,全省平均雨量为 99 mm,其中宁波 224 mm、湖州 168 mm、台州 143 mm、绍兴 138 mm、嘉兴 125 mm、舟山 114 mm、杭州 102 mm;县市雨量较大的有宁海 297 mm、象山 279 mm、奉化 261 mm、三门 243 mm、北仑区 232 mm、鄞州区 228 mm;全省共有 547 个乡镇雨量超过 100 mm,168 个乡镇超过 200 mm,39 个乡镇超过 300 mm,16 个乡镇超过 400 mm,其中较大的有临安市岭 541 mm、宁海胡陈 522 mm、象山黄泥桥 488 mm、奉化龚原 474 mm、三门百两岗 468 mm。3 站日降水量破历史极值,分别为 8 日北仑 257.1 mm、象山 189.0 mm、安吉 211.0 mm。

(3)中北部沿海风暴增水较明显。据省防汛部门数据,杭州湾最大增水 300 cm,中北部沿海最大增水 150 cm;澉浦、乍浦、镇海站最高潮位分别超警戒潮位 47 cm、41 cm 和 47 cm。

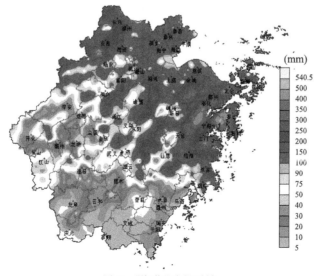

图 2 "海葵"过程雨量

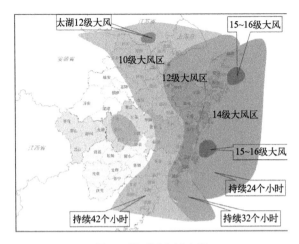

图 3 "海葵"大风实况

2 灾情及影响

由于"海葵"横穿浙江省北部地区,其带来的狂风暴雨造成浙江省中北部沿海及北部地区电力、交通、水利、通信等基础设施受损,另外农业、渔业和养殖业损失很大。

(1)浙中北部分江河水库超警戒水位,西苕溪创历史最高水位。由于 2012 年前期浙江省降水明显偏多,大部分江河水库水位较高,受"海葵"强降雨影响,浙中北部分江河水库超警戒水位,最明显的为宁波市内的皎口水库超警戒水位 9.19 m,西苕溪下游港口站超保证水位1.1 m,创历史上最高水位。

(2)海陆空交通全面受阻。8 月 8 日杭州萧山国际机场因"海葵"影响关闭 10 h,全国飞往杭州及周边城市的多架航班被迫取消;沪宁、宁杭高铁全部停运,由杭州站和杭州南站开往甬台温的 31 对列车也停运;杭州湾跨海大桥首次因台风原因封闭,上海洋山港至浙江舟山诸岛的所有客轮也被迫停航。

(3)城乡积涝严重,生产生活均受影响。宁波、台州、湖州等地发生多处城乡积涝,大面积被迫拉电,交通受阻,影响居民正常生产生活,财产受损严重;全省共计停产企业 55351 家,公路中断 1197 条次,供电线路中断 2861 条次,通讯中断 563 条次。

(4)农渔业等损失严重。沿海及浙北大片蔬菜瓜果地被淹,设施大棚成片倒伏,塑料薄膜被吹破;部分渔港防波堤、护岸等受损严重。全省农作物受灾面积 355.3 千公顷,成灾面积 177.6 千公顷,绝收面积 35.1 千公顷,减产粮食 33.2 万 t,死亡大牲畜 9660 头,水产养殖损失 37.6 万 t。

据省防汛部门统计,截至 8 月 9 日 16 时,杭州、宁波、嘉兴、湖州、绍兴、金华、衢州、舟山、台州、丽水等 10 市 74 个县(市、区)652.9 万人受灾,紧急转移 170.4 万人,直接经济损失共 236.3 亿元,其中农林渔业损失 122.8 亿元,工业交通业损失 61.3 亿元,水利工程损失 28.7 亿元。另外,受"海葵"间接影响,舟山市岱山县长涂沈家坑水库 10 日 5 时左右发生垮坝事故,造成 10 人死亡,27 人受伤(图 4—图 7)。

图 4　象山县城内积水严重

图 5　杭州市区广告牌被吹倒

图 6　较长椒江区瓜田受淹

图 7　岱山县水库溃坝现场

3　致灾因子分析

(1)"海葵"登陆浙江时正值其发展强盛期,登陆强度达到了强台风级别,风雨强度大,是 2012 年对浙江影响最大的台风。由于登陆后移动缓慢,其移动路径几乎覆盖大半个浙江地区,"海葵"呈现出影响时间长、地域广的特点,所以带来的灾害影响较严重。

(2)由于浙江省前期降雨过程多、土壤含水量趋于饱和,且台风"苏拉"影响刚刚结束,"海葵"带来的强降水与前期进行叠加,所以,遇强降雨极易引发大的洪涝灾害,局部地区会造成严重的山洪、泥石流和滑坡等次生灾害。

(3)"海葵"给浙江带来的强风雨天气,主要集中在浙江中北部地区,台州、宁波、舟山、杭州等地,这些地区地势平坦,台风一路畅行无阻,这一区域也正是浙江省经济发达、人口稠密、城镇多的地区,大风、强降雨同时作用,防御形势十分严峻。

4　预报预警

4.1　预报预警准确性

"苏拉""达维"刚走,"海葵"就迫不及待地步步逼近。由气象卫星、多普勒雷达和遍布海岛的自动气象站等组成的气象综合探测系统,严密监测着"海葵"的一举一动。在气象台,台长、首席预报员和值班预报员们更是丝毫不敢放松,监测台风动态、分析移动路径、开展联合加密会商。在科学判断的基础上,做出了一份份准确的预报,准确地给出了"海葵"发展的路径、强度、风雨等特点,为省委、省政府科学决策防御台风提供了重要的参考依据。

4.2　预报预警及时性

　　面对近海生成的"海葵",省气象台预测其未来向西北方向移动并将逐渐加强,影响浙江省的可能性较大,早在4日上午就开始发布台风消息。随着"海葵"的不断加强和靠近,省气象台又发布了台风海上警报,紧接着及时发布台风黄色预警信号。鉴于台风"海葵"逐渐靠近浙江省,对浙江省影响开始增大,为此气象台于6日晚把黄色预警信号升级为橙色。"海葵"继续西北行,风雨影响将进一步加剧,对浙江省大部有严重影响,为此,省气象台于7日14时将台风橙色预警信号升级为最高等级红色。针对每次预警,气象服务人员都能够做到争分夺秒、及时有效地报送给相关部门或向公众发布,并提出台风防御建议,为政府决策提供科学依据,为公众安全采取防范措施赢得时间,争取把台风带来的损失降到最低。

4.3　预报预警发布传播

　　面对来势汹汹的强台风"海葵",全省各级气象部门高度重视台风预警信息发布传播工作,加强与媒体、应急、通信等部门联系,通过电视、广播、网站、报纸、短信、声讯、电子显示屏、中国气象频道(浙江应急)等各种渠道发布台风及其灾害防御建议等各类气象服务信息,及时向社会公众传递气象信息,主动为台风高影响的专业气象服务用户提供跟踪服务。同时,积极普及宣传防台措施,关注台风对浙江的影响,提醒公众尽量减少外出,各有关单位加强防范,注意防范风、浪、潮,加强防范强降水引发的山体滑坡、泥石流、小流域山洪、城乡内涝等次生灾害,尽量减少台风带来的损失,充分发挥气象防灾减灾的积极作用。

　　短信、声讯:第一时间送达最新台风动态和预警信息,气象部门从8月4日起通过手机短信向公众提供台风服务,截至8月9日14时,已累计通过短信向全省手机用户共发送台风动态信息8595万条,其中增发4次,共801万条,内容涵盖台风动态、消息、警报、风雨影响等方面。为了方便声讯用户了解台风的最新动态,将声讯信箱自动连接至台风动态信箱,并每小时更新一次台风"海葵"的最新位置、移动方向、风力等级等内容,累计更新242次。公众可以随时拿起电话了解最新的台风信息。截至8月9日14时,杭州"96121"声讯拨打总量达7.2万多人次。

　　网络、影视:为了及时向公众传递台风预警信息,省气象服务中心通过浙江卫视等浙江广电集团旗下各个电视频道和中国气象频道(浙江应急)发布台风消息、警报及预警等动态信息111次;中国气象频道(浙江应急)共插播本地化节目180次,更新台风实况92次,紧急增录应急节目《台风整点报》11期,播出49次。

　　浙江天气网、浙江气象官方微博以及手机WAP网都在第一时间开设了台风专题,对公众提供台风各类重要资讯。浙江天气网台风专题点击量剧增,截至8月9日14时,浙江天气网总访问量已达到1948万人次,其中台风专题总访问量已达1704万人次。更新信息231条,发布预警信号、台风警报单1598次。浙江天气网微博更新台风相关专题信息165条,转发4705次,覆盖粉丝2000多万。

　　媒体:台风影响期间,向省级电视、电台提供预警预报服务达200多次,通过设在省气象服务中心的浙江交通之声电台广播播发信息 109 次,进行专家现场连线服务 1 次;同时每天向省级报纸媒体提供"海葵"的最新动态及影响,累计气象素材稿件共 18 篇。

专业气象服务:(1)一周天气预报彩信服务:通过彩信平台给全省 64 个县市 4 万用户发布彩信 6 次,8 月 4—9 日制作台风专题,及时发布"海葵"动态及对浙江省的风雨影响。(2)专业用户服务:加强专业网站监控,确保强降水预报、实况信息的及时发布。通过传真给水库、港航、电力等 40 多个专业用户发送各类天气材料 13 期,共计 572 次;并在 30 个专业网站上更新内参信息、最新降水实况和预报等信息。累计对专业用户进行电话、传真、邮件服务 650 次。

应急服务:接到应急响应,气象应急车第一时间赶赴台风影响一线宁波象山、台州三门,进行气象探测、图像采集、信息传输等重要任务,报道风雨影响实况,追风小组回传追风日志 14 篇,报送中国气象频道新闻 22 条,与中国气象频道开展台风现场的直播连线 7 次,并利用气象应急指挥车通信设备与浙江卫视开展"海葵"台风现场报道 3 次。

5　气象服务特点分析

(1)设备升级,技术保障有力

在 8 月 7 日 15 时接近"海葵"登陆前夕,浙江天气网台风专题小时点击率突破 40 万次,服务器承受的访问压力再次达到顶峰。为防止出现服务器故障导致用户访问中断的情况,省气象服务中心紧急调集备用服务器,对服务器架构和网站系统进行再次调整优化,有力地保障了台风专题的顺利运行。据统计,截至 9 日 14 时,浙江天气网台风专题点击率超过 1700 万次,浙江天气网总点击率更是接近 2000 万次。

(2)服务产品丰富内容,满足公众需求

"海葵"因其风大雨疾的特点而备受社会关注。为进一步方便社会公众及时了解全省雨情分布情况,省气象服务中心组织技术开发人员在浙江天气网和手机 WAP 网站上增加了 48 h、72 h 及累计降水大于 400 mm 的自动站资料统计模块,为防灾减灾决策和群众防御台风提供参考。

同时对"96121"及"12121"气象声讯平台进行了调整。广大用户一进入声讯平台即可免费、及时、方便地收听到最新台风资讯,并增加了"台风动态"和"台风实况"声讯信箱。截至 9 日 14 时,杭州地区气象声讯拨打量达到 7.2 万多人次。

(3)全网发布"海葵"台风应急预警短信,扩大预警覆盖面

在做好常规短信发布的基础上,为了更好地将台风预警信息第一时间传播到社会公众,浙江省建立了应急预警短信全网发布机制,启动手机台风预警短信发布"绿色通道"。在省应急办统一协调下,8 月 7 日 16 时起,电信、移动、联通及时面向台州、宁波、舟山等 9 个市手机用户全网发布"海葵"台风增发预警短信,最大限度地传播了台风预警信息,让公众对"海葵"的信息了如指掌,充分发挥了气象灾害预警信息在防灾减灾的"发令枪"作用。

(4)加强与媒体合作,多管齐下传播台风信息

为进一步加强台风预警信息的广泛传播,浙江省气象局与新华社、浙江在线等媒体合作,在新华网浙江频道和浙江在线网站台风特别策划栏目上链接浙江天气网台风专题。通过网站链接,更好、更广泛地为社会公众提供最新的台风预警信息、台风未来趋势、防御指南及台风科普知识等。

为更加及时、便捷地向公众传播台风、暴雨等灾害性天气信息,浙江省气象服务中心联合

腾讯公司,面向浙江地区的 Iphone 和 Andriod 版本的手机 QQ 推出手机气象播报平台。此外,省气象服务中心还联合腾讯公司针对"海葵"开通了腾讯微博专属话题,并开展台风防御避险的气象知识科普。这次台风服务过程中,手机 QQ 气象播报平台等新媒体发挥了重要作用,气象部门及时、准确、主动地向公众传送最新的"海葵"信息和防灾避险常识。

在追风服务中,电台 FM93 交通之声全程参与,和浙江卫视合作,以浙江气象应急指挥车的名义,三次播出追风小组的现场出镜,讲解风雨及气象应急服务情况。接受央广记者采访,了解追风情况及应急指挥车功能和意义,扩大了气象应急的社会影响力。

总的来说,浙江省积极拓展部门合作,利用媒体的引导优势,多管齐下传播台风信息,提醒大家及时了解台风的最新动态和预警信息,普及台风等灾害来临时的自救互救知识等,形成了具有"公众参与"性质的科普传播有效平台,最大限度降低了台风带来的损失。

(5)直击台风,整点播报

为了使社会公众更全面地了解台风动态及其防御措施,浙江省气象服务中心发扬连续作战精神,继续做好影视气象服务。中国气象频道(浙江应急)在台风影响期间新增制作《台风整点报》,它是一档多角度报道台风实况、宣传防御知识的节目。在时长 5 min 的节目中,通过主持人现场报道、采访专家、与追风小组记者视频连线、播出省内各地应对台风的新闻等方式,全方位介绍"海葵"情况,内容涵盖台风动态、消息、警报、风雨影响等各方面。同时不断创新制作手段,在节目当中挑选每日最好的极轨卫星图片,让观众能直观地了解台风与我们之间的距离;使用卫星云图动画,将每天的台风路径准确生动地表达出来,并用坐标定位截稿时候的实时位置;充分利用台风路径图、卫星云图、海区风力图、累计雨量图、地质灾害图等手段丰富节目内容。

(6)紧贴行业,专业服务贴身到位

"海葵"影响期间,省气象服务中心通过传真、邮件等方式主动为海洋、海事、港航、铁路、交通、电力等高影响行业用户跟踪发送台风相关《重要气象信息》,同时实时更新气象服务网站的监测和预报信息。特别是对杭州湾大桥、舟山跨海大桥进行的高频次气象服务,为其科学调度、防御台风赢得了时间,得到了用户的高度好评。

6　社会反馈

6.1　决策服务效果

热带气旋"海葵"在海上生成后,不受阻挡,强度不断强加,直接向浙江奔来,浙江全省上下严阵以待。各级党委、政府及防指高度重视,积极应对、迅速行动,提前谋划、科学指挥、科学调度,及时组织人员撤离,最大限度减少了台风造成的损失。

8 月 6 日下午,在浙江省政府召开的海葵防御视频会议上,时任省长夏宝龙要求各部门协调作战,根据不同人群对台风预警信息的不同需求,有针对性地及时、广泛传播预警信息。加强各部门与气象部门的联系,利用各种传播手段,随时随地将最新的台风动态、台风登陆位置、风力和雨量预报情况传递给人民群众和各行各业,为防台工作赢得主动。

8 月 6 日,在温州考察的时任省委书记、省人大常委会主任赵洪祝来到温州市防汛抗旱指挥部,听取温州市防御"海葵"情况汇报,他强调各地各部门要切实加强对防台工作的领导,明确责任,落实措施,做好充分的准备,把事关人民生命安全的各项措施做细做实做到位。特别是"苏拉"台风刚刚带来强降水,部分江河水库水位较高,山体、土壤含水量大,再次遇强降雨极易引发山洪、山体滑坡、城市内涝等次生灾害,特别需要注意加强防范,确保各项防御工作万无一失。

8 月 8 日晚,浙江省召开视频会议,总结"海葵"台风前期工作,部署下阶段防御工作。赵洪祝在会上对"海葵"台风气象监测预报服务工作和多部门联动合力传播气象预警信息给予高度肯定。赵洪祝指出气象部门尽心竭力做好"海葵"台风监测预报服务工作,取得良好成果。特别是气象部门充分利用气象现代化建设和气象科技创新成果,加强对"海葵"的早监测、早研判、早汇报,准确的监测预报信息为省委、省政府科学决策防御台风提供了重要的参考依据。王建满副省长表示,气象部门为防御"海葵"台风提供的气象预测预报信息命中率为十环,为有效指挥防台工作起到非常重要的基础作用。

6.2　公众评价

2012 年强台风"海葵"强势来袭,浙江省气象部门及时通过各种渠道及新兴手段发布和传播了台风预警信息,预警信息可谓铺天盖地、家喻户晓,大部分人员获取气象信息后积极采取相应的防御措施,及时开展防灾避灾工作,努力提高灾害防御自救互救能力。

气象服务中心利用覆盖全省的应急预警短信全网发布机制,在浙江省应急办的统一协调下,从 7 日开始起向全省九个市的手机用户发布信息。"我的手机很早就收到'海葵'的消息,而且每天手机中、微博、网站上都有它的变化情况。"杭州市民在采访时说,"'海葵'还没有变成台风时,我就知道了它的动向。"

"海葵"影响期间,浙江气象官方微博信息更新 165 条,被转发近 5000 次,覆盖粉丝 2000 多万,众多网友与浙江天气网互动、留言,每个人都是信息源、每个人都是发布者,台风信息、防御贴士、实况通报以滚雪球的方式迅速广泛传播。同时,引起了省领导对浙江天气官方微博的高度关注。时任组织部长蔡奇 8 月 6 日转发了浙江天气微博发布的台风报告单,提醒公众注意台风消息。8 月 7 日,蔡部长在再次转发浙江天气官方微博时做出指示:"海葵台风正面袭击浙江! 各地要严正以待,基层党组织和党员干部要发挥作用,及早做好防台转移工作,确保人员安全不出意外。"两条微博迅速被网友转发 1157 次。郑继伟副省长 8 月 5 日起就通过浙江天气官方微博密切关注台风"海葵"动态,4 次转发浙江天气官方微博有关台风"海葵"的相关信息,并在微博中附加了浙江天气网的网址链接,指导公众获取及时准确的气象信息。

此外,家庭的数字电视、户外的楼宇电视、移动的出租车载显示屏不断刷新着的一段又一段提醒信息;浙江天气网在台风期间点击率突破千万,发布大量第一手的新闻通稿,其中《"海葵"稳步靠近我省 风雨范围将向内陆伸展》《"海葵"给我省带来强风暴雨》《"海葵"强度维持,风雨肆虐》等被多家报纸、网站和电视采用、转载。这些无一不证明此次"海葵"期间气象服务多么到位、切实有效,公众对气象信息的关注度越来越高,对气象服务工作的满意度有所提高。

6.3　媒体评价

强台风"海葵"影响浙江省期间,媒体对台风关注度很高,大量电视、网站、报纸等媒体纷纷开设专题报道,气象部门提供的丰富、翔实的气象素材和新闻稿件多次得到引用、转载。《钱江晚报》《今日早报》等多家报纸连续几天开辟多个版面进行专题报道台风动态、实况信息、灾情等省内各地防台抗台的相关新闻。与 1988 年登陆浙江的台风相比较,媒体指出现在气象监测、预报水平的进步在此次防台中发挥了至关重要的作用,同时对浙江天气网、微博、气象短信、影视气象服务等也加大了宣传力度,关于气象部门的预报、服务效果好评如潮。

　　例如:《浙江日报》资深摄影记者裘志伟在对这次台风的感受中讲道:这回应对"海葵",从各级政府到普通百姓,准备得都很到位,从没有哪次台风像这回收到那么多的预警短信。8月10日,《钱江晚报》一篇题为"这里的气氛,不比外面轻松"的稿子给予了一直辛苦奋战在幕后的气象部门工作者较高的评价:"虽然不用直接面对狂风巨浪,但这里的气氛丝毫不比前线轻松。通过媒体发布的'台风紧急警报',就是从这里发出去的。从'苏拉'到'海葵',连续9天,省气象台的领导每天都只睡四五个小时。而台风登陆的那天,许多气象工作者更是一夜未眠。"

　　浙江第一新闻网"浙江在线"打造台风专题网页,不断更新有关"海葵"的气象信息报道、全省各地防台抗台情况和最近灾情通报。浙江卫视多时段不间断直播《直击台风"海葵"》,实时播放台风最新消息和灾民安置以及交通状况,其中3次与浙江省气象局追风小组现场连线报道。从政府部署到百姓防御、从天气变化到灾情通报、从行业影响到市井生活,多角度全方位地记录台风的点点滴滴。

　　对于浙江人来说,把"海葵"送走的同时,正如媒体评论人刘雪松讲的那样,也正是"给老天交出一个同过去不一样的答卷"。

7　思考与启示

　　在应对台风"海葵"的过程中,浙江省各级气象部门反应及时、应对快,关键时刻发布了台风红色预警、启动了台风Ⅰ级应急响应;预警传播效能高,不但通过常规发布渠道,还专门联合通讯、媒体、网络等多部门通过手机短信、官方微博等方式扩大预警信息覆盖面。在服务的过程中,也发现一些方面的工作还是有待加强的。

　　(1)高度重视、及早部署、快速响应

　　从本次过程开始,省气象局领导一直在一线指挥预报服务工作,多次对天气过程的监测预报、预警发布、服务情况、部门联动等工作进行强调部署,及时向省委省政府及防汛抗旱指挥部等有关部门汇报情况,为各级政府指挥防汛决策当好参谋。鉴于台风强度不断增强,省气象局及时启动应急响应,随着防台形势的进一步严峻,响应级别逐级升高,7日16时将应急响应Ⅱ级提升为Ⅰ级,全力做好气象服务工作。

　　(2)多渠道、广覆盖预警信息 传播显实效

　　浙江省气象服务中心多措并行,充分利用各种资源和渠道发布"海葵"预报预警信息,启动手机全网发布、创新服务手段,服务中心此次对台风的气象信息发布覆盖面之大、发布频次之多、服务之快捷、服务信息量之大都是以前少有的。

　　(3)需充分发挥部门联动和基层防灾减灾体系作用

　　在"海葵"过程中,联合多部门进行全民防台抗台发挥了重要的作用,"政府主导,部门联动,社会参与"的气象防灾减灾指导思想在此次台风防御中得到充分体现,并收到了很好的效果。因此,在以后防御重大灾害天气的过程中,需继续发挥各部门联动的作用。此外,通过多年气象灾情资料进行分析,不难发现气象灾害损失主要发生在基层和弱势群体,气象防灾减灾的薄弱环节在基层,没有完全实现气象灾害预警联动联防。目前还有相当多的基层应急人员对预警信号含义、相应防御措施和服务产品的应用不太了解,建议气象部门协助对基层应急人员分层次进行全面培训,普及气象防灾减灾知识,增强基层的防灾意识和防御组织、处置

能力。

（4）加强专业服务产品的研发力度

近年来，公众气象服务蓬勃发展，服务产品和手段越来越丰富、完善，天气预报可谓"家喻户晓"。在加强公众气象服务的同时，浙江省气象局也不放松专业专项气象服务用户的拓展，但目前面对各行各业新用户，气象部门的专业服务产品显得较为匮乏，与用户实际需求还有一定的差距，如海洋气象服务、旅游气象服务等，所以气象服务在大力加强决策服务、公众服务的基础上，应研发更多的气象服务产品，使气象服务惠及广大民众和各行各业，才能使气象服务步入持续发展的健康轨道。

（5）建立健全的社会评价反馈机制

针对此次台风过程，气象部门预报服务及时、信息可谓"铺天盖地"，社会关注度极高，气象部门从声讯、微博、媒体等各渠道收到的反馈信息中，发现公众对气象预报、服务的质疑声很少。但是，这并不能说明气象部门的服务就是十全十美了，实际上公众对气象部门的抱怨声并没有减少。因此，气象部门需建立专门的气象服务评价渠道，及时了解公众对气象工作的真实想法，主动收集反馈意见并进行总结，给出有建设性的建议，有针对性地改进气象服务工作，使气象服务真正发挥实效。

2012 年 8 月 7—12 日江西省
强台风"海葵"天气过程气象服务分析评价

王艳霞[1]　　汪如良[1]　　朱星球[2]　　胡菊芳[3]　　刘晓晖[4]

(1 江西省气象服务中心;2 江西省气象台;3 江西省气候中心;4 江西省气象局,南昌 330046)

摘　要　2012 年第 11 号强台风"海葵"(以下简称"海葵")进入内陆后环流减弱慢,影响江西时间长,大暴雨范围广,强降水集中,累计雨量大。受"海葵"环流影响,赣东北出现了大暴雨过程,先后有 19 县(市)出现大暴雨,4 县(市)出现特大暴雨,过程雨量最大达 666.3 mm,出现在庐山植物园;景德镇、鹰潭、上饶市平均降雨分别达 433.7 mm、237.0 mm、210.0 mm。"海葵"是近 5 年来在江西致灾最严重的台风,强降雨致使赣东北部分地方发生洪涝、内涝或地质灾害。由于在省委、省政府领导下,各地、各部门迅速响应,防灾措施及时到位,紧急转移危险地带的群众,使财产损失降到了最低限度,无人员伤亡报告。

1　概述

受"海葵"影响,2012 年 8 月 7—12 日江西省出现了明显降雨过程,7 日 8 时—12 日 8 时全省平均降雨 91.4 mm,强降水主要出现在赣东北,强降雨时段主要出现在 9—10 日,先后有 19 个县(市)出现大暴雨,浮梁、景德镇城区 6 h 雨量达 177.8 mm。有 28 个县(市)累计雨量超过 100 mm,以庐山 533.4 mm 为最大,景德镇城区、庐山、乐平出现特大暴雨,日雨量以浮梁 397.2 mm 为最大,景德镇城区 387.1 mm 次之。设区市平均降雨量以景德镇市 433.7 mm 为最大。景德镇、乐平、庐山、余干和万年刷新日降水量极值,婺源、余干、万年、弋阳、横峰和贵溪等县(市)日雨量刷新历史本月极值。

另据中尺度加密自动气象站观测,期间共有 33 县(市、区)的 396 个站点累计雨量超过 100 mm,其中有 20 县(市、区)的 123 个站点超过 250 mm,庐山植物园、仰天坪、大月山水库,景德镇市吕蒙乡、何家桥,万年汪家乡新建村等 6 个站点超过 500 mm,以庐山植物园 666.3 mm 为最大,景德镇市吕蒙乡 592.5 mm 次之。6 h 雨量以万年县汪家乡新建村 274.4 mm 为最大,24 h 雨量以景德镇市吕蒙乡 466.9 mm 为最大。

8 月 7 日开始江西省北部地区风力加大,截至 12 日 8 时,全省有 55 县市的 129 个站点出现 7 级以上大风。

2　灾情及影响

2.1　灾情

"海葵"导致赣东北出现区域性的暴雨、大暴雨过程,造成城乡内涝和山体滑坡等灾害。据江西省民政厅统计,"海葵"台风造成景德镇、九江、上饶、鹰潭、抚州和南昌 6 市 192.9 万人受灾,紧急转移安置 26.6 万人,农作物受灾面积 12.7 万 hm²,全省直接经济损失 32.9 亿元。尤其以景德镇市灾情最为严重。"海葵"台风对江西造成的灾害影响程度为严重等级。

2.2　影响

对农林牧渔业的影响。景德镇、上饶、鹰潭、九江四市和抚州市局部县市出现强降水,导致部分田块受淹严重,部分田块出现渍涝,中晚稻、棉花等作物生长受影响,部分农作物因山洪暴发而被摧毁,对中晚稻产量有明显不利影响,局部地方因灾减产粮食明显。全省因洪涝灾害导致农作物受灾面积 12.7 万 hm²,农业直接经济损失 8.8 亿元。以上饶和景德镇两市受灾最为严重。

景德镇市农作物受灾面积 30.9 千公顷,其中绝收面积 11.8 千公顷,直接经济损失 25341 万元;上饶市农作物受灾面积 73.6 千公顷,其中绝收面积 15.7 千公顷,直接经济损失 53506.3 万元。

图 1　景德镇浮梁县东河两边大量农田被淹

对水利设施的影响。受此影响,流经景德镇的昌江乐安河 11 日起全线超警戒水位。11 日 05:40,昌江渡峰坑站洪峰水位 32.29 m,超警戒 3.79 m;18:16,乐安河虎山站洪峰水位 29.16 m,超警戒 3.16 m。此外,至 11 日 8 时,长江彭泽段水位 18.31 m,超过警戒水位 0.11 m。鄱阳湖湖区水体面积 3944 km²,容积 201 亿 m³。截至 11 日 8 时,江西省有 1 座大型水库、13 座中型水库超汛限。

景德镇市:损坏小型水库 8 座;损坏堤防 116 处 14.20 km;堤防决口 2 处 2.6 km;损坏护岸 954 处;损坏水闸 511 座,损坏塘坝 485 座,损坏灌溉设施 1416 处,损坏机电井 60 眼,损坏水电站 5 座,损坏机电泵站 116 座,水利设施直接经济损失 18934 万元。

对工业、交通运输业的影响。连续强降水导致景德镇市铁路水漫钢轨,极易引发铁路线路和沿线山体的地质灾害。8 月 10 日凌晨 5 时开始,南昌铁路局对皖赣铁路进行线路封锁抢修,导致当天大部分列车停运;此外强降水导致赣东北公路被水淹没,庐山景区公路大面积塌方,公路交通中断。据不完全统计,因灾导致全省工业、交通运输业直接经济损失达 9.4 亿元。

图2　庐山南山公路出现较大塌方　　　　　　　图3　庐山南山园门约100 m处一水渠
　　　　　　　　　　　　　　　　　　　　　　被冲毁造成水漫公路影响交通

对旅游的影响。受"海葵"影响,庐山连续三天降大暴雨,庐山景区主要公路出现较大塌方,水利设施损毁,庐山风景区的五老峰、石门洞、三叠泉、大口瀑布景区临时关闭三天,短期对旅游影响较大。

对居民生产生活的影响。连续强降水导致城市、乡村被淹,居民被洪水围困,乡村房屋倒塌,给受灾地居民的生产生活造成极大不便。受"海葵"台风影响,全省受灾人口192.9万人,紧急转移安置人口达到26.6万人,倒塌房屋1828间,损坏房屋3133间。其中景德镇市57.7万人受灾,紧急转移安置人口23.1万人;景德镇市珠山区,城市受淹15 km²,淹没历时55 h,主要街道最大水深3.5 m。

图4　景德镇臧湾乡寿溪村徐家组村民房屋被冲倒

3　致灾因子分析

3.1　"海葵"环流减弱慢,影响江西时间长

从8月7日开始,受"海葵"环流影响,赣北风力加大,庐山出现7级大风(14.8 m/s)。"海葵"中心于8日20时进入安徽省并在该省境内停留,并逐渐减弱为热带低压,低压环流到11日仍然维持。8日晚开始,赣北降水开始加大,截止到12日8时降雨明显减弱,"海葵"对江西

风雨影响时间长达 5 d,其中强降雨时间长达 60 h。

3.2 短时间内台风影响频繁,间隔短

2012 年第 9 号台风"苏拉"对江西的风雨影响于 8 月 5 日结束,8 月 7 日"海葵"开始影响江西。两个台风影响江西仅间隔 2 d,历史罕见。

3.3 台风大暴雨范围广

受"海葵"影响,全省平均降雨 91.4 mm,赣东北包括景德镇、上饶、鹰潭三市和南昌、九江两市东部及抚州市东北部全区出现暴雨或大暴雨。与近 5 年对江西影响比较大的几个台风相比,"海葵"大暴雨范围广。

表 1 "海葵"与近 5 年对江西影响比较大的台风比较

	影响时间(天)	大暴雨县市(个)	特大暴雨县市(个)	平均降雨(mm)	累计最大(mm)
2012 年"海葵"	5	31	14	91.4	666.3
2012 年"苏拉"	2	29	2	45.7	337.7
2011 年"南玛都"	4	4	0	33	177.5
2008 年"凤凰"	3	25	1	64.9	328.3

3.4 赣东北强降雨集中,局地灾害较重

强降雨主要集中在赣东北,景德镇市平均降雨量最大,为 433.7 mm,鹰潭 237.0 mm 次之,上饶 210.0 为第三。浮梁县城、景德镇城区、乐平市区出现特大暴雨,浮梁日雨量达 397.2 mm,景德镇城区达 387.1 mm,景德镇城区 6 h 雨量就达 177.8 mm。景德镇、乐平二市 8 月 10 日日降水量超有气象记录以来最大值,全省还有 6 个县(市)日降水量超 8 月份极值,分别是婺源、余干、万年、弋阳、横峰和贵溪。强降雨致使昌江、乐安河水位一度全线超警戒,景德镇、上饶、鹰潭部分地方出现洪涝、内涝,局地灾情较重。

在此次灾害中,尤以景德镇市灾情最为严重。景德镇市处赣东北喇叭口地形中,使得台风带来的降水强度大、持续时间长、范围广。受"海葵"影响,庐山连续三天降大暴雨,再加上护坡长年风化松动,导致庐山景区主要公路出现较大塌方;山洪将水渠底部掏空,导致水渠被毁,水利设施损毁严重。

4 预报预警

4.1 预报预警准确性

8 月 5 日中午的文字预报中就已经指出 8 日晚—10 日受第 11 号热带气旋"海葵"影响,江西省有一次较明显的降水过程,局部有暴雨。6 月做出了订正预报:8 日晚—10 日受第 11 号强热带风暴"海葵"外围影响,江西省有一次降水过程,其中赣东北部分有中到大雨,局部有暴雨。8 月 8 日 03:20,强台风"海葵"在浙江省象山县鹤浦镇沿海登陆。省台根据登陆后的情况进一步订正预报:受其影响,江西省北部风力加大到 4~5 级,赣北赣中江湖水面、平原河谷阵风 7 级;未来三天赣北有一次小到中阵雨或雷雨天气过程,其中赣东北部分地区有中到大雨,局部有暴雨,个别地方有大暴雨;赣中赣南阴天多云有阵雨。全省雷雨来时,局地伴有强雷电和短时强降水。

针对此次过程,江西省气象台加强上、下级的会商,加强和中央气象台的沟通,参加加密会商,加强了和地市台的沟通,在全省天气会商中,明确指出以此次过程为会商重点。省台对这次过程较准确地预报了降水的量级,对于暴雨、大暴雨落区相对于实际的雨况略微偏西北。在暴雨报告中还进一步指出了强对流天气的发生,提醒广大群众注意加强防范强对流天气所带来的影响。

针对预报降水落区的偏差,主要原因是预报员对数值预报结果的订正能力把握不足。我们将在今后的工作加强对数值预报的检验,不断积累对数值预报的订正能力。省气象台提前预报,并不断修正预报结论,降水强度把握准确,取得较好的服务效果。

4.2　预报预警及时性

针对"海葵"可能对江西带来的影响,江西省气象部门加强会商,密切监视天气变化。8月6日,省气象局对防御热带风暴"海葵"做出部署,要求全省各级气象部门保持警惕,加强领导带班和值守,全力做好防御"海葵"的各项工作。

为应对这次台风过程可能带来的影响,暴雨天气过程中,江西省气象台不断跟踪发布和更新预报预警,2 d之内共对外及时发布8次暴雨预警信号,其中暴雨橙色预警1次,暴雨黄色预警4次,暴雨蓝色预警3次;各县市气象台站发布暴雨预警信号76次,其中景德镇、庐山、乐平、彭泽等市(县、区)气象台发布了暴雨红色预警信号。8月9日10:12发布了暴雨蓝色预警信号,14:51更新暴雨蓝色预警信号,20:08继续更新暴雨蓝色预警信号,均提前实况1~3 h。8月10日05:40发布暴雨黄色预警信号,提前实况0.5~1 h,08:40发布暴雨橙色预警信号,提前实况0~0.5 h,11:40发布暴雨黄色预警信号,17:40更新暴雨黄色预警信号,22:40更新暴雨黄色预警信号,均提前实况3~6 h。

4.3　预报预警发布传播

自8月7日以来,针对第11号热带风暴"海葵",江西省局按照每天一期的频率连续编报三期台风专报,向省委省政府和有关部门提供实时监测预警信息。向新闻媒体发布台风新闻通稿2次,社会公众发布预警5次,发送手机预警短信500万人次。8月9日17:30,江西省九江、上饶、景德镇、鹰潭、抚州及所辖各县(市、区)气象局,省局直属各业务单位,省局应急办进入Ⅳ级气象应急响应状态。8月10日上午,江西省再次开启重大气象灾害预警信息发布"绿色通道",联合移动、电信、联通等通信运营商向暴雨影响区域免费全网发布强降雨预警信息。各县市气象台站发布暴雨预警信号76次。

还通过中国气象频道本地化节目不间断插播气象灾害预警信号、降水实况、地质灾害等级预报;加强与媒体合作,在江西省卫视、江西交通广播电台、省人民广播电台、省农村科教频率等媒体滚动插播各类预警信息200多次;且电话多次联系省内各大型水库告知面雨量预报和未来天气形势,还电话联系平安保险、省保险公司等专业用户,提醒用户对此次过程做好防范措施。期间12121拨打量为11万多人次,特别是10日拨打量比本月日平均16853次增加5555%;中国天气网及江西气象网浏览量为128万人次。

5　气象服务特点分析

5.1　过程预报较准

针对"海葵"可能对江西的影响,江西省气象部门加强会商,密切监视天气变化,从8月7

日开始逐日向省领导及有关部门报送《气象呈阅件》:"海葵"影响分析专报,并一直咬住"赣东北有大暴雨"不放松。9日上午在再次组织省台各位首席进行会商后,决策服务材料专报(三)再次明确指出:过程总雨量赣东北70～100 mm,局部200～300 mm。

5.2　服务主动及时

8月7日开始,省气象局按照每天一期的频率连续编报《台风专报》,向省委省政府及有关部门提供实时监测数据和预报预警信息。8月9日报送的第三期《专报》对强降雨区域及降雨量做出明确预报。

8月9日17:30,省气象局启动重大气象灾害Ⅳ级应急响应,全力迎战"海葵"。同时将与国土部门联合发布的气象—地质灾害预警由黄色上升到橙色。在接到气象部门的预报信息后,江西省防总、省减灾委、民政厅、省交通运输厅也相继启动了应急响应。8月6日中午12时,省防总启动防汛Ⅳ级应急响应,要求各地和防汛部门按照职责分工和有关规定,做好应对工作。8月9日13时,省防总将防汛应急响应级别由Ⅳ级提升至Ⅲ级。

公众服务同样紧凑,省气象台9—10日先后发布暴雨蓝色、黄色、橙色预警信号共6次,通过新闻媒体向公众发布"海葵"影响3次。各县市气象台站发布67次暴雨预警信号。在省级广播电台、电视台滚动插播台风预警信息200多次,发送手机预警短信500万人次。8月10日上午,江西省再次开启重大气象灾害预警信息发布"绿色通道",联合移动、电信、联通等通信运营商向暴雨影响区域免费全网发布强降雨预警信息。

在此次受"海葵"影响、降雨量较大的庐山和景德镇,气象部门也为当地党委政府和公众提供了及时的服务。庐山气象局在9日7时发布了暴雨橙色预警之后,又在18:30,雨量突破200 mm之时,将暴雨预警级别升至最高红色,提请各相关部门、单位、居民及来山游客,采取一切必要的防御措施,严防地质灾害及其他次生灾害的发生。庐山防汛抗旱指挥部也同时立即将防汛应急Ⅳ级响应上升至Ⅲ级。当地有关部门已经转移了部分处在危险地段的人员,对芦林湖等水库采取开闸泄洪的应对措施,临时关闭了石门涧、三叠泉等部分水景景区。

景德镇市气象局在8月8日和9日,连续两天向全体市民发布暴雨预报手机短信。在9日10:35发布暴雨蓝色预警信号,随后的18 h内,暴雨预警"连升三级",从黄色预警到橙色预警,直至最高等级的暴雨红色预警信号。8月10日上午,景德镇市局联合当地国土部门发布了Ⅱ级地质灾害预警。同时,市局领导坚持早晚两次向当地党委、政府和相关部门通报天气实况及预报情况。

5.3　政府领导高度重视　迅速防御做在前

8月6日上午,国家防总召开全国防汛电视电话会。会后,省防总随即召开会议部署防御11号热带风暴"海葵"工作,省防总总指挥、副省长姚木根做了重要讲话。

姚木根强调,一是充分认识台风防御工作的重要性。对11号热带风暴"海葵"可能造成的灾害高度重视,全力以赴做好各项准备工作,努力做到"不死人、不失踪、少伤人"和"不倒堤、不垮坝、少倒房"的目标,最大程度地减轻灾害损失。二是要加强预测预报。气象部门加强台风预测预报,加强与中央气象台、邻省气象台联合会商,充分利用社会传媒发布预报预警信息,提醒全社会防范11号热带风暴"海葵"袭击。三是加强重点部位防控。加强水库、交通、地质灾害和中小河流等重点部位的防范工作。

6　社会反馈

6.1　决策服务效果

针对"海葵"可能对江西的影响,气象部门加强会商,密切监视天气变化,8月6日上午,省防总成员会上省气象局提供了预报:登陆后"海葵"将向北偏西方向移动,其外围可影响我省。从8月7日开始逐日向省领导及有关部门报送《气象呈阅件》:"海葵"影响分析专报,截至8月9日共发布3期专题服务材料。期间,每天早晨通过气象部门短信平台为省、市、县党政领导、防汛部门责任人、气象信息联络员、气象信息员等发送过去一天的实况降水时空统计分布、服务情况、未来天气预报等信息。

江西省委省政府领导高度重视"海葵"的防御工作,时任省委书记苏荣通过多种途径多次询问降雨情况。省长鹿心社,省委副书记、时任省纪委书记尚勇,省防总总指挥、副省长姚木根分别对有关防汛工作做出重要指示。各地各部门按照省领导指示要求,迅速响应积极迎战"海葵"。8月6日,省防总启动防汛Ⅳ级应急响应。在接到气象部门的预报信息后,8月9日13时,省防总将防汛应急响应级别由Ⅳ级提升至Ⅲ级,省减灾委、民政厅、省交通运输厅也相继启动了应急响应。

气象部门强化决策气象服务,为防台减灾提供了决策建议。针对"海葵"可能对江西带来的影响,江西省气象部门加强会商,密切监视天气变化。省气象局按照每天一期的频率连续编报《台风专报》,向省委省政府及有关部门提供实时监测数据和预报预警信息。由于在省委省政府领导下,各地各部门迅速响应,防灾措施及时到位,紧急转移危险地带的群众,使财产损失降到了最低限度,目前无人员伤亡报告。

6.2　公众评价

此次过程,气象部门向通过广播电视、手机短信、电子显示屏、传真、电子邮箱、"12121"语音信箱、网络、微博、智能手机等现代化手段为社会公众发布天气情况,且通过江西日报、江西卫视等新闻媒体向社会公布台风预报信息,由于预报准确、服务及时主动,为公众的生活提供了科学的气象参考,得到公众的肯定和赞誉。

6.3　媒体评价

由于2012年第11号强台风"海葵"给江西带来的影响"超历史记录",从8月7日起以每天一期的频率连续编报《台风专报》,向省委省政府及有关部门提供实时监测数据和预报预警信息。每天向新闻媒体发布台风新闻通稿2次,社会公众发布预警5次,在省级广播电台、电视台滚动插播台风预警信息200多次,记者们纷纷表示此次过程省气象部门及时、准确地提供了大量的新闻通稿。

7　思考与启示

通过此次强台风"海葵"给江西带来的影响,取得了很多的成功经验,如:省气象台提前预报,并逐日开展跟踪服务,不断修正雨量落区预报,降水强度把握准确,取得较好的服务效果,及时准确预报"海葵"路径、时间及可能影响范围,为各地各部门的防御工作提供参考依据。

气象部门强化决策气象服务,为防台减灾提供决策依据。针对"海葵"可能对江西带来的影响,江西省气象部门加强会商,密切监视天气变化。8 月 6 日,省气象局对防御"海葵"做出部署,要求全省各级气象部门保持警惕,加强领导带班和值守,全力做好防御"海葵"的各项工作。8 月 7 日开始,组织省台各位首席对"海葵"影响进行仔细研判,加强预报会商;省气象局按照每天一期的频率连续编报《台风专报》,向省委省政府及有关部门防御"海葵"提供实时监测数据和预报预警信息。

加强公众气象服务,及时发送预警信息。省气象台 9—10 日先后发布暴雨蓝色、黄色、橙色预警信号共 8 次,通过新闻媒体向公众发布"海葵"影响新闻稿 3 次。各县市气象台站发布暴雨预警信号 76 次,其中景德镇、庐山、乐平、彭泽等市(县、区)气象台发布了暴雨红色预警信号。在省级广播电台、电视台滚动插播台风预警信息 200 多次,发送手机预警短信 500 万人次。8 月 10 日上午,江西省再次开启重大气象灾害预警信息发布"绿色通道",联合移动、电信、联通等通信运营商向暴雨影响区域免费全网发布强降雨预警信息。

但还存在以下不足:

(1)气象科普和安全知识宣传工作有待于加强,公众的防范气象灾害以及灾害来临时的避险意识有待于提高。

(2)定量和定点的精细化预报仍然不足,虽然能够提前做出准确的预报,但对降水强度和落区精细度的预报还有很大距离。

(3)继续加强与外部门之间的联动,实现雨情、灾情、水情信息的互通与共享。

2012年8月16—20日四川省
暴雨天气过程气象服务分析评价

章尔震[1]　　朱晓葵[1]　　武友初[2]

(1. 四川省气象局,成都 610072;2. 泸州市气象局,泸州 646000)

摘　要　2012 年 8 月 16—20 日,四川省自西向东出现了一场暴雨天气过程,强降雨主要集中在"5·12"地震极重灾区,引发了严重的山洪、泥石流和滑坡,造成 20 个县市区 60 余万人受灾。由于提前发布了较为准确的气象预报预警信息,及时启动应急响应,政府和各级相关部门积极联动和有效应对,紧急转移安置 2 万余人,尽管遭受了严重的经济财产损失,但是最大限度地减少了人员伤亡。

1　概述

　　2012 年 8 月 16—20 日,四川省出现较大范围的暴雨天气过程,暴雨区主要是在成都、雅安、绵阳、乐山、眉山、宜宾、阿坝、遂宁、南充、达州、巴中等地。据全省 156 个县级气象站点雨量资料统计,共有 23 个县降了暴雨,江堰市、峨眉山市、芦山县降了大暴雨,有 6 个站的降水量达到洪涝标准。九寨沟、汶川、宝兴、宜宾县等 4 个站日降水量创历史同期最大值。

　　本次降雨过程雨量大,8 月 16 日 8 时—20 日 8 时,超过 250 mm 的有 42 个站,100～250 mm 的有 181 个站,50～100 mm 的有 407 个站,暴雨站占了 24.44%,最大过程雨量为绵阳安县老望沟 380.7 mm(见图 1);雨强大,小时雨量超过 50 mm 的有 52 个站,25～50 mm 的有 185 个站,最大小时雨量为绵阳安县高川 100.2 mm。10 min 最大降雨量出现在资阳简阳福田镇 34.2 mm;雨带分明,16 日 20 时—18 日 8 时,雨带为西北—东南走向,主要集中在地震极重灾区,随后就逐渐向东移动,影响盆地中部、东部。

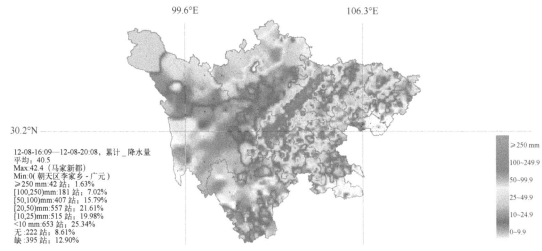

图 1　四川 8 月 16 日 8 时—20 日 8 时过程雨量图(含区域站)

2　灾情及影响

　　8 月 17—18 日,强降雨致使四川省部分地区遭受洪涝、泥石流灾害。截至 20 日 11 时统计,全省有成都、德阳、绵阳、眉山、雅安和阿坝等市州 20 个县市区 62.5 万人受灾,紧急转移安置 2.5 万人,死亡 3 人,失踪 10 人;倒塌房屋 200 户,农作物受灾面积 4.44 千公顷,减产粮食 0.31 万吨;公路中断 143 条次,供电中断 33 条次,通讯中断 6 条次;损坏水电站 13 座,损坏堤防 98 处 20.59 km;沱江上游绵远河、支流石亭江、湔江、涪江支流睢水河、凯江出现了超警戒或超保证水位,造成沿江城镇、低洼地区进水受淹。暴雨造成直接经济损失 23 亿元,按照气象灾害评估分级处置标准,本次暴雨灾害属特大型灾害。

　　成都市:8 月 17 日晚,彭州市沿龙门山地区遭遇泥石流袭击,多条道路、桥梁、房屋受损,通济大桥 3 号桥墩基础损坏严重。银厂沟风景区是此次泥石流的影响核心区域,失踪 2 人,转移游客 8000 余人、村民 2000 余人。18 日凌晨,青城后山普降暴雨,受大风雷击影响,电力设施被破坏,导致景区大面积停电、索道停用。青城后山飞泉沟、五龙沟两处上山通道被临时封闭。

　　德阳市:8 月 17 日晚,什邡、绵竹等地的强降雨引发山洪泥石流灾害。造成绵竹、什邡两市 30 个乡镇不同程度受灾,倒塌、损毁房屋近 200 间,水利工程受损 40 余处。什邡市 600 余亩农作物受灾,10 余条公路约 150 km 受损,50 m 堤防被冲毁,紧急转移疏散群众 4800 余名;红白镇五桂坪村五组岳政蒲一家被泥石流掩埋,1 人遇难 3 人失踪;石门村 6 组 2000 余村民及游客被山洪围困。绵竹市清平乡幸福家园被淹 1 m 多深,汉清路多处发生险情,紧急转移疏散群众 1000 余人。

　　绵阳市:绵阳市北川、安县、平武 3 县 20 个乡镇受灾,受灾人口 6.2 万余人,紧急转移 3700 余人。安县高川乡 17 日 24 时左右因强降雨引发山洪,致 1 人死亡、3 人失踪。全市直接经济损失超过 1 亿元。

图 2　2012 年 8 月 16—20 日四川省暴雨致灾现场图片

　　雅安市:18 日凌晨,宝兴县普降暴雨,持续 4 个多小时,导致穆坪镇(县城所在地)、灵关镇、大溪乡发生严重的次生灾害。6 个乡镇 16834 人受灾,转移安置 6615 人,2 人失踪;造成直接经济损失达 1.95 亿元。省道 210 线以及县乡村公路部分路段损毁,损坏 12.3 km 堤防,20 座变电设施、2730 m 光纤线路受损,2 座提灌站和铁索桥损毁。穆坪镇冷木沟处泥石流方量高达 27 万 m³,导致省道 210 线 288 km 加 300 m(县城冷木沟大桥)处短时间内无法恢复通行。

阿坝州:8月17日20时—18日5时,汶川县境内遭受强降雨,造成国道213线汶川至映秀多处路段发生垮塌和泥石流,国道213线2012年汛期首次中断,有800辆车滞留在汶川境内,约2100人出行受到影响,未造成人员伤亡。

3　致灾因子分析

(1)持续的强降雨天气过程是造成本次过程的气象因素

受低层东南风在盆地西部的地形抬升作用,在高原低槽和冷空气的共同作用下,16日开始,四川盆地西部沿山一带出现了大到暴雨,暴雨中心位于盆地西北部和雅安、甘孜州北部、阿坝州北部;18日开始,暴雨区向盆地东北部移动,使川东北地区的南充、巴州、达州等地也出现了暴雨天气过程。持续的强降雨在降雨区,特别是"5·12"地震极重灾区,引发了严重的山洪、泥石流和滑坡。

(2)地震灾区地质疏松使盆地周边一带都成了地质灾害易发区

"5·12"地震后,地震灾害的地质面貌进一步被破坏,形成了四川省存在3万多个地质灾害隐患点的情况,一旦遇到较强的降水过程,极易引发严重的山洪、泥石流和滑坡。

4　预报预警

4.1　预报服务情况

8月9日开始,四川省气象台就对此次过程进行关注,经过多次与中央台会商,过程中根据天气变化,不断更新预报暴雨的强度和落区,预报的暴雨开始期和移动趋势与实况一致,暴雨预报落区和强度与实况基本吻合。

中期预报:8月9日下午,四川省气象台与中央气象台旬报会商开始关注此次过程。10日上午,中期对本次过程进行了旬报、周报的会商讨论指出"17—19日,我省大部地方还有一次强降水天气过程"。14日,省气象台不定期会商讨论一致认为"8月17—19日我省将有一次明显的雷阵雨天气过程,盆地部分地方及凉山州和攀枝花市雨量可达大雨到暴雨,甘孜、阿坝两州的部分地方有中到大雨"。15日,在中央气象台早间视频会商中指出近期的服务重点需关注"17—18日我省强降水过程的预报与服务"。

预报地震重灾区暴雨:16日15:30,综合会商意见认为"18日因低层东南风在盆地西部的地形抬升作用下,盆地西部沿山一带有大到暴雨,暴雨中心位于盆地西北部和雅安、甘孜州北部、阿坝州北部,18—19日西部及南部有暴雨,19—21日大到暴雨,发暴雨蓝色预警"。17—20日中央气象台早间视频会商中,针对17—20日四川出现强降雨、强对流天气与中央气象台首席进行了会商讨论,根据最新的监测、预报资料及时更新、订正了西南地区的强降雨落区预报。18日15:30,会商讨论意见认为,"受东风波的影响,西部沿山一带特别是地震灾区以及凉山州和攀枝花地区发生强降水的可能性较大"。19日08:30,盆地强降水已趋于结束。

预报雨带向东转移:8月19日15:30,会商讨论认为"除广元、绵阳西部、成都西北部外,形势有利于盆地中部和南部的降水,发暴雨蓝色预警"。16:20,四川省气象局发布维持Ⅲ级暴雨应急响应的命令。16:30,发布第32期暴雨蓝色预警指出"预计8月19日20时—21日8时,我省有一次中雷阵雨天气过程,雷雨时有短时阵性大风,绵阳、德阳、成都、雅安、乐山、眉

山、宜宾、泸州、自贡、内江、资阳、遂宁、南充、巴中 14 市的部分地方有暴雨,局部地方雨量可达
100 mm 以上,甘孜州北部、阿坝州有中到大雨,局部暴雨。"20 日 18:10,盆地强降水结束。

4.2　预报预警准确性、及时性

实况表明,此次过程预报效果较好。

(1)落区预报区域成都、德阳、绵阳、眉山、雅安、阿坝等市州与实况出现区域相符程度达
到 90%。

(2)落区预报强度与实况强度相符程度达 80%。

(3)提前 4~7 d 正确预报出该次天气过程。

(4)站点预报准确率的 24 hTS 评分为 0.101。

(5)暴雨主要落区的成都和绵阳预警发布时间的平均提前量为 3~6 h,德阳预警发布时间
的平均提前量是 1~3 h。

4.3　预报预警发布传播

四川省各级气象部门都严格按照规定及时发布暴雨蓝色、黄色预警和预警信号。

四川省气象台先后发布 2 次暴雨蓝色预警和 1 次黄色预警、7 次暴雨黄色预警信号、4 次
雷电黄色预警信号。16 日 16 时,省气象台提前 6 h 发布暴雨蓝色预警,明确指出"8 月 16 日
20 时—18 日 8 时,盆地西部和川西高原将有一次雷阵雨天气过程。"17 日上午 11:00,由于降
水强度较大,且影响到地震灾区,四川省气象局启动Ⅲ级暴雨应急响应。19 日 16:30,省气象
台发布第 32 期暴雨蓝色预警,指出预计 8 月 19 日 20 时—21 日 8 时,四川省有一次中雷阵雨
天气过程,雷雨时有短时阵性大风,20 日 18:10,考虑到盆地强降水已结束,解除 19 日 16 时发
布的第 32 期暴雨蓝色预警,8 月 21 日上午 08:30,四川省气象局解除Ⅲ级暴雨应急响应。

成都市气象局共发布 18 次暴雨消息、21 次暴雨橙色预警信号、27 次地质灾害气象预报、
气象信息快报 60 多期。预警发布时间平均提前 3~6 h。

绵阳市气象局共发布或更新暴雨黄色预警信号 4 次、暴雨橙色预警信号 1 次、暴雨红色预
警信号 1 次。预警发布时间平均提前 3~6 h。

德阳市气象局共发布或更新暴雨黄色预警信号 9 次、暴雨橙色预警信号 2 次、暴雨红色预
警信号 3 次、雷电黄色预警信号 1 次。预警发布时间平均提前 1~3 h。

5　气象服务特点分析

(1)各级部门应急联动

四川省气象台 8 月 16 日 16 时发布暴雨蓝色预警,省气象局分管领导及时向省防办、省国
土厅、省应急办领导进行了通报,并且保持不间断联系,多次为其及时提供雨量和未来天气趋
势等。19 日,副省长钟勉在应急快报上批示:气象预报,20—22 日全省大部地方有大雨到暴
雨。请应急办加强与气象局衔接,及时、针对性地通知各地做好防灾避险工作。19 日 16:30,
省气象台再次发布暴雨蓝色预警,时任副省长魏宏批示:请应急办加强与气象局的衔接,及时、
针对性地通知各地做好防灾避险工作。省应急办商气象局后拟政府文件下发,要求有关各地
政府及相关部门切实做好灾害防御相关工作,各级部门联动有效启动。成都市防汛部门与成
都市气象局会商后还启动了蓝色应急预案。

16 日下午,彭州市和蒲江市率先发布《地质灾害气象预警》。随后,省气象局、成都、德阳、

绵阳气象部门和国土部门先后联合发布多期地质灾害气象预报,并且建议"相关区(市)县应禁止外来人员进入危险区域,并加强对山洪地质灾害隐患的巡查、监测,发现险情及时组织受威胁人员转移避让。"为转移抢险赢得了时机。18日,宝兴县冷木沟淤积泥石流27万方,再遇暴雨将威胁县城并可能形成堰塞湖。钟勉副省长了解灾情后,批示省防办和相关部门前往指导救灾;同时省水利抢险救灾工作组赶往绵阳、德阳灾区指导抢险救灾。

(2)应急响应情况

鉴于此次降雨过程雨强大、累计雨量大,又发生在地震极重灾区,并且降雨还将持续,省气象局于17日11时启动了Ⅲ级暴雨应急响应,各相关市(州)气象局、省气象局相关单位按照应急响应有关要求,开展气象服务工作。19日16:20,省气象局宣布维持Ⅲ级暴雨应急响应。21日08:30解除应急响应。

8月17日09:30,绵阳市北川、安县、平武、江油气象局和市气象局相关单位进入暴雨Ⅳ级应急响应状态,13时升级为Ⅲ级。17日11:40,德阳市气象局启动Ⅲ级防汛应急响应。17日12时,自贡市气象局启动暴雨Ⅲ级应急响应。17日15:50,眉山市气象局启动暴雨Ⅲ级应急响应。17日16时,广元市气象局启动Ⅳ级应急响应,遂宁市气象局19日启动Ⅳ级应急响应。成都市、资阳市、绵阳市、雅安市、内江市和阿坝州气象局都根据本地情况,进入了暴雨应急响应状态。

在应急响应期间,省气象局及时收集整理全省气象应急服务情况5期,每天报送中国气象局办公室和减灾司。省气象台和各市州气象局每天与国土部门开展紧急会商,并联合发布地质灾害气象预报,及时向应急、水利、防洪、交通等部门开展雨量现报业务。针对省应急办和国土部门对预报降雨量与落区的需求,制作专题材料和提供雨量现报服务,通过传真和短信发送到相关责任人,决策部门收到后立即根据预报预警信息开展群众疏散工作。

(3)气象服务情况

各级气象部门通过电视、广播、手机短信、网络、声讯电话、报纸、电子显示屏和气象信息员等渠道发布气象预报预警服务信息。具体情况为:通过电视插播和滚动字幕发布蓝色、黄色预警信号2次;广播滚动发布3次预警信息;手机短信发布共计400余万人次,覆盖影响区域总人口的5%,超过了定制短信的总人数约20%。声讯电话拨打量较平均量有所增加;气象信息员100%收到了短信,主要影响区域在5 min左右就在电子显示屏上发布了预警信息。

6 社会反馈

6.1 决策服务效果

16日晚—17日晚,暴雨和大暴雨主要集中在汶川地震极重灾区,造成了严重的山洪泥石流灾害。预报的暴雨开始期及暴雨移动趋势和实况一致,暴雨预报落区和强度与实况基本吻合。地方政府收到暴雨蓝色预警、暴雨雷电预警信号后,召开紧急会议2次,印发明传电报通知6份,全力应对暴雨洪灾,提前加固堤坝,转移安置受困群众,将洪灾损失降到最低,特别是安县、什邡、彭州、绵竹等县市,提前转移群众达到5000人以上,极大地减轻了暴雨造成的人员伤亡。

过程期间,地方党委、政府领导在决策服务材料上批示3次。22日,绵阳市委副书记、市长林书成在第6期绵阳气象专题报告上批示:在本次暴雨天气过程中,市气象局及时发出预警预报,有力的服务支持了我市北川、安县、平武的防汛抗洪工作。特别是为及时疏散转移群众、最大程度减少损失做出了巨大贡献!向同志们表示感谢!望继续做好气象服务工作。

21 日,时任省国土资源厅厅长宋光齐、副厅长徐志文一行奔赴北川、安县 7 个地质灾害点,实地检查指导绵阳市地质灾害防治工作。宋光齐对在这样严重的灾情下绵阳各个方面的处置情况十分满意和欣慰:"此次强降雨,是对灾后重建防灾能力的一次考验,绵阳市委、市政府高度重视,反应迅速,没有发生重大的群死群伤,值得肯定。"

6.2 公众评价

据调查,公众都能通过气象信息发布的各种渠道获得气象预警信息,在本次过程中,基层气象信息员和协管员发挥了重要作用,从该渠道获得气象预警信息的人员占到了总调查人数的 32%,比第二位的手机短信高出了 5 个百分点。公众基本都根据预警信息采取了一定的预防措施,气象服务满意率超过了 90%。

据省政府网:8 月 16 日以来,全省发生地质灾害 11 起,其中滑坡 2 起、崩塌 1 起、泥石流 8 起。强降雨期间,相关区域坚持地质灾害提前避让的做法,全省 34199 人实现主动避让,仅成都彭州市就有 14550 人安全转移,其中 2/3 为游客。据不完全统计,全省成功避险地质灾害 3 起,避免了 867 人因灾伤亡。

成都市国土资源局、成都市气象局 16 日开始连续发布地质灾害气象预报。请相关区(市)县做好危险区域群众的疏导撤出工作,对重要点位实施提前转移。17 日晚,彭州市沿龙门山地区遭遇 2005 年以来最大暴雨泥石流袭击,多条道路、桥梁、房屋受损,通济大桥 3 号桥墩基础损坏严重。17 日 17 时—18 日 20 时,当地共转移游客 8000 余人、村民 2000 余人。都江堰转移 2 万余人。

6.3 媒体评价

连日来,成都商报、华西都市报等报纸、媒体大幅刊登了各地抗灾抢险的情况。报道中,气象预报预警都处于显著的位置,防办、交通、国土等相关部门都根据气象预报安排抗灾抢险工作,充分体现了政府主导、部门联动、社会参与的精神。

据四川新闻网 18 日消息:"又讯 16 日 20 时—17 日 10 时,安县茶坪、晓坝、沸水、睢水、桑枣等沿山乡镇遭受暴雨袭击。由于预警超前,避险应急预案得当,在暴雨到来之前,安县就及时将山洪预警通过短信、高音喇叭等方式,传送到了山区乡镇村组的每一户村民。"

7 思考与启示

(1)准确预报、及时预警是气象防灾减灾的重要前提。此次暴雨天气过程预报准确,预警及时,为各级政府和相关部门安排部署抢险救灾赢得了时间。

(2)政府主导、部门联动、社会参与是气象防灾减灾的关键。这次暴雨致灾范围广、灾害严重、受灾群众多,由于气象预报预警准确,政府及相关部门组织有力,紧急转移安置有效,取得了很好的防灾减灾效果。

(3)积极开展暴雨诱发的中小河流洪水和山洪地质灾害试验业务,在决策气象服务中更有针对性,对绵阳、德阳、成都、阿坝等市地质灾害预防避险发挥了积极作用。

(4)针对四川省 3 万多个地质灾害点的严峻形势,省气象局将在提高全省精细化气象预报能力的基础上,进一步加强与国土、水利等部门的合作,开展分片区细化地质灾害风险评估,完善对不同山洪地质灾害区域的联动标准与响应措施,提升全省山洪地质灾害防御工作的针对性和有效性。

(5)科学的演练是防灾避灾的基础。2012年5月,四川省委、省政府统一组织开展了全省防灾救灾综合实战大演练,很好地锻炼了应急队伍,提高了应急响应能力,增强了群众主动避险意识,应对地质灾害能力得到了明显提升。

2012 年 10 月 24—29 日海南省
台风"山神"天气过程气象服务分析评价

胡玉蓉　　宋琳琳

(海南省气象局应急与减灾处,海口 570203)

摘　要　2012 年 10 月 24—29 日,受 2012 年第 23 号热带气旋"山神"(以下简称"山神")影响,海南省出现了大范围的强风雨天气,风雨过程集中在 26—28 日,西北部地区出现大到暴雨,其余地区普降暴雨到大暴雨,东南部内陆和西部沿海出现局地特大暴雨,其中有 14 个乡镇超过 300 mm,最大为保亭毛感乡 608.1 mm。南部沿海陆地普遍出现 10～12 级大风,最大为三亚崖城镇 33.4 m/s(12 级),南部近海海面上测得 13 级大风(三亚西鼓岛 38.4 m/s),其余沿海陆地和近海普遍出现 7～9 级大风。

"山神"使海南工农业、交通、水利、供电等遭受了较大的影响,全省直接经济损失 12.7 亿元,不过也给海南带来了充沛降水,有效增加了水库蓄水,缓解了前期出现的气象干旱。在"山神"强度最强、距离海南岛陆地最近的时候,正是 2012 年环海南岛国际公路自行车赛(以下简称"环岛自行车赛")进行最后比赛、准备举办闭幕式之时。面对重大灾害性天气影响、重大活动及灾后恢复等多重气象服务保障,海南省气象局提前发布准确预报,及时开展预警服务,加强上下联动、横向沟通,全面开展气象服务工作,使"山神"带来的损失降到了最低程度,同时保障了"环岛自行车赛"按时、顺利、精彩地闭幕。

本报告充分分析了在"山神"和"环岛自行车赛"服务过程中的天气监测、预报预警、决策服务、应急联动、保障服务等方面的工作、效果及存在的问题、拟解决措施,认为海南省气象局在对预报预警信息发布、决策气象服务等方面取得了显著成效,可为重大活动及秋季气象灾害服务提供参考和借鉴。

1　概述

2012 年 10 月 24 日 02 时,菲律宾以东洋面的热带云团加强为第 23 号热带风暴"山神",随后向西北偏西方向移动,25 日 17 时前后进入南海东部海面,26 日 05 时在中沙群岛东南方加强为强热带风暴,27 日 02 时在西沙永兴岛偏南方加强为台风,20 时在海南南部海面约 120 km 处加强为强台风。28 日 23:30 前后登陆越南南定省,登陆后沿海岸线东北行,强度逐渐减弱,29 日 13 时以热带风暴强度进入广西境内,15 时在防城港市减弱为热带低压,17 时停止编发(图 1)。

"山神"具有以下特点:一是前期路径稳定,移速先快后慢,后期路径右折。"山神"生成后在副高南侧西北偏西行,但在西沙群岛以东海面移速加快,平均时速超过 20 km,在向海南岛南部海面靠近时移速趋慢,平均时速降到 15 km 以下。进入北部湾北部海面后,副高西侧引导气流转为偏南,"山神"转向偏北,后又随着副高的减弱东退转为东偏北移动。二是强度强。热带风暴"山神"在进入南海后不断加强,51 h 后加强为强台风,实现了强度的"三级跳"。三是结构紧密,东侧的输入云带明显。与西南季风影响期间热带气旋的水汽来源不同,"山神"的

全国气象服务典型案例集(2011—2012)

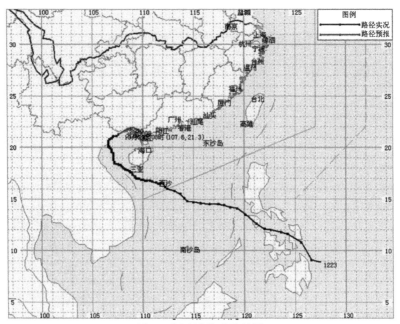

图1 "山神"移动路径图

水汽输送来自于副高西侧的南到东南风,以及低层变性高压与台风之间的东南急流。

受"山神"影响,26日08时—29日08时,海南岛西北部地区出现大到暴雨,其余地区普降暴雨到大暴雨,东南部内陆和西部沿海出现局地特大暴雨。总雨量超过200 mm的区域在西部沿海、中部、东部和南部地区,其中有14个乡镇超过300 mm,最大为保亭毛感乡608.1 mm(图2);另外,海南岛南部沿海陆地普遍出现10~12级大风,最大为三亚崖城镇33.4 m/s(12级),南部近海海面上测得13级大风(三亚西鼓岛38.4 m/s),其余沿海陆地和近海普遍出现7~9级大风(图3)。另外,三沙市永兴岛出现了100.2 mm的暴雨,最大风速20.4 m/s(8级)。

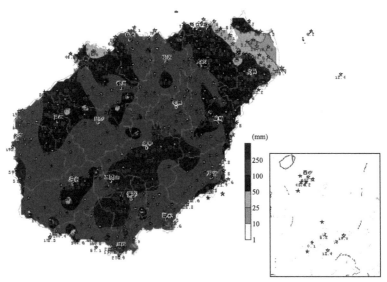

图2 "山神"海南岛过程降雨量图(10月26日08时—29日08时)

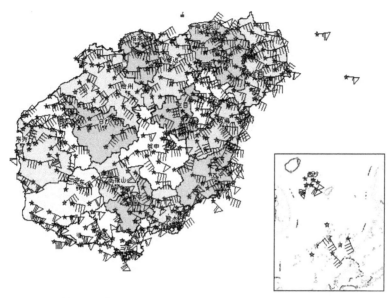

图 3 "山神"海南岛过程极大风向风速图(10 月 26 日 08 时—29 日 08 时)

2 灾情及影响

灾情:据海南省各市县民政部门统计,截至 10 月 30 日 18 时,全省有三亚、琼海、万宁等 15 个市县的 125 个乡镇受灾,受灾人口 126.6 万人,因灾死亡人口 1 人(三亚市),因灾失踪人口 6 人(三亚 5 人,保亭 1 人),紧急转移人口 5.2 万人,农作物受灾面积 44.7 千公顷、绝收面积 11.5 千公顷,倒塌房屋 727 间,一般损坏房屋 1213 间,严重损坏房屋 1320 间,直接经济损失 12.7 亿元。

不利影响:"山神"给海南交通带来了严重的影响,琼州海峡从 26 日 16:30 起,抗风能力不足 8 级及以下的客滚船停航,27 日 7 时开始全线停航,共造成近 2 万多名旅客和 2000 多辆汽车滞留;27 日海南东环高铁停止开行,粤海铁路全线停运。28 日 12 时,东环高铁恢复正常;29 日 10 时,琼州海峡开始复航,粤海铁路部分列车亦恢复运行,30 日 07 时全线恢复。27 日,三亚凤凰国际机场共取消航班达 140 架次,7595 名旅客受到影响,28 日上午恢复正常。

另外,27 日,三亚海上旅游娱乐项目全部关闭。

在整个影响过程中,全省电网受损严重,共影响用户 193200 户,30 日 14 时全部恢复供电。

有利影响:"山神"带来的强降水有效缓解了海南岛前期出现的旱情,全省水库有效增水 2.6 亿 m^3,能在今后较长一段时间内缓解因降水偏少可能导致的旱情。

3 致灾因子分析

本次过程造成灾情的主要原因是受热带气旋"山神"外围环流以及南下弱冷空气的共同影响,海南出现强降水、大风及龙卷风等天气。

27 日 17 时前后,琼海市博鳌镇东海村附近有强对流单体,同时在气象观测场东面有雷暴天气,导致龙卷天气发生。22 时前后,该镇一建筑工棚附近也发生龙卷风。

4 预报预警

10月22日上午,在向海南省委、省政府及省"三防"等决策部门报送的《重要气象信息专报》中对未来一周天气预测,省气象台做出了"26日前后在南海南部海面有热带云团活动"的初步预报。

24日02时,监测到位于菲律宾以东洋面的热带云团加强为热带风暴"山神",考虑到"山神"进入南海后将明显加强并较快对海南岛南部海区和西沙群岛造成影响,因此省气象台在其生成的9 h后(24日11时)即首次对外发布热带风暴消息。

25日15:30,省局启动热带气旋Ⅳ级应急响应;随后根据"山神"移动路径、强度、影响区域的变化,及时变更热带气旋预警及应急响应级别,直至29日20时影响全部结束(见表1)。

各市县气象局根据省台指导预报,结合当地实际情况,及时发布不同级别的台风、暴雨等预警信号。

表 1　"山神"过程海南省气象局预报预警情况一览表

预报、预警时间	预报提前量	预报、预警内容	省气象局启动应急响应时间及级别
22日上午	4 d	26日前后在南海南部海面有热带云团活动。	
24日11时—25日14时	2 d	24日11时开始发布热带风暴消息:"山神"将于25日白天进入南海,强度缓慢加强,请在南海南部和中部海域作业的过往船只注意避开大风影响区域。连续发布9次(24日11时、14时、17时、20时、23时、25日05时、08时、11时、14时)	25日15:30,启动热带气旋Ⅳ级应急响应机制。
25日17时—26日05时	1 d	25日17时开始发布强热带风暴警报:"山神"已进入南海东南部海面,未来24 h内,将向西北偏西方向移动,强度缓慢加强,逐渐向本岛南部海面靠近。连续发布4次(25日17时、20时、23时、26日05时)	
26日08—23时		26日08时开始发布强热带风暴警报:强热带风暴"山神"将于27日白天从距离本岛100～150 km的南部海面经过,26—28日将给我省带来一次较为严重的风雨过程。连续发布6次(26日08时、11时、14时、17时、20时、23时、29日08时)	26日14:40,升级为Ⅲ级应急响应机制。
27日05时		27日05时开始发布台风警报:今天凌晨2时,"山神"加强为台风,未来24 h内,"山神"将以每小时25 km左右的速度向西北偏西方向移动,强度继续加强,今天白天从本岛南部近海擦过,逐渐向越南北部沿海地区靠近。	
27日08—17时		27日08时开始发布台风紧急警报:台风"山神"强度继续加强,27日从本岛南部近海擦过,夜间进入北部湾南部海面,逐渐向越南北部沿海地区靠近。27—28日将给我省带来一次严重的风雨过程。连续发布4次(27日08时、11时、14时、17时)	27日06:40,升级为Ⅱ级应急响应机制。
27日20时—28日05时		27日20时开始发布强台风紧急警报:强台风"山神"强度将继续加强,即将从本岛南部近海擦过,下半夜进入北部湾南部海面并逐渐向越南北部沿海地区靠近。连续发布3次(27日20时、23时,28日05时)	

续表

预报、 预警时间	预报 提前量	预报、预警内容	省气象局启动 应急响应时间及级别
28 日 08 时— 29 日 05 时	28 日 08 时开始变更为台风警报：台风"山神"将于今天下半夜到明天上午在越南北部沿海地区登陆，登陆后转向北偏东方向移动，强度逐渐减弱。对我省的风雨影响将持续到 30 日。连续发布 4 次（28 日 08 时、20 时、23 时、29 日 05 时）		28 日 17:00，变更为Ⅲ级应急响应
29 日 08 时	29 日 08 时开始变更为强热带风暴警报：台风"山神"已减弱为强热带风暴，未来"山神"将向东偏北方向移动，强度逐渐减弱。发布 1 次。		
29 日 11—14 时	29 日 11 时开始变更为热带风暴消息：强热带风暴"山神"已减弱为热带风暴，未来将向东偏北方向移动，强度逐渐减弱。连续发布 2 次（29 日 11 时、14 时）。		29 日 09:00，终止Ⅲ级应急响应
29 日 17—20 时	29 日 17 时开始变更为热带低压消息：热带风暴"山神"已减弱为热带低压，未来将向偏东方向移动，强度继续减弱。20 时影响结束。共发布 2 次（29 日 17 时、20 时）		

省气象台共发布热带风暴消息 11 次、热带风暴警报 4 次、强热带风暴警报 7 次、台风警报 5 次、台风紧急警报 7 次、强台风紧急警报 3 次、热带低压消息 2 次。

市县气象局共发布台风蓝色预警信号 11 次、台风黄色预警信号 13 次、台风橙色预警信号 3 次、暴雨橙色预警信号 12 次、暴雨红色预警信号 1 次

共响应 90.5 h

5 气象服务特点分析

5.1 重点抓好秋季热带气旋的监测服务工作，为重大活动提供精细化预报

　　每年 10 月下旬，是中国大部分地区一年中天气最为平静的时节，但是地处中国最南端的海南，受热带气旋影响的可能性仍比较大，如果有冷空气参与，天气往往变得非常复杂，预报难度明显增加。海南省气象局对秋季台风始终保持高度的警惕，即使是南海上出现的热带云团也绝不"放过"。

　　2012 年 10 月 22 日，省台在"本周天气预测"中做出了"26 日前后南海南部海面有热带云团活动"的预报，时间提前量达 4 d；随后省台严密监视菲律宾东部海面上热带云团的动态，24 日凌晨，监测到热带风暴"山神"生成，立即组织专家、预报人员进行认真、系统的会商分析，随后全局展开针对"山神"的各种预报预警服务工作。25 日下午，"山神"如期进入南海，预报人员丝毫不放松，加强与中央台、广州区域中心的联合会商。"山神"步步紧逼，"环岛自行车赛"激战正酣，沿途观众热情高涨，预测到 26—28 日全岛出现的强风雨天气势必会影响到正常的比赛和观看，省气象台当机立断，主动临时增加制作了一期关于"山神"的专项天气预报，发送给"环岛自行车赛"组委会，提前为组委会决策比赛事宜提供参考信息。当"山神"向海南南部沿海陆地靠近时，省局有关部门根据组委会的要求，随时通报"山神"的动态及对比赛的具体影响路段、时间。组委会根据气象部门提供的精细化天气预报，及时调动有关部门对可能影响到的赛段提前清除路障、排除积水，积极创造条件确保了比赛按期、顺利地进行，尽力保证运动员成绩不受恶劣天气的影响。

5.2 充分利用自身优势,增强决策气象服务的针对性、服务性和连贯性

在此次天气服务过程中,海南省气象局充分利用自身的气象资源优势,从多方面积极主动地提供决策气象服务,加强决策服务的针对性、服务性及连贯性,为政府部门科学部署防范台风及救灾、灾后恢复工作发挥了重要的指导作用。

继 22 日报送《重要气象信息专报》后,24—30 日,省气象台又先后制作了 6 期《重大气象信息快报》、2 期《重要气象信息专报》,其中 6 期快报都是根据"山神"的最新动态,对其未来发展趋势、影响范围、时间、强度等做出了针对性的决策预报。

29 日上午,"山神"对海南的影响基本结束,各地陆续开展救灾和恢复工作,省气象台在每周一期的《重要气象信息专报》中,不仅总结了"山神"给海南带来的风雨实况,并对即将到来的冷空气影响做了详细的分析预报,特别提出:"30 日夜间—11 月 4 日,先后有两股冷空气南下影响我省,将给我省带来明显降温和阴雨天气",给救灾工作提供了参考。

另外,省气候中心对前期全省气候概况进行了详细分析,评价出:今年 9 月份以后,各地降水量比常年异常偏少 30%以上,半数市县偏少 70%以上,已经出现中到重度气象干旱;针对这一情况,为了让省委省政府领导及时掌握"山神"过程对全省水库蓄水、旱情变化等情况,省气候中心在"山神"影响一结束,即根据最新数据进行分析评价,30 日制作了一期题为"热带气旋'山神'使我省气象干旱暂时缓解"的《重要气象信息专报》(见表 2)发送给政府部门领导及有关单位。

表 2　"山神"过程中海南省决策气象服务及部门联动情况一览表

时间	决策服务重点	政府决策及部门联动
22 日	《重要气象信息专报》1264 期:26 日前后在南海南部海面有热带云团活动。	
24 日	《重大气象信息快报》1241 期:"山神"将于 25 日白天进入南海,强度缓慢加强。请在南海南部和中部海域作业的过往船只注意避开大风影响区域,相关部门密切关注天气预报,做好防范工作。	各部门坚守工作一线,关注天气动态。
25 日	《重大气象信息快报》1242 期:"山神"将于 25 日下午进入南海,26—28 将给我省带来明显风雨影响。	
26 日	《重要气象信息快报》1243 期:强热带风暴"山神"将于 27 日白天从本岛南部海面经过,26—28 将给我省带来一次较为严重的风雨过程,请有关部门密切关注本台最新天气预报和台风预警信息。	上午,省民政厅下发了《关于做好热带风暴"山神"防范应对工作的紧急通知》。17:30,省"三防"总指挥部启动全省防御台风Ⅳ级应急响应。 18 时,西沙水警区启动热带气旋Ⅰ级应急响应;三沙市委市政府同时进入热带气旋Ⅰ级应急响应状态。
27 日	《重要气象信息快报》1244 期:台风"山神"强度继续加强,27 将从距离本岛南部大约 80 km 左右的海面掠过,夜间进入北部湾南部海面,逐渐向越南北部沿海地区靠近。27—28 将给我省带来一次严重的风雨过程,请有关部门密切关注本台最新天气预报和台风预警信息,做好防台工作。	06:35,海口粤海铁路南港调度、秀英港调度启动防台预案,调整进出岛旅客列车区间运行方案。上午,省"三防办"下发《关于进一步做好防御台风"山神"工作的紧急通知》。三亚海事局启动防台二级响应。下午,三亚凤凰国际机场启动大面积航班延误Ⅳ级响应。 16 时,海南电网公司启动防风防汛Ⅲ级应急响应。17 时,省国土环境资源厅和省气象局共同发布地质灾害气象等级预报。18 时,三亚市启动防台风Ⅲ级应急响应。21 时,省"三防"总指挥部将防台风Ⅳ级应急响应提升为Ⅲ级响应。

续表

时间	决策服务重点	政府决策及部门联动
28 日	《重要气象信息快报》1245 期:台风"山神"将于今天下半夜到明天上午在越南北部沿海地区登陆,登陆后转向北偏东方向移动,强度逐渐减弱。对我省的风雨影响将持续到 30 日,请有关部门继续做好防台工作。	13 时,省"三防"总指挥部将防台风Ⅲ级应急响应降为Ⅳ级响应。省委副书记、省长蒋定之多次打电话给省三防办和气象部门,了解"山神"情况,并就中海油海上作业平台因台风关停一事做出批示:"海上作业平台,在有安全保障的情况下,要迅速组织抢修,尽快恢复正常生产。民生用气一定要确保。"
29 日	《重要气象信息快报》1246 期:"山神"可能于 29 日下午在广西沿海再次登陆,也有可能沿广西沿海向偏东方向移动,强度继续减弱	各地继续开展救灾及灾后重建工作
	《重要气象信息专报》1265 期:26—28 日,受强台风"山神"影响,本岛普降暴雨到大暴雨,其中南部、中部、东部和西部的局部地区出现特大暴雨,最大为保亭毛感乡 608.1 mm。南部沿海陆地普遍出现 10~12 级大风,东部、西部和北部沿海陆地普遍出现 7~9 级大风,最大为三亚西鼓岛测得 13 级大风(38.4 m/s)	
30 日	《重要气象信息专报》1266 期:"山神"使我省气象干旱暂时缓解	
18—29 日	省气象台每日 2 次滚动发布《自行车赛天气预报》:上午发布赛段当天及第 2 天天气预报,下午发布次日赛段未来 2 天天气预报。其中 25 日下午,增加发布一期关于"山神"的专题预报	

5.3 内部注重上下联动、外部加强横向沟通,共同提升气象服务效率

目前海南省气象局对灾害性天气的预警信号发布实行"省台建议、市县自行发布"的方式,这就需要气象部门上下联动,结合实际,才能使预警信号的发布及时、有效,真正发挥预警作用。27 日 22:25,针对三亚市东南部地区 12 h 降水量已达 200 mm 以上且降雨可能持续这一情况,省气象台建议三亚市气象台变更暴雨橙色预警信号为暴雨红色预警信号,并特别提出三亚的大茅水和藤桥河有可能发生局部洪涝,提醒有关单位和人员做好防范工作。三亚市气象台根据省台建议,结合当地乡镇出现的降水实况,立即发布暴雨红色预警,针对局部地区可能出现的洪涝灾害提供防御指南,为当地政府部门及时转移群众起到了关键性的作用,经实地调查,预警准确。在本次服务过程中,市县气象局根据省台建议,共发布热带气旋蓝色、黄色、橙色预警信号 27 次,发布暴雨橙色、红色预警信号共 13 次。

27 日 17—22 时,琼海市博鳌镇沿海两处地方发生龙卷风灾害,琼海市气象局收到灾情报告后,立即携带今年研发的移动式"农村气象灾害防御指挥决策系统",同市政府办、民政局及武警、边防等部门工作人员赶往受灾现场,在积极参与救灾、认真调查灾情的同时,为现场救灾指挥决策人员提供风速风向、雷达回波等实时气象资料,并随时调阅最新发布的短时临近气象预报,为安全转移和妥善安置受灾群众提供了周到、及时的气象服务保障。

6 社会反馈

6.1 决策服务效果

在"山神"影响期间,省气象局共发布了各类预警 39 次,启动并维持不同级别应急响应命令 90.5 h,向省四套班子发送决策服务材料 387 份,发送预警决策手机短信 22.5 万人次。

在为期 12 d(10 月 18—29 日)的环岛自行车赛中,省局共为组委会制作发送了 23 份专项预报,发送预报预警信息 8 人次,细致周到的服务获得了组委会的认可和好评。

全省各级气象部门积极主动为各级党政领导、相关部门提供决策气象服务材料,为部署抗台工作当好参谋。省委副书记、省长蒋定之多次打电话给省气象局领导,了解"山神"最新情况;27 日晚上 6 时,时任海南省委常委、三亚市委书记姜斯宪亲临三亚市"三防"指挥中心指导三亚市防御台风工作,并对抗击台风"山神"提出了具体要求;29 日上午,姜书记参加了三亚市抗击强台风"山神"的工作通报会,部署了下阶段灾后恢复工作的任务。

6.2 公众评价

海南省气象部门通过电视、广播、报纸、互联网、"12121"咨询电话、传真、手机短信、电子显示屏等渠道发布关于"山神"的各类预报预警信息(见图 4),全方位开展面向政府、公众及专业用户的各项气象服务。

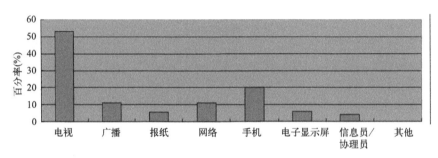

图 4 公众获取"山神"有效气象信息的方式及所占比例

从全省满意率调查结果来看,达 90% 的公众对气象服务的评价比较高(见图 5)。全省 19 个市县中,有 14 个市县 90% 或以上的公众收到预警信息后采取了相应的应对措施。

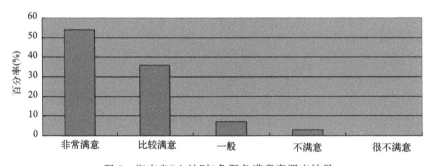

图 5 海南省"山神"气象服务满意率调查结果

6.3　媒体评价

全省气象部门认真做好对"山神"服务的媒体宣传工作,省气象台及时召开新闻发布会,第一时间向各界媒体提供新闻稿件,接受媒体采访,发布最新预报及风雨实况,使有关预报预警信息得到快速、全面、科学的报道,反响效果良好。

对"山神"影响背景下的环岛自行车赛,省局专门组派了气象服务保障小组跟随气象应急车全程参与服务,省气象服务中心和各市县气象局通过电视、报纸、网站等进行及时的跟踪报道,其中在中国天气网海南站开辟了"2012 年环海南岛国际公路自行车赛专题",共发布相关天气资讯 10 条,使各地群众能够及时了解天气情况、比赛进程、赛段的风土人情、气候特点,以便合理选择观赏比赛的路段、时间等,为进一步扩大宣传海南举办的这一重大国际性赛事做出了贡献。

7　思考与启示

海南省气象局圆满完成了对热带气旋"山神"以及"环岛自行车赛"的气象服务保障工作,成功积累了应对秋季热带气旋、重大活动的气象服务经验。但也存在着灾情收集上报工作效率低、决策气象服务敏感性不强、信息共享工作有待加强等问题。

7.1　准确预报、科学预警是做好气象服务的基础

总体上看,海南省气象局准确预报出了"山神"经过海南岛西南部近海、进入北部湾、登陆越南的时间及强度,过程暴雨中心、大风量级等的预报都较为准确,同时提前 4 d 做出初步预报、提前 2 d 发布热带风暴消息、提前 3 d 为"环岛自行车赛"提供热带气旋专项预报,气象服务效率较高。但是在"山神"影响海南前期,对南部市县的风雨预报量级偏大;"山神"靠近海南陆地时,部分市县暴雨落区与实况有明显偏差、强度偏弱,陆地上风力级别偏小、持续时间偏短。

今后将进一步加强对此类秋季热带气旋的预报总结,着力开展台风路径、风雨影响的科学研究,努力提高各种预报要素的准确率。

7.2　抓好重大活动气象服务保障工作,有助于提升气象部门的综合实力

环海南岛国际公路自行车赛是亚洲顶级赛事之一,2012 年是海南举办的第 7 年,比赛极具观赏性,群众参与热情高,已经成为海南对外宣传、展示形象的一张名片。对此类活动的气象服务保障工作,全省各级气象部门虽然积累了丰富的经验,但是坚信"没有最好、只有更好"。"山神"影响期间,比赛途经的市县气象局,在做好防台风各项工作的同时,加强与省台会商,除了常规预报外,积极采取手机短信提醒、制作专项预报、提供短临预报等方式,及时提供优质服务。27、28 日,是比赛的最后两天,都涉及三亚,同时也是"山神"对三亚的风雨影响最严重之时,省局派出气象应急指挥车在比赛现场提供保障服务,三亚市气象局专门抽调业务骨干加强短时临近预报,通过对数值预报产品分析,结合卫星云图和多普勒天气雷达回波图,准确地做出了相关预报。通过全省各级气象部门的努力,提升了应对重大天气、重大活动的气象服务保障能力,也有效提升了气象部门的社会影响力。

随着社会经济发展、海南知名度的提高,海南承办的重大活动将会日益增多,海南省气象局将紧跟海南发展步伐,不断拓展气象服务新领域,掌握重大活动的特点和服务需求,提高气象服务的精细化水平,充分发挥气象服务的社会经济效益。

7.3　决策气象服务的敏感性是提升气象服务水平的关键

在对"山神"的决策服务过程中,海南省气象部门认真做好对《重大气象信息快报》、《重要气象信息专报》等决策服务材料的制作、发送,成效显著,但在对灾害性天气影响前后各地气候变化等方面的决策服务敏感性稍显"滞后"。

决策气象服务的敏感性是体现气象部门服务水平的一大关键,业务管理部门必须进一步加强对决策气象服务质量的管理和考核,决策服务人员要加强业务学习,及时关注天气动态,实时跟踪当前政府决策部门和相关行业关注的重点,挖掘气象服务热点,由"被动服务"变为"主动服务",进一步提高决策气象服务的效益。

7.4　灾情收集上报工作有待加强

海南省气象部门及时发布"山神"的各类预报预警信息,提供全方位服务,但各地对风雨影响的实况灾情掌握不够全面,在一定程度上影响了预报服务的针对性和准确性。

今后将通过制定有效的管理办法、奖励机制,充分调动全省气象信息员、气象协理员的作用,灾后进一步加强灾情收集上报工作。

7.5　加强与相关部门合作机制

近年来,海南省气象局先后与科技、海洋、卫生、农业、国土、旅游、民政等部门签署了合作协议,与18家相关单位组成《海南省气象灾害防御部门联络制度》,这些协议和制度的签订,可以实现信息资源共享,开展相关业务的合作。今后将充分利用合作机制,大力加强项目开发和研究,加快拓宽气象服务领域。